高等学校遥感信息工程实践与创新系列教材

高级GIS开发教程

艾明耀　胡庆武　编著

WUHAN UNIVERSITY PRESS
武汉大学出版社

图书在版编目(CIP)数据

高级 GIS 开发教程/艾明耀,胡庆武编著.—武汉:武汉大学出版社,2017.10

高等学校遥感信息工程实践与创新系列教材

ISBN 978-7-307-19762-6

Ⅰ.高… Ⅱ.①艾… ②胡… Ⅲ.地理信息系统—高等学校—教材 Ⅳ.P208.2

中国版本图书馆 CIP 数据核字(2017)第 247874 号

责任编辑:顾素萍　　责任校对:汪欣怡　　版式设计:汪冰滢

出版发行:**武汉大学出版社**　(430072　武昌　珞珈山)

(电子邮件:cbs22@whu.edu.cn 网址:www.wdp.com.cn)

印刷:湖北民政印刷厂

开本:787×1092　1/16　印张:17　字数:403 千字　插页:1

版次:2017 年 10 月第 1 版　　2017 年 10 月第 1 次印刷

ISBN 978-7-307-19762-6　　定价:38.00 元

序

实践教学是理论与专业技能学习的重要环节，是开展理论和技术创新的源泉。实践与创新教学是践行“创造、创新、创业”教育的新理念，是实现“厚基础、宽口径、高素质、创新型”复合型人才培养目标的关键。武汉大学遥感信息工程类(遥感、摄影测量、地理国情监测与地理信息工程)专业人才培养一贯重视实践与创新教学环节，“以培养学生的创新意识为主，以提高学生的动手能力为本”，构建了反映现代遥感学科特点的“分阶段、多层次、广关联、全方位”的实践与创新教学课程体系，夯实学生的实践技能。

从“卓越工程师计划”到“国家级实验教学示范中心”建设，武汉大学遥感信息工程学院十分重视学生的实验教学和创新训练环节，形成了一套针对遥感信息工程类不同专业和专业方向的实践和创新教学体系，形成了具有武大特色以及遥感学科特点的实践与创新教学体系、教学方法和实验室管理模式，对国内高等院校遥感信息工程类专业的实验教学起到了引领和示范作用。

在系统梳理武汉大学遥感信息工程类专业多年实践与创新教学体系和方法基础上，整合相关学科课间实习、集中实习和大学生创新实践训练资源，出版遥感信息工程实践与创新系列教材，服务于武汉大学遥感信息工程类在校本科生、研究生实践教学和创新训练，并可为其他高校相关专业学生的实践与创新教学以及遥感行业相关单位和机构的人才技能实训提供实践教材资料。

攀登科学的高峰需要我们沉下去动手实践，科学研究需要像“工匠”般细致入微实验，希望由我们组织的一批具有丰富实践与创新教学经验的教师编写的实践与创新教材，能够在培养遥感信息工程领域拔尖创新人才和专门人才方面发挥积极作用。

2017年1月

前 言

地理信息事业是经济建设、国防建设、社会发展的基础性事业。基于这一定位，长期以来，地理信息相关部门高度重视公益性测绘的建设和发展，大力推动地理信息资源开发利用，较好地履行了地理信息工作对经济社会发展的服务职能。从地理信息应用发展的时间上看，地理信息的发展可以大致分为地理信息系统(Geographic Information System)、地理信息科学(Geographic Information Science)和地理信息服务(Geographic Information Service)三个阶段，但始终都简称为GIS。

我国地理信息产业正处在市场高速扩容的阶段，主要体现在市场不断扩大、公司不断涌现、新产品不断增加。市场主要用户正逐渐从政府部门转变为做LBS(Location Based Service)相关服务的企事业单位，尤其是互联网IT企业，它们以位置为基础和平台，链接其他出行、娱乐、购物、旅游、社交等有关商务信息，构建出一个个新颖的地理信息应用的商业模式。

地理信息服务向综合化发展，使地理信息产业人才不可避免地向复合型发展，地理信息服务方在提供整体解决方案的过程中，会涉及多方面的技术，这些技术之间相互交叉，需要全面熟悉包括测绘、遥感、GIS、GNSS等地理信息技术，并同时掌握物联网、云计算、大数据等相关技术的综合型技术人才。GIS服务应用和开发技术则是其中的基础和核心，是串接专业业务和地理信息的关键。

本书是为普通高等学校地理信息工程相关专业实验教学编写的教材，也可供开展地理信息服务开发和应用的工程技术人员参考。主要讲授地理信息服务开发和应用的基本方法、步骤和实践，共11章，囊括了当前国内常用软件和地图服务平台，包括ArcGIS、超图、腾讯和百度，客户服务端包括桌面、Web端和移动端。本书由课题组的研究生姚远、刘仙雄、孟凡泽、胡达天、赵鹏程、宋晓光、郭琛、唐志雄根据相关课题和项目经验整理编撰，所有代码全部调试通过。第一章由艾明耀编撰，第二章由刘仙雄和姚远整理，第三章由孟凡泽和赵鹏程整理，第四章由孟凡泽整理，第五章由赵鹏程整理，第六章由胡达天编辑整理，第七、第八、第九章由郭琛整理，第十章由刘仙雄和赵鹏程整理，第十一章由唐志雄整理。所有章节的文字梳理、图表和代码整理、编排和统稿工作由艾明耀和胡庆武完成。

本书是“遥感信息工程国家级实验教学示范中心(武汉大学)”、湖北省教学研究项目“地理国情监测专业开放式创新教学体系与平台研究”(项目编号：2015008)、武汉大学2015年实验技术项目“文物多分辨率建模与4D可视化”(项目编号：WHU-2015-SYJS-04)，武汉大学2017年遥感信息工程实验教学中心开放实验项目等项目成果，在编写过程中，得到了武汉大学遥感信息工程学院领导和遥感信息工程国家级实验教学示范中心教师们的关心和指导，武汉大学遥感信息工程学院本科和研究生学生在试用讲义时也提出很多宝贵意见，在此一并表示感谢。

第一章简要介绍了地理信息服务的历史发展及趋势、特点、开发的软件平台以及人才的要求；第二章讲述了如何采用超图桌面 SDK 开发桌面端插件式软件；第三章详细地介绍了标准 GIS 服务的发布和调用以及应用服务的部署，并以 ArcGIS 软件平台为例详细介绍了 Web 端和 Android 端的开发步骤；第四章主要阐述了用百度地图 API 开发 GIS 应用服务的方法和步骤；第五章给出了腾讯地图开发的示例，包括 POI 查询和路径导航服务；第六章描述了开源框架 LeafLet 的体系结构和一个校园地图的服务示例；第七章结合 OpenLayers 讲述了基于 HTML5 的地图服务应用；第八章用 OpenLayers 移动地图服务功能和 Ionic 框架阐述了移动地图 APP 开发的步骤；第九章详细介绍了基于 OSMAndroid 开发的一个室内地图应用；第十章分别描述了腾讯街景地图开发和 Unity 街景应用的方法；第十一章以全景浏览为例介绍了 GIS 云服务部署的方法。本书配套的随书代码可以在网址 http://rsgislab.whu.edu.cn/rsgislab/list_show.asp?id=667 下载。

因编写时间仓促，无论是内容选择还是文字表达方面，一定存在很多的不足，敬请读者批评指正。此外，由于 GIS 技术的飞速发展，GIS 服务应用领域日益扩展，本书中介绍的一些操作步骤会与实际略有差异，相关技术也会日渐落伍，这也激发着我们不断去学习和改进，同时也恳请读者不吝赐教，给予切实的意见和建议。

编　者

2017 年 8 月

目　录

第一章　地理信息服务概述

改革开放以来，我国测绘地理信息事业得到快速发展，特别是随着市场经济体制的建立和完善，以基础测绘为核心的公益性测绘事业得到进一步加强，以地理信息资源开发利用为主体的地理信息产业正在迅猛发展。目前，我国地理信息产业已初具规模，但总体上仍处于起步阶段，产业规模不大，企业竞争力不强，核心关键技术缺乏，高端仪器自主化水平不高，地理信息开发利用不足，安全监管有待加强等问题仍比较突出。同时，随着我国经济社会快速发展、人民生活水平不断提高，全社会对地理信息服务需求急剧增加，迫切要求加快发展地理信息产业，丰富地理信息产品。另外，发达国家对地理信息产业发展高度重视，国际地理信息产业迅速发展，全球地理信息市场竞争加剧。2015 年，国务院批复同意《全国基础测绘中长期规划纲要(2015—2030 年)》，要求强化科技创新，构建新型基础测绘体系，全面提升测绘地理信息服务能力。到 2020 年，形成以基础地理信息获取立体化实时化、处理自动化智能化、服务网络化社会化为特征的信息化测绘体系；到 2030 年，新型基础测绘体系全面建成。2016 年，国家测绘地理信息局发布了《测绘地理信息科技发展“十三五”规划》，将开展多源海量综合信息快速集成与融合、分布式多维空间信息高效索引、网络关联地理信息数据挖掘、在线动态地图制图与渲染以及基于众包和自发性地理信息技术的地理信息补充与增值、室内外三维快速建模、大数据环境下的空间知识地图服务等技术产品研发。开展公益性地理信息数据的管理与发布平台、公益性地图服务产品体系与分发平台研发，推进地理信息公共服务平台建设与应用服务，形成国家智慧政务地理信息融合与智能服务能力。为矿产资源勘查与地质灾害监测、土地资源遥感监测、自然资源综合管理等国土资源领域提供地理信息应用服务研究，为“三深一土”提供测绘地理信息科技支撑。这一系列的规划为地理信息应用指明了长足的发展方向，将促进地理信息更好地服务于经济社会发展。

1.1　从地理信息系统到地理信息服务

地理信息事业是经济建设、国防建设、社会发展的基础性事业。基于这一定位，长期以来，地理信息相关部门高度重视公益性测绘的建设和发展，大力推动地理信息资源开发利用，较好地履行了地理信息工作对经济社会发展的服务职能。从历史发展进程来看，地理信息的发展可以大致分为地理信息系统(Geographic Information System)、地理信息科学(Geographic Information Science)和地理信息服务(Geographic Information Service)三个阶段，但始终都简称为 GIS。地理信息系统自 20 世纪 60 年代产生以来，至今已发展得相当成熟。作为传统学科与现代技术相结合的产物，地理信息系统正逐渐发展成为一门处理和应用时间空间数据的现代综合学科和技术。其研究的重点已从原始的算法和数据结构，转移到更加复杂的数据库管理和围绕 GIS 技术使用的问题上，进一步发展为囊括地理信息科学和地理信息的社会化服务。地理信息科学的出现使人们对地理信息的关注从技术层面逐渐转移到理论层面，地理信息服务的出现更使人们对地理信息的关注从理论和技术层面转到社会化和应用层面。

自 19 世纪以来就得到广泛应用的地图(包括地形图和专题图即模拟的图形数据库)与描述地理的文献著作(模拟的属性数据库)相结合，构成了地理信息系统的基本概念模型。但是，这种模拟式的、基于纸张的信息系统和信息过程，使得空间相关数据的存储、管理、量算与分析、应用极为不规范、不方便且效率低下。随着计算机科学的兴起，数字地理信息的管理与使用成为必然。

20 世纪 50 年代，电子技术的发展及其在测量与制图学中的应用，人们便有可能用电子计算机来收集、存储和处理各种与空间和地理分布有关的图形和属性数据。1956 年，奥地利测绘部门首先利用电子计算机建立了地籍数据库，随后这一技术被各国广泛应用于土地测绘与地籍管理。1962 年，加拿大学者探索利用数字计算机处理和分析大量的土地利用数据，尝试建立加拿大地理信息系统(CGIS)，以实现地图的叠加、量算等操作；1972 年，CGIS 投入使用。之后，北美和西欧成立了许多与 GIS 有关的组织与机构，极大地促进了地理信息系统知识与技术的传播和推广应用。已故中科院院士陈述彭教授将地理信息系统的发展分为 4 个阶段：20 世纪 60 年代是地理信息系统的开拓期，注重于空间数据的地学处理，开发了一些地理信息系统软件包；70 年代为地理信息系统的巩固时期，注重于地理信息的管理；80 年代为地理信息系统技术大发展时期，注重空间决策支持分析，地理信息系统应用日益广泛，并得到了各个国家政府的支持，成立了相应的研究机构；90 年代是地理信息系统的用户时代，一方面地理信息系统成为许多部门的必备工具，另一方面社会对地理信息系统的认可度更高，使其应用更广泛和深入，成为现代社会的基本服务系统。进入 21 世纪，随着遥感、全球定位系统、地理信息系统和国际互联网等现代信息技术的发展及其相互间的渗透，逐渐形成了以地理信息系统为核心的集成化技术系统。

伴随着地理信息系统发展，地理信息的获取与传输技术，如卫星遥感、全球定位技术、网络技术也获得了极大发展。虚拟现实技术等的出现，使得地理信息的表达更加符合人的认知特点，因而也促进了地理信息技术的发展和应用推广。

1992 年，国外一些科学家提出了地理信息科学的概念。地理信息科学的提出是地理信息系统以及相关空间信息技术的发展、集成和应用的必然结果。

地理信息科学的研究内容，可以概括为理论、技术和应用三个层次。主要包括：如何概念化地理世界；地理世界的构成如何影响人们对地理空间的理解；如何获取(测量)地理概念、如何在野外或利用遥感信息来识别它们以及识别的精度和质量如何；在数字环境下，同一系统中具备的是不完全的信息和多种数据模型，以及同一现象可能具有不同的表示(多重表示)时，如何表达地理概念；在数据共享、文件传输和数据存取过程中，如何以尽可能少的信息损失来存储、存取、变换地理概念；如何应用恰当的分析方法，自然与人文处理模型来解释地理现象；地理信息技术在人文科学中如何帮助揭示和约束空间理解与解释；如何可视化地理概念；如何利用地理概念来推理地理现象、基于空间位置进行决策以及谋求有关地理布局(格局)和现象的解释等。

地理信息服务是在地理信息系统的发展进入网络时代后产生的，地理信息服务的形式从地理信息分发、地理信息共享到分布式地理信息服务，其发展可归纳为三个阶段。

第一阶段为地理信息服务的初级阶段(1996年以前)。这一阶段的地理信息服务表现为地理信息发布，仅仅是单纯的地图服务。第二阶段为地理信息服务的发展阶段(1996年至2001年)。在这一阶段，网络技术迅猛发展，客户机和服务器体系进一步完善，地理信息服务表现为地理信息共享。各大GIS厂商将GIS与Web浏览器紧密结合在一起，推出了大量的地理信息共享平台软件。第三阶段为地理信息服务的迅猛发展阶段(2001年至今)。在这一阶段，随着Web服务概念及其软件架构(SOA)观念的兴起，地理信息服务实现了真正意义上的分布式地理信息服务。

1.2 地理信息服务的特点和要求

目前，地理信息应用正走向网络化、社会化，GIS正在从本专业技术领域走向社会化地理信息服务。GIS将与网络、通信和计算机相关的平台结合，与相关专业深入紧密结合，为需要地理位置信息者提供服务。地理信息技术应用的新特点主要有两个方面，一是专业应用，二是个体信息服务。

当前应用型GIS的建设，以管理和业务流程为核心，将GIS功能融入管理和业务之中，实现基于GIS业务和管理一体化，使空间信息和其他各类信息统一管理，更加方便专业应用。GIS与RS和GPS等的结合早已是业界的热门话题，而GIS与虚拟现实技术、语音控制、CAD以及室内定位技术等的结合，以及Internet GIS、微型嵌入式GIS和移动式GIS(Mobile GIS)，将为GIS应用提供新的应用场景。如基于地理信息系统的工商企业信息服务中，将市场主体信息与电子地图进行叠加，实现了市场主体与电子地图的完美结合。借助地图丰富地理信息数据，将地图信息与市场主体的登记信息、信用信息进行了关联，在地图上除了能准确找到市场主体的位置(特别是先照后证改革后，有关监管部门可以精准确定监管对象的位置，及时开展事中事后监管)，还能对市场主体的登记、信用信息进行关联展示，在地图上就可以了解市场主体的全部情况，具有很强的空间感和临场感。在电子地图上，工商信息系统可以多维度对市场主体的分布情况进行展示，系统提供了行业分类、投资规模、成立年限、经营范围、登记机关、信用状态等多种检索方式，可以方便地将任一区域的市场主体按照监管部门的分类需要在地图上进行展示。如安监局可以看到辖区内加油站的分布情况和详细信息，食药局则可以看到同时从事食品经营的加油站的分布情况和详细信息。监管部门通过这个功能可以全面清晰地了解市场主体的行业布局、监管对象的分布，对合理培育市场、制定监管计划、调配监管执法力量有非常好的帮助。

面向个体的信息服务，与以前的政府机构所拥有的信息有巨大的不同，这种信息服务更加多样化，也更加丰富。地理信息包括遥感、定位导航和地理信息服务。通过地理信息技术和物联网以及云计算技术的融合，以多通道(虚实结合)感知、多维动态表达、多方知识共享与协同工作为特点的虚拟地理环境，将成为新一代地理信息分析平台。这一新的发展趋势，也催生了诸多新的应用模式。如百度地图和高德地图具有二维地图、三维实景图片、街景地图、室内地图、卫星地图等多种表现形式，还可以将位置和实时路况结合起来，并据此开发出躲避拥堵功能，帮助用户走更畅通的道路。在2014年互联网产业年会上高德副总裁郄建军指出，地图不再是一个出行的工具，而是已经变成生活的助手。“我们日常生活中的吃喝玩乐、衣食住行等相关商业机构都在地图上，地图天然就是一个承载着各类生活服务的平台，所以地图从原来简单的导航工具，变成生活服务的助手，也是非常自然的过程。”

《全国基础测绘中长期规划纲要(2015—2030年)》，对地理信息服务进行了部署和安排，标志着测绘地理信息从传统的基础地理信息数据生产提供进入以综合地理信息服务为主要目标、由“幕后”走到“台前”的转型发展阶段。

1.3 地理信息服务发展趋势

我国地理信息产业正处在市场高速扩容的阶段，主要体现在市场不断扩大、公司不断涌现、新产品不断增加。现阶段，我国GIS市场具有两大特点：一是政府部门仍是今后相当长一段时间内GIS市场的应用主题，政府部门GIS应用和一系列鼓励发展高科技的政策将极大地推动GIS的发展；二是非传统GIS应用将成为市场新的增长点，GIS将向更多的新领域拓展。近年来，数字城市正在付诸实践，GIS作为一门空间处理技术，在数字城市、智慧城市建设中起着极其重要的作用。同时，在国家启动的电子政务建设中，GIS技术是其中的一项重要技术。随着智慧城市和电子政务工作的开展，地理信息产业将会快速发展。同时，国家的高新技术发展政策将极力推动地理信息产业的发展，发展GIS平台是863计划的重要工作，在“十二五”期间，国家大力扶持了GIS平台及相关软件和大型工程项目应用。GIS正在融入IT技术的主流，成为IT技术的重要组成部分，GIS为IT技术提供空间信息处理功能，将深化IT的应用，极大推动GIS的社会化和商业化应用。无论是城市规划、土地管理，还是交通管理，传统GIS都是以地图为核心的，而新型GIS的建设，则以管理为核心，将GIS功能融入OA之中，实现GIS与OA的一体化，使空间信息和其他各类信息统一管理，更加方便应用。GIS与虚拟现实技术、语音控制、CAD以及室内定位技术等的结合，以及WebGIS、微型嵌入式GIS和移动式GIS(Mobile GIS)，将为GIS应用提供新的应用环境。

由遥感技术、地理信息系统技术和全球定位系统技术为基础形成的地理信息产品已经在许多领域有了广泛应用的需求，培育着一个潜力巨大的地理信息市场，推动着地理信息产业的发展。地理信息产业的发展是信息时代新的经济增长点，也是国家实力的重要表现。其发展有助于将相应的科技成果向现实生产力转化，进而在自身得以系统持续发展的同时推动经济的增长。

当前，随着信息技术的发展，许多大型IT企业涉入地理信息市场，提供网络地理信息服务，其应用模式是将互联网地图作为搜索入口，提供位置和导航服务，通过位置链接其他出行、娱乐、购物、旅游、社交等有关商务信息。其商务模式是IT企业免费向公众提供地理信息服务，再通过游戏、广告、音乐服务等其他业务变现，地理信息通过其他商业信息间接实现价值。由于提供位置服务免费，涉入地理信息市场的企业多为实力雄厚的大型

IT企业，公众为潜在客户。大数据时代，各类地理大数据的集成，以及地理大数据与其他大数据的集成会更加紧密，地理大数据的数据化将直接创造商业价值，不需要通过其他业务变现，可将更多的网络潜在客户直接变成客户，市场规模将迅速扩大。不管是大数据提供商和服务商，还是地理信息及技术和服务提供商都可以通过集成地理信息和其他大数据直接实现商业价值。

大数据时代，地理大数据的数据化将产生巨大的市场价值。地理数据与其他数据不同，不仅包含拓扑、距离、方向等空间信息，还具有空间自相关性，一旦与其他大数据集成，可以揭示出许多具有价值的信息。维克托·迈尔-舍恩伯格指出，"位置信息一旦被数据化，新的用途就犹如雨后春笋般涌现出来，而新价值也会随之不断催生。""实时位置信息在大数据时代将越来越多地被第三方用于提供新的服务。""收集用户地理位置数据的能力已经变得极其具有价值。""通过掌握大量的位置数据，就可以根据手机用户所居住的地点和要去的地方的预测数据，为用户提供定制广告。而且，这些信息汇集起来可能会揭示事情的发展趋势。"大数据时代，地理大数据的商业价值将迅速提升。据麦肯锡估计，在个人位置信息方面，大数据将为服务商带来超过1 000亿美元的收入，为用户带来超过7 000亿美元的价值。

大数据时代，地理信息市场将迅速扩大。地理大数据将融入到其他众多领域的大数据中，从事地理大数据收集、管理、分析和挖掘的企业数量将不断增多。地理信息应用领域会迅速扩展，除了与空间位置直接相关的交通出行、旅游、规划等应用，与空间位置间接相关的应用，如基于空间位置的保险收费、商业选址、客户行为分析等领域，都将得到迅速扩展。目前，基于地理信息大数据的商业分析在发达经济体已经非常普及，宜家家居、麦当劳、星巴克等大型企业专门成立了商业地理分析团队，指导其在中国的店铺选址。基于地理大数据的各种应用层出不穷，将为地理信息市场迎来新的空间。

1.4 地理信息服务开发：软件和平台

长期以来测绘地理部门主要以离线方式向广大用户提供纸质地图和基础地理数据，无法满足防灾减灾、突发事件处置等应用对地理信息快速获取与集成应用的需求。此外，以往不少政府机构、专业部门、企业在获取基础地理信息数据之后，还要进行较为复杂的集成处理，致使其业务化应用系统建设的周期长、成本高、技术复杂。为此，越来越多的用户希望测绘部门转变传统的地理信息服务方式，提供"一站式"在线地理信息服务和便捷高效的二次开发接口，以切实地加快跨区域多尺度地理信息集成服务能力，降低专业应用系统构建的技术难度与经济成本，有效地提高地理信息应用的能力和水平，促进地理信息更加深入广泛地应用。

地理信息服务包括向政府、公众提供地图浏览、地名查询定位、专题信息加载、空间分析等服务，并向专业部门和企业提供标准服务接口，支持其基于平台资源开发专业应用系统。按照面向服务架构(SOA)的基本思想和方法，地理信息服务设计需要考虑服务使用方、服务提供方和服务中介三个基本角色。服务使用方是指直接使用在线地理信息服务的各类普通用户和通过标准接口调用服务的各类专业系统开发人员；服务提供方是参与平台建设并提供在线服务的各类地理信息服务机构，负责处理各类地理信息数据资源并建立和运行各类具有标准接口的在线服务系统；服务中介是负责服务注册中心和门户网站的部署、运行和维护的机构，由平台的运行管理机构担当。地理信息服务系统一般由 4 个主要部分组成，包括门户网站系统、支持系列互操作接口规范的地理信息服务基础软件、平台管理软件及二次开发接口库，如图 1.1 所示。

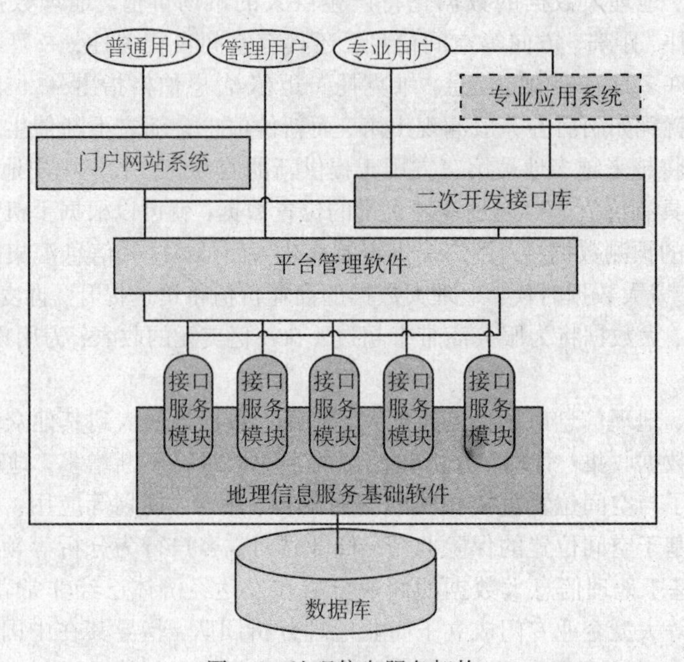

图 1.1　地理信息服务架构

（1）门户网站系统：为不同角色用户提供访问平台功能的入口，实现包括地图浏览、地名查找、地址定位、地名标绘、空间查询、数据查询选取、数据提取与下载等功能。

（2）二次开发接口库：为专业用户提供调用平台各类服务的浏览器端/客户端的二次开发函数库，实现对地理信息服务基础软件各类功能的封装。

（3）地理信息服务基础软件：实现地理信息数据的组织管理、符号化处理、地理信息查询分析、数据提取等功能，并可通过符合 OGC 规范的互操作接口进行调用。

（4）平台管理软件：实现服务的注册、查询、组合、状态监测、评价，以及对用户认证、授权管理。

最近 10 多年来，在国家高新技术研究与发展计划、国家重大基础研究计划、国家自然科学基金、科技支撑、基础条件平台等国家科研与产业化计划的支持下，我国地理信息科学与技术取得了长足的发展，地理信息科学理论与方法不断深化，GIS 基础软件与应用软件蓬勃发展，GIS 应用不断拓展，地理信息服务蒸蒸日上。我国 GIS 整体发展已进入国际先进行列。GIS 软件是现代地理信息产业的重要组成和核心基础软件。早在 20 世纪 80 年代，国际上有 20 多款 GIS 的基础软件，但经过 50 多年的发展，ArcGIS 成为国际上处于垄断地位的基础软件。最近 20 年，我国的 GIS 技术得到巨大发展，研发出 SuperMap、

MapGIS、BeyonDB、GeoBean、GeoGlobe、Titan 等自主品牌的基础软件，国内市场占有率超过 60%，SuperMap 和 MapGIS 也开始进入国际市场，形成了与国际品牌软件竞争的新态势。新一代 GIS 软件的核心技术得到突破，网格 GIS、三维 GIS 等核心技术取得突破。开源软件中 QGIS，是开源类 GIS 集大成者，几乎主流的 GIS 类开源模块都被吸纳其中，功能全面。

1.5 地理信息服务对 GIS 开发人员的知识技能要求

地理信息服务向综合化发展，使地理信息产业人才不可避免地向复合型发展，地理信息服务方在提供整体解决方案的过程中，会涉及多方面的技术，这些技术之间相互交叉，需要全面熟悉包括测绘、遥感、GIS、GNSS 等地理信息技术并同时掌握物联网、云计算、大数据等相关技术的综合型技术人才。比如，随着遥感技术的快速发展，原来从事传统野外测绘的技术人员，现在还需要掌握遥感数据处理技能，今后还将掌握更多基于物联网、云计算、互联网技术的地理信息服务技术。随着大数据时代地理信息应用的深入，各类应用型人才亟须增加，需要熟悉行业特性，了解行业应用模型，能够发掘并提供行业深度需求的人才。此外，创意型人才也将成为重要需求。当前乃至未来一段时间，地理信息应用将只受想象力限制，创意型人才能创造需求，开辟市场，将成为地理大数据时代的弄潮儿！

由于行业发展的历史原因，国外顶尖的计算机人才很少从事地理信息行业，这是地理信息行业发展比较缓慢的原因之一。而在中国，按照目前的教育专业设置和学科对地理信息的认识程度，实现跨学科人才培养也存在一定的难度。我国地理信息科技人才培养中的结构性问题，制约了我国地理信息产业的发展。其主要原因主要表现在我们教学内容的缺失与训练方式的偏差上。

一方面，在我国不少高校的地理信息专业的教学中，“地理”知识缺乏，学生无法联系地理知识去采用地理信息技术检测地理环境的变化，而学过 GIS 课程的学生，不知道如何去设计有关的 GIS 应用平台，造成他们到政府部门和有关地理信息服务公司参加工作时起步困难。而另一方面，我国自上而下的专业设置有可能发挥优势。只要在顶尖的计算机、通信、自动化学科适当开设地理信息相关的课程，通过市场机制引导一部分最优秀的技术和管理人才进入该行业，我国就有可能领先世界。

此外，完善高校测绘和地理信息相关专业的课程设置，在突出专业特色的同时，全面开设测绘、GIS、遥感和卫星导航定位等有关课程，同时增加地统计分析、经济地理、人文地理等课程设置，提升专业技术人才的地理数据分析和挖掘能力，培养专业型技术人才。鼓励测绘与地理信息有关专业的学生选修大数据处理、挖掘技术、时空分析、地理信息服务开发等有关的课程。鼓励地理信息服务开发、各行业应用有关专业的学生选修测绘和地理信息专业有关的课程，不断加强学科之间、专业之间的交叉融合。促进地理信息领域与相关领域的人才交流。鼓励测绘地理信息类重点实验室、工程技术研究中心、企业等开展有关地理信息服务应用的有关项目研究和人才培养。鼓励平台型企业开展地理服务应用有关的大学生比赛，促进人才成长。

第二章　插件式桌面 GIS 软件开发

2.1　插件式软件框架概述

地理信息系统(Geographic Information System, GIS),是一门集计算机科学、信息学、地理学等多门科学为一体的新兴学科,它是在计算机软件和硬件支持下,运用系统工程和信息科学的理论,科学管理和综合分析具有空间内涵的地理数据,以提供对规划、管理、决策和研究所需信息的空间信息系统。目前,GIS 已在全球变化与监测、城市规划、资源管理、环境研究、灾害预测等许多领域发挥越来越重要的作用,成为了空间信息研究的重要技术和手段。作为一种空间信息系统,GIS 技术的发展与计算机技术、空间技术、数据仓储技术以及计算机图形学理论等学科的发展息息相关。从 20 世纪中叶,第一套 GIS 系统诞生至今,已经出现了许多经典著名的地理信息系统软件,如 ArcGIS、MapGIS、MapInfo、SuperMap 等。

在这几十年的发展过程中,GIS 软件的应用越来越广泛,从初始的 GIS 基本功能、数据结构及存储方式的研究,到对 GIS 软件系统架构的研究,人们对 GIS 的需求提出了更高的要求。GIS 系统的开发模式从原有的面向过程到现在的完全基于组件的构架,从全封闭到全面支持二次开发,不断促进软件的复用与扩展。随着软件开发的迭代,GIS 系统模块越来越庞大,模块之间的耦合度越来越高,软件模块的解耦变得越来越重要,GIS 软件开发从集成式发展向模块化的组件式 GIS 发展,但是这种组件式的架构体也有一些不足:组件间关联关系复杂,各功能模块耦合度高,影响系统的动态扩展。

在软件开发中,插件技术正是为了模块功能间的解耦而诞生的。在插件式软件开发设计过程中,整个应用程序分成三个部分:主程序(UI)、插件解析器和插件程序库。其中,插件解析器作为一种通信模块,主要负责将插件程序库中的所有插件解析成主程序能够识别的对象,并将这些对象依附到主程序中。而主程序主要是负责 UI 显示以及提供用户操作的接口,插件程序则是各个模块的功能提供者,两者相互依赖,却又相互独立。主程序可以在没有任何插件的情况下运行,但却没有任何功能;插件也可以在插件解析器存在的情况下,被不同的主程序调用。插件式框架的原理如图 2.1 所示。

1. 插件

插件是为了对应用程序的功能进行扩展而按一定规范编写的,能集成到已有系统中的程序模块。任何一个应用程序都是由不同的部件组成的,比如一个通用的 GIS 应用程序通常包括空间数据管理、地图操作、空间查询、空间分析、地图排版布局等模块,不同的模块对应着插件系统中不同的插件。插件技术将整个应用程序划分为主程序和插件对象两部分

(见图 2.1)，主程序调用插件对象，插件对象能够在主程序上实现自己的逻辑，而两者交互基于一种公共的通信契约。

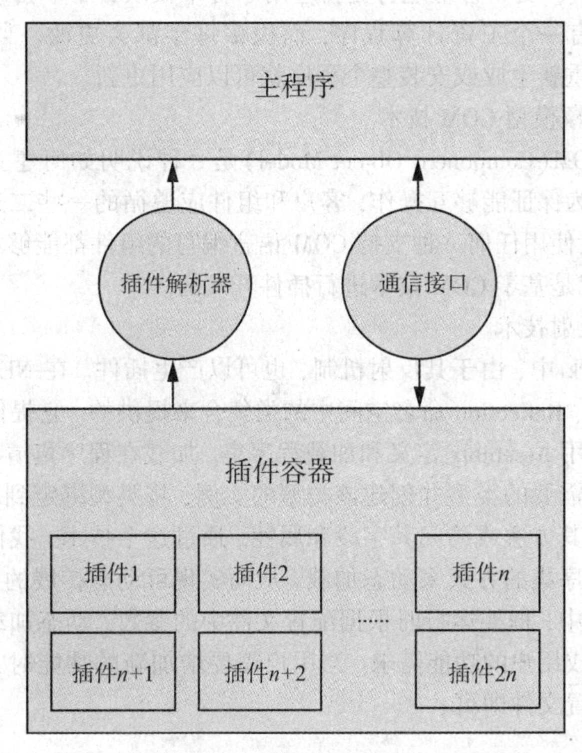

图 2.1 插件系统示意图

2. 插件技术的原理

如图 2.1 所示，主程序是插件运行的环境，即插件平台，它负责插件的加载管理以及插件间的协同工作等任务。插件解析器与通信契约共同组成了接口规范，它规定了为实现特定功能用户所必须遵守的规则，例如插件必须实现的函数及这些函数的名称、参数信息、返回值的类型等信息，使得插件与插件平台能保持一致。首先，插件根据一定的规则注册到主程序，程序启动时，主程序按照既定规则查找并加载已注册的插件；然后，创建与插件相关的界面元素并定义这些元素的行为；最后系统开始运行，由主程序协调插件间的通信以及插件与主程序间的通信。由此可见，主程序具备了一个框架的本质特征，因此可以将它可做一种插件式框架。插件架构将使该应用程序变得更加稳固和扩展性更良好。

3. 插件的实现方式

插件的实现一般有以下三种方案。

(1) 基于动态链接库 DLL 技术

动态链接库 DLL(Dynamic Link Library)是一个包含可由多个程序同时使用的代码和数据的库，DLL 不是可执行文件。动态链接提供了一种方法，使进程可以调用不属于其可执行代码的函数。函数的可执行代码位于一个 DLL 中，该 DLL 包含一个或多个已被编译、链接并与使用它们的进程分开存储的函数。DLL 还有助于共享数据和资源。多个应用程序可同时访问内存中单个 DLL 副本的内容。通过使用 DLL，程序可以实现模块化，由相对独立的组件组成。此外，可以更为容易地将更新应用于各个模块，而不会影响该程序的其他部分。例如，你可能具有一个工资计算程序，而税率每年都会更改。当这些更改被隔离到 DLL 中以后，则无需重新生成或安装整个程序就可以应用更新。

（2）基于组件对象模型 COM 技术

组件对象模型 COM（Component Object Model）是一种说明如何建立可动态互变组件的规范，此规范提供了为保证能够互操作，客户和组件应遵循的一些二进制和网络标准。只要实现了 COM 标准，使用任何一种支持 COM 语言编写的组件都能够相互调用，其核心是 COM 接口，ArcGIS 就是基于 COM 技术进行插件开发的。

（3）基于.NET 反射技术

在.NET Framework 中，由于其反射机制，也可以产生插件。在.NET 平台中，反射技术的使用是通过 System、Reflection 命名空间中的类集合来提供的。它提供了一个良好的对象模型使得我们可以使用 Assembly 定义和加载程序集。加载在程序集清单中列出的模块，以及从此程序集中查找需要的类型并创建该类型的实例，将类型绑定到现有对象，或从现有对象获取类型并调用其方法或访问其字段和属性。通过这个技术，我们可以将后期开发的程序模块以插件式程序集的方式来动态加载，从而实现可动态扩展的应用程序。在插件式应用框架的实际开发中，框架运行时根据配置文件中的参数，动态加载适当的程序集并调用其中的方法，来完成用户的功能需求。当用户需要增加新的功能时，也只需要提供新的程序集，同时更改配置文件即可。

2.2 以超图 SuperMap Objects .NET 搭建一个插件 GIS 框架

正如前文所述，虽然实现一个插件式 GIS 框架的技术选型多种多样，但是由于 GIS 是受计算机技术发展推动向前的，任何一种技术如果安于现状，故步自封，那么这种技术迟早要走向死亡。目前，以微软公司为主导的 Visual Studio 主推.NET Framework 作为新一代的插件式开发平台，因此，本章的 GIS 插件式框架将以.NET Framework 为技术核心。

目前，市场上主流的 GIS 平台包括 ArcGIS、MapGIS、MapInfo、SuperMap 等。而在这众多的 GIS 平台中，ArcGIS 是每个 GIS 从业者再也熟悉不过的平台。然而，正版的 ArcGIS 是要收费的，而且价格不菲，对广大学生造成了巨大的学习负担。由北京超图公司开发的 SuperGIS，提供了三个月的免费使用权，已经足够我们学习插件式 GIS 开发的基本知识，因此，本章将以 SuperGIS 为二次开发的基础，进行 GIS 开发。SuperMap Objects .NET 是基于超图共享式 GIS 内核进行开发的，采用.NET 技术的组件式 GIS 开发平台。共享式 GIS 内核采用标准 C++编写，实现基础的 GIS 功能；在此基础上，SuperMap Objects .NET 组件采用 C++/CLI 进行封装，是纯 .NET 的组件，不是通过 COM 封装或者中间件运行的组件，比通过中间件调用 COM 的方式在效率上将有极大的提高。SuperMap Objects .NET 支持所有 .NET开发语言，如 C#、VB .NET、C++/CLI 等。

另外，由于本书主要介绍的是插件式 GIS 开发，默认读者已经具备一定的编程基础，且由于篇幅有限，对于一些细节以及原理性的内容，例如.NET 知识、反射原理、SuperMap Objects .NET 二次开发基础，本书将不会详细介绍，具体的细节请读者自行查阅相关书目和技术文档。

2.2.1　插件式 GIS 框架主体结构

正如前文插件式框架原理所介绍的，一个插件式 GIS 框架由以下三部分构成。

1. GIS 主程序

主程序负责数据的显示以及用户交互，它可以独立运行，但是只提供极少的基础功能或者不能提供任何业务功能，是用户交互的入口。主程序通过接口的方式暴露出自己的所有部件，例如地图控件等，插件捕获了主程序暴露的接口后，就可以控制主程序的显示逻辑，以达到将数据处理结果显示在主程序上的目的。

2. 插件

插件是功能的具体执行者，如用户通过鼠标来移动、放大、缩小地图，表面上是在主程序中进行这些操作，但是实际上这些功能背后的逻辑都是由各个插件来完成的。虽然插件是具体功能的执行者，但是插件不能独立运行，必须依赖于主程序。

3. 插件解析器以及插件容器

插件解析器是整个插件式 GIS 框架的核心内容，它负责将插件解释成主程序可以识别的对象，并且依附到主程序界面上，提供用户操作的入口，插件解析器的核心技术是 .NET Framework 的反射机制，反射是一个程序集发现及运行的过程，通过反射可以得到 *.exe 或 *.dll 等程序集内部的信息，使用反射可以看到一个程序集内部的接口、类、方法、字段、属性、特性等信息。正是因为这种特性，插件解析器能够在运行时动态地解析插件，并通过主程序暴露的接口，实现插件与主程序之间的通信。由于 GIS 功能众多，而每个功能往往对应着一个插件，因此，需要提供一个插件容器来统一管理这些插件。

2.2.2　主程序 UI 的设计与实现

本小节以 Visual Studio 2013 作为集成开发环境(Integrated Development Environment, IDE)，演示插件式 GIS 框架的开发过程，读者并不需要严格保持 IDE 的一致，只要是 Visual Studio 2010 及以上的任意版本均可。由于 Visual Studio 原生窗体空间十分简陋，样式有限，编写的项目十分丑陋，因此，在实际的 GIS 项目中，建议使用第三方的 UI 库来编写 Winform 窗体应用程序，如 DevExpress、Janus Winforms Controls。本书中，笔者采用的是 Janus Winforms Controls 控件，它提供了丰富的空间风格，如 Office 2010 的窗体风格、可停靠式窗体等。

接下来，将通过 Step by Step 的方式介绍主程序的实现过程。

(1) 启动 Visual Studio 2013，依次选择“文件”→“新建”→“项目”，创建一个 C#窗体应用程序，并输入项目名称，如图 2.2 所示。

(2) 打开 IDE 已经创建好的 Form 窗体，将其“Name”改为“MainForm”，“Text”改成“主程序”。

(3) 添加菜单栏。打开“工具箱”，在“Janus Winforms Controls”中找到

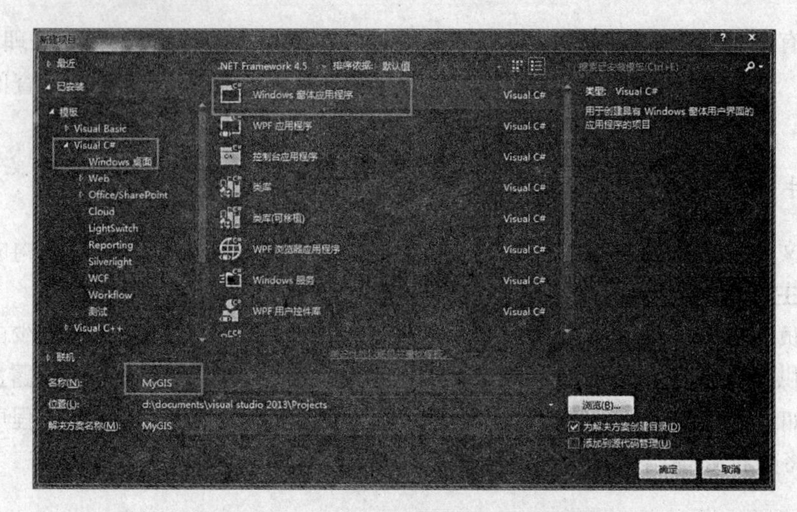

图 2.2　新建项目

"uiCommandManager"，将其拖入 MainForm 窗体中。打开"CommandManager Designer"，添加一个 CommandBar，将"CommandBar Type"设置为"Menu"，"DockStyle"设置为"Top"。如图 2.3 所示。

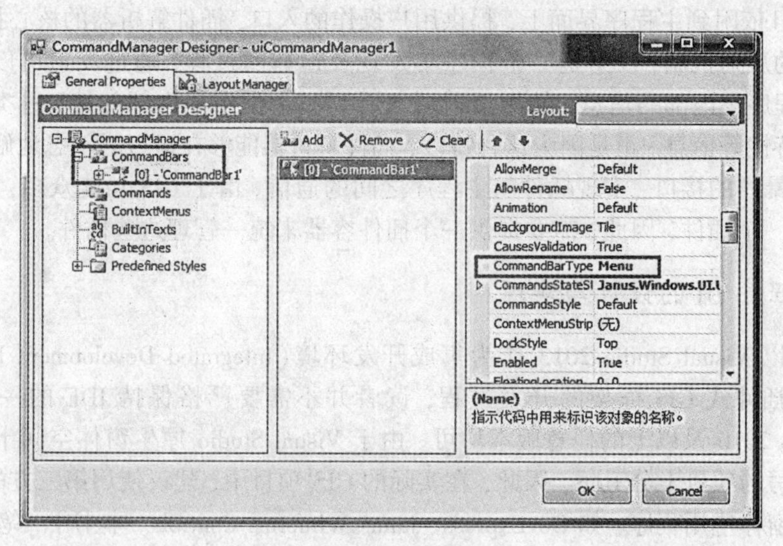

图 2.3　添加菜单栏

（4）添加状态栏。在"Janus Winforms Controls"中找到"UIStatusBar"，并将其拖进 MainForm 中，设置其"DockStyle"为"Bottom"。打开其"Panels"属性，为它添加 4 个 panel，将第二个 panel 的"PanelType"设置为"ProgressBar"，"AutoSize"设置为"Spring"。如图 2.4 所示。

（5）设置主界面布局。采用可停靠的窗口模式来设计整个界面布局，类似于 Visual Studio 的可停靠窗体风格，使得整个程序看起来更加酷炫。"Janus Winforms Controls"提供

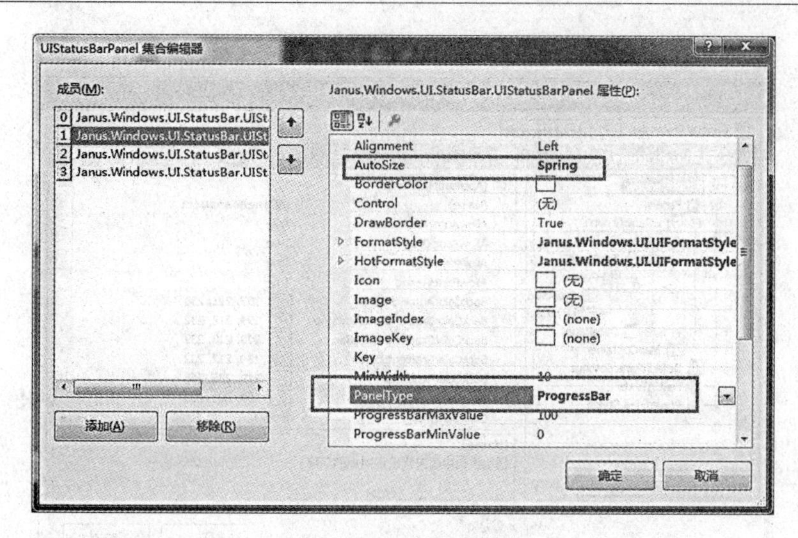

图 2.4 添加状态栏

了一个可统一管理停靠窗体的控件——UIPanelManager。将工具箱中的 UIPanelManager 拖进 MainForm 中，打开 Panel Manager Designer，在“Panels”根目录下分别添加一个 Panel Group 和一个 Panel，如图 2.5 所示。其中，将 Panel 的“Name”设置为“Map”，“Text”设置为“地图”。而 Panel Group 下又管理着一个 Panel 和一个 Panel Group。整个 Panel Manager 下的层级结构如图 2.6 所示。最终的界面布局框架如图 2.7 所示。

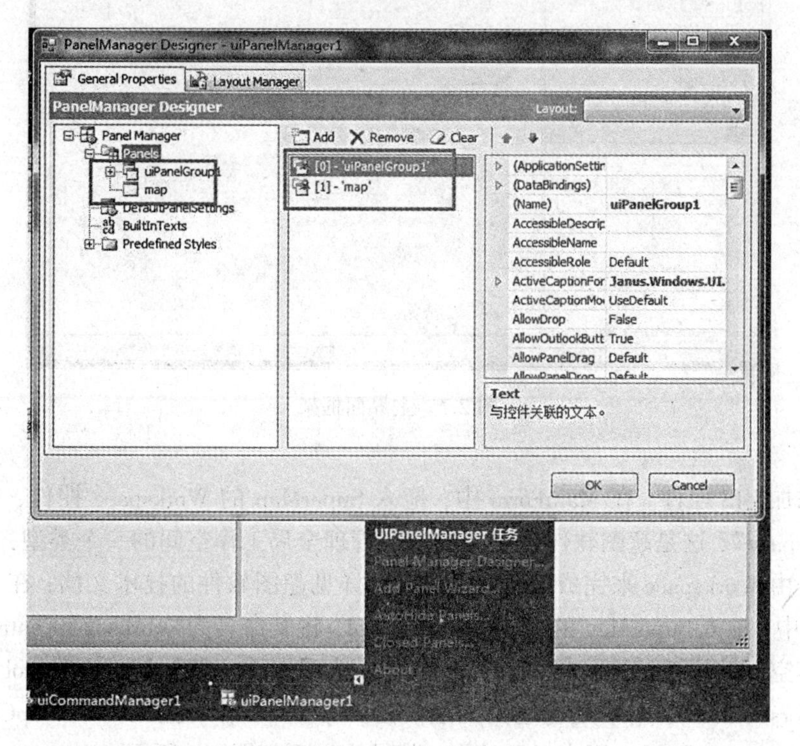

图 2.5 Panel Manager Designer

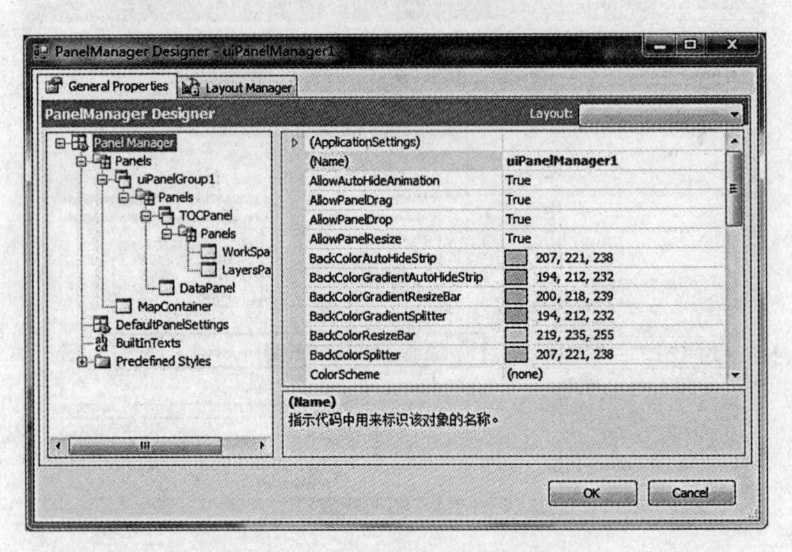

图 2.6　Panel Manager 的层级结构

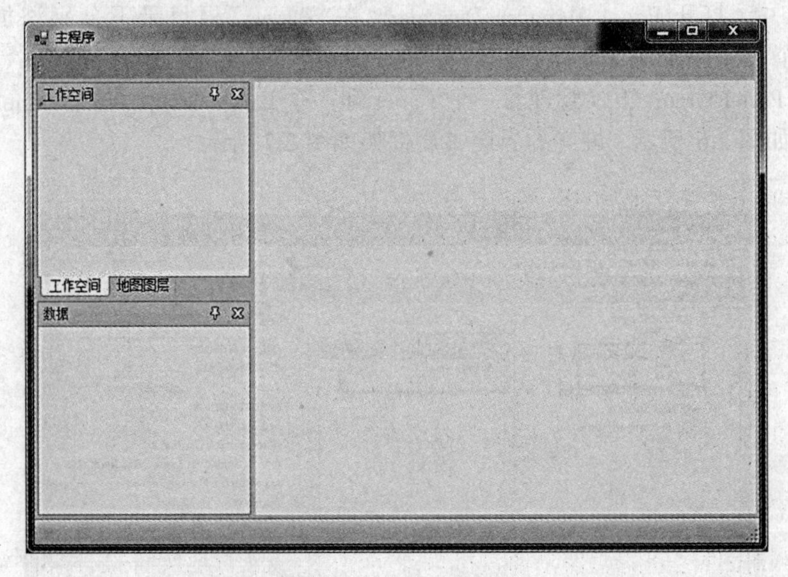

图 2.7　主界面框架

(6) 添加 GIS 控件。在 MainForm 中，拖入 SuperMap 的 Workspace 控件，并且命名为“mainWorkspace”，这是超图软件自定义的一个管理全局工作空间的一个类型，任何操作以及改动都是由 Workspace 来完成的，具体的定义详见超图软件的技术文档；在“工作空间”Tab 选项卡中，拖入 SuperMap 的 WorkspaceControl，将其命名为“workspaceControl”，用来显示整个工作空间的层级结构；在“地图图层”Tab 选项卡中，拖入 LayersControl 控件，将其命名为“layersControl”，用来处理地图图层。在 Map Panel 中，拖入一个 MapControl 控件，命名为“mapControl4Map”，用来显示地图。其最终界面如图 2.8 所示。

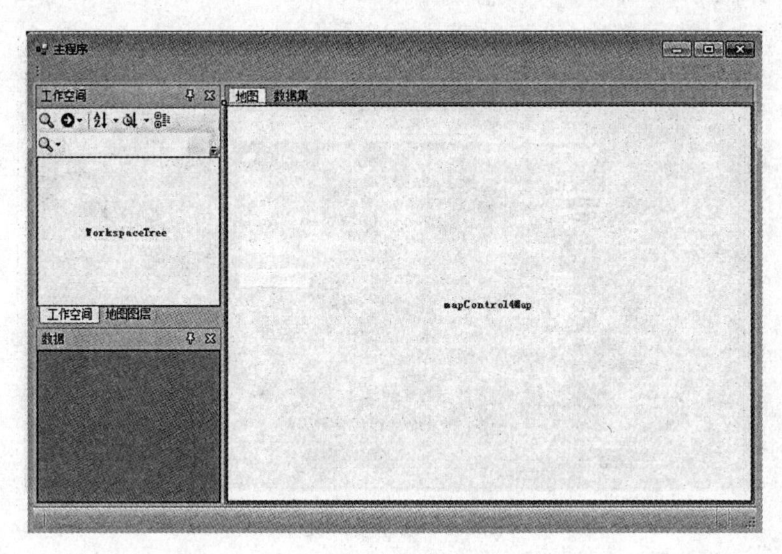

图 2.8 主程序界面

(7) 为了将工作空间管理工具 WorkspaceControl、图层管理工具 LayersControl、主界面的地图空间 MapControl 纳入工作空间中进行统一的管理，需要在 MainForm 的初始化代码块中加入如下代码进行工作空间绑定：

```
mapControl4Map.Map.Workspace = mainWorkspace;
workspaceControl.WorkspaceTree.Workspace = mainWorkspace;
layersControl.Map = mapControl4Map.Map;
```

至此，完成了主程序的搭建工作。点击“运行”按钮，虽然主程序运行起来了，但是却没有提供任何的功能。正如前文所述，在插件式 GIS 程序中，主程序提供显示界面和用户操作入口，但是它并不是业务功能的实现者，其实现还要由插件来完成。

2.2.3 暴露主程序接口

主程序和插件之间的通信是通过接口来实现的，主程序将允许插件操作自己的部分通过接口的形式暴露出来，而插件通过捕获这些接口，就能够实现与主程序的通信，将数据处理结果返回主程序，进行显示。同时，通过这种接口通信模式，主程序还承担这插件之间通信的信使。

接下来，介绍主程序接口的设计。

首先，在解决方案中通过“添加”→“新建项”，创建一个接口文件，命名为“IApplication”，如图 2.9 所示。

定义 IApplication 的所有属性：

```
using System;
```

图 2.9　创建接口文件

```
using System.Collections.Generic;
using System.Linq;
using System.Text;
using System.Data;
using System.Windows.Forms;
using Janus.Windows.UI.StatusBar;
using SuperMap.UI;
using SuperMap.Data;
using Janus.Windows.UI.Tab;
namespace PluginEngine.PluginInterface {
    /// <summary>
    /// 宿主程序的属性接口，暴露宿主程序的所有数据和控件
    /// </summary>
    public interface IApplication {
        /// <summary>
        /// 主程序标题
        /// </summary>
        string Caption { get; set;}
        /// <summary>
        /// 当前使用工具名称
        /// </summary>
        string CurrentTool { get; set;}
        /// <summary>
```

```
/// 主程序存储 GIS 数据的数据集
/// </summary>
DataSet MainDataSet{get; set;}
/// <summary>
/// 主程序的工作空间对象
/// </summary>
Workspace SuperWorkSpace{get;set;}
/// <summary>
/// 主程序的 MapControl 控件
/// </summary>
MapControl SuperMapControl{ get;set;}
/// <summary>
/// 用于显示数据集的 MapControl
/// </summary>
MapControl SupermapControl4Dataset{get; set;}
/// <summary>
/// 主程序的 WorkSpaceControl 控件
/// </summary>
WorkspaceControl SuperWorkSpaceControl{ get;set;}
/// <summary>
/// 主程序中的 ayersControl
/// </summary>
LayersControl SuperLayersControl { get;set;}
/// <summary>
/// 主程序中的地图 Tab 选项卡
/// </summary>
UITab MapViewTab { get; set; }
/// <summary>
/// 主程序的名称
/// </summary>
string Name{ get;}
/// <summary>
/// 主程序的窗体对象
/// </summary>
Form MainPlatform{ get; set;}
/// <summary>
/// 状态栏
/// </summary>
```

```
        UIStatusBar StatusBar { get; set;}
        /// <summary>
        /// 当前状态提示
        /// </summary>
        string Status{get;set; }
        /// <summary>
        /// 主程序 UI 界面的 Visible 属性
        /// </summary>
        bool Visible { get;set;}
        /// <summary>
        /// 状态栏上的进度条
        /// </summary>
        UIStatusBarPanel Progressbar{ get;set; }
    }
}
```

实现 IApplication 接口。新建一个类文件，命名为“Application”，并实现 IApplpcation 接口。

```
public class Application : IApplication {
    private string _caption;
    /// <summary>
    /// 主程序标题，值类型和引用类型才需要
    /// </summary>
    public string Caption {
        get {
            this._caption = this.MainPlatform.Text;
            return _caption;
        }
        set {
            if (this._MainPlatform! = null) {
                _caption = value;
                this.MainPlatform.Text = this._caption;
            }
            else {
                MessageBox.Show("窗体未实例化");
            }
        }
    }
```

```
private string _currentTool;
/// <summary>
/// 主程序当前使用的工具 Tool 名称
/// </summary>
public string CurrentTool {
    get { return_currentTool; }
    set { _currentTool = value; }
}
private DataSet _mainDataSet;
/// <summary>
/// 主程序存储 GIS 数据的数据集
/// </summary>
public DataSet MainDataSet {
    get { return _mainDataSet; }
    set { _mainDataSet = value; }
}
private Workspace _superWorkspace;
/// <summary>
/// 主程序包含的工作空间
/// </summary>
public Workspace SuperWorkSpace {
    get { return _superWorkspace; }
    set { _superWorkspace = value; }
}
private MapControl _SuperMapControl;
/// <summary>
/// 主程序中的 MapControl 控件
/// </summary>
public MapControl SuperMapControl {
    get { return _SuperMapControl; }
    set { _SuperMapControl = value; }
}
private MapControl _SuperMapControl4Dataset;
/// <summary>
/// 主程序中，显示数据集的 MapControl 控件
/// </summary>
public MapControl SupermapControl4Dataset {
    get { return _SuperMapControl4Dataset; }
```

```
        set { _SuperMapControl4Dataset = value; }
    }
    private WorkspaceControl _superWorkSpaceControl;
    /// <summary>
    /// 主程序中的 WorkSpaceControl 控件
    /// </summary>
    public WorkspaceControl SuperWorkSpaceControl {
        get { return _superWorkSpaceControl; }
        set { _superWorkSpaceControl = value; }
    }
    private LayersControl _superLayersControl;
    /// <summary>
    /// 主程序中的 LayersControl 控件
    /// </summary>
    public LayersControl SuperLayersControl {
        get { return _superLayersControl; }
        set { _superLayersControl = value; }
    }
    private UITab _mapViewTab;
    /// <summary>
    /// 主程序中的地图 Tab 选项卡
    /// </summary>
    public UITab MapViewTab {
        get { return _mapViewTab; }
        set { _mapViewTab = value; }
    }
    private string _Name = "";
    /// <summary>
    /// 主程序的名称
    /// </summary>
    public string Name {
        get {
            this._Name = this._MainPlatform.Name;
            return _Name;
        }
    }
    private Form _MainPlatform;
    /// <summary>
```

```
/// 主程序的窗体对象
/// </summary>
public Form MainPlatform {
    get { return _MainPlatform; }
    set { _MainPlatform = value; }
}
private UIStatusBar _StatusBar;
/// <summary>
/// 状态栏
/// </summary>
public UIStatusBar StatusBar {
    get { return _StatusBar; }
    set { _StatusBar = value; }
}
private string _Status;
/// <summary>
/// 当前状态
/// </summary>
public string Status {
    get { return _Status; }
    set { _Status = value; }
}
private bool _Visible;
/// <summary>
/// 当前 UI 界面是否可见
/// </summary>
public bool Visible {
    get {
        this._Visible = this.MainPlatform.Visible;
        return _Visible;
    }
    set {
        _Visible = value;
        this.MainPlatform.Visible = this._Visible;
    }
}
private UIStatusBarPanel _Progressbar;
/// <summary>
```

```
        /// 状态栏下的进度条
        /// </summary>
        public UIStatusBarPanel Progressbar {
            get { return _Progressbar; }
            set { this._Progressbar = value; }
        }
    }
```

至此，完成了主程序的接口设计与实现，插件只要能够捕获 Applicion 的实例，就能够实现与主程序的通信。在这段代码中，我们注意到，它将主程序的所有内容都暴露出来了，但重要的还是 WorksPace、MapControl、WorkSpaceControl、LayersControl 这几个属性的暴露，因为它们几乎决定了整个 GIS 框架的功能点。

2.2.4　插件架构设计

在插件式 GIS 框架中，插件相对于主程序的关系，体现在两个层面上。第一个层面体现在 UI 级，即交互的入口及交互模式。具体的表现形式为命令按钮、工具条、工具按钮、菜单栏、浮动窗口。第二个层面在于功能实现层，体现在交互上，有两种模式。第一种是命令模式，无需用户与地图交互，按下命令按钮，插件就能完成一系列的操作，插件按照预先设定的流程自动完成一系列操作，如缓冲区分析、数据格式转换等；第二种为交互模式，要求在用户进行地图交互的过程中，实时处理交互结果。在这种模式下，插件在每一步所执行的功能都依赖于用户的输入操作，以一个实现绘制新要素功能的插件为例，它要实时监听用户的鼠标点击、移动、双击等操作，当用户单击鼠标时，记录一个坐标点，鼠标移动时，实时绘制，直到双击鼠标，才完成新要素的绘制。

基于现有的经验，我们将插件类型分为以下几种：UI 级的有工具栏、菜单栏、浮动窗体；功能性的有：命令按钮、工具按钮。

而如前文所述，一个插件式 GIS 框架中必然会有大量的 GIS 插件，但并不意味着这些插件可以不遵守任何规则，这些插件若想能够被主程序识别，则应纳入统一的规则管理，能够存放在统一的插件管理容器中。为了统一管理，定义一个父接口 IPlugin，所有的插件都继承自这个接口。

1. 父接口 IPlugin

父接口 IPlugin 仅仅起到标识性作用，也就是说，我们约定，只要继承了 IPlugin 接口的插件，都是本插件式 GIS 能够识别的框架。它的另一个重要的作用是方便将所用的插件纳入到统一的插件容器进行管理。由于 IPlugin 中无需实现任何业务功能，因此，它是一个空口，其定义如下：

```
using System;
using System.Collections.Generic;
using System.Linq;
using System.Text;
```

```
namespace PluginEngine.PluginInterface {
    public interface IPlugin {
    }
}
```

2. 命令型插件接口 ICommand

命令型插件按照用户的初始输入条件，执行一系列设计好的流程，用户无法在命令执行的过程中施加二次干扰。也就是说，一旦用户按下命令执行按钮，并且设定好初始值后，GIS 系统将完成所有的操作。例如缓冲区分析，用户设定好缓冲半径，选择好图层，点击缓冲区分析命令之后，程序将进行缓存区分析计算，并自动显示在地图空间上，用户无法在这个过程中重设缓冲区半径。ICommand 接口的设计如下：

```
namespace PluginEngine.PluginInterface {
    /// <summary>
    /// ICommand 作为所有的命令类按钮的接口
    /// </summary>
    public interface ICommand: IPlugin {
        /// <summary>
        /// 命令按钮图标
        /// </summary>
        Bitmap Bitmap {
            get;
        }
        /// <summary>
        /// 命令按钮文字
        /// </summary>
        string Caption {
            get;
        }
        /// <summary>
        /// 命令按钮所属类别
        /// </summary>
        string Category {
            get;
        }
        /// <summary>
        /// 命令按钮是否被选择
        /// </summary>
        bool Checked {
```

```
        get;
    }
    /// <summary>
    /// 命令按钮是否可用
    /// </summary>
    bool Enabled {
        get;
    }
    /// <summary>
    /// 快捷帮助 ID
    /// </summary>
    int HelpContextID {
        get;
    }
    /// <summary>
    /// 帮助文件路径
    /// </summary>
    string HelpFile {
        get;
    }
    /// <summary>
    /// 鼠标移动到按钮状态栏出现的文字
    /// </summary>
    string Message {
        get;
    }
    /// <summary>
    /// 按钮名称
    /// </summary>
    string Name {
        get;
    }
    /// <summary>
    /// 按钮点击时触发的方法
    /// </summary>
    void OnClick();
    /// <summary>
    /// 按钮产生时触发的方法
```

```
        /// </summary>
        /// <param name="hook"></param>
        void OnCreate(IApplication hook);
        /// <summary>
        /// 鼠标移动到按钮上时弹出的文字
        /// </summary>
        string Tooltip {
            get;
        }
    }
}
```

ICommand 接口中，主要关注 OnCreate(IApplication hook) 和 OnClick()这两个方法。其中 OnCreate 方法传进来 IApplication 的参数，实际上就是将整个主程序以接口的形式暴露给 Command 插件，Command 插件捕获这个 hook 之后，就能够操作主程序中的数据，以及将自己处理的结果返回给主程序，其他的初始化操作也可以在 OnCreate 方法中完成。而 OnClick 方法是功能执行的入口，当用户点击 Command 按钮时，将触发这个方法。

3. 地图交互型插件接口 ITool

交互型插件在 UI 上的表现形式和命令型插件差不多，唯一不同的是，它需要处理各种交互操作，如鼠标单击、双击、键盘事件等。由于篇幅原因，这里仅仅列出相对 ICommand 接口而言比较重要的交互方法，每个方法的功能及参数在代码中都有详细的说明，这里就不再一一介绍了。

ITool 接口的设计如下：

```
/// <summary>
/// 按钮点击时触发的方法
/// </summary>
void OnClick();
/// <summary>
/// 按钮产生时触发的方法
/// </summary>
/// <param name="hook"></param>
void OnCreate(IApplication hook);
/// <summary>
/// 鼠标双击地图触发的事件
/// </summary>
void OnDblClick();

/// <summary>
```

```
/// 鼠标点击右键弹出快捷菜单触发的事件
/// </summary>
/// <param name="x"></param>
/// <param name="y"></param>
/// <returns></returns>
bool OnContextMenu(int x, int y);

/// <summary>
/// 鼠标在地图上移动触发的事件
/// </summary>
/// <param name="button"></param>
/// <param name="x"></param>
/// <param name="y"></param>
/// <returns></returns>
void OnMouseMove(MouseButtons button, int x, int y);

/// <summary>
/// 鼠标点击地图触发的事件
/// </summary>
/// <param name="button"></param>
/// <param name="x"></param>
/// <param name="y"></param>
/// <returns></returns>
void OnMouseDown(MouseButtons button, int x, int y);

/// <summary>
/// 鼠标在地图上弹起触发的事件
/// </summary>
/// <param name="button"></param>
/// <param name="x"></param>
/// <param name="y"></param>
/// <returns></returns>
void OnMouseUp(MouseButtons button, int x, int y);

/// <summary>
/// 地图刷新触发的事件
/// </summary>
/// <param name="hDC"></param>
void Refresh(int hDC);
```

```
/// <summary>
/// 键盘某个按键点击时触发的事件
/// </summary>
/// <param name="keyValue"></param>
void OnKeyDown(int keyValue);

/// <summary>
/// 键盘某个按键弹起时触发的事件
/// </summary>
/// <param name="keyValue"></param>
void OnKeyUp(int keyValue);
```

4. 设计菜单栏插件 IMenuDef 和工具条插件 IToolBarDef

菜单栏和工具条都具有共同的特点，都是 UI 容器，承载着多个 UI 控件。因此，首先设计并实现依附在菜单或者工具条上独立的 Item。

IItemDef 接口的设计如下：

```
public interface IItemDef {
    /// <summary>
    /// 该 Item 是否属于一个新组
    /// </summary>
    bool Group {
        get;
        set;
    }
    /// <summary>
    /// Item 的 ID
    /// </summary>
    string ID {
        get;
        set;
    }
    /// <summary>
    /// Item 的子类 Command 或 Tool
    /// </summary>
    long SubType {
        set;
    }
}
```

其实现如下：

```
public class ItemDef : IItemDef {
    bool _Group;
    /// <summary>
    /// 该按钮是否属于一个新组
    /// </summary>
    public bool Group {
        get { return _Group; }
        set { _Group = value; }
    }

    string _Id;
    /// <summary>
    /// Item 的 ID
    /// </summary>
    public string ID {
        get { return _Id; }
        set { _Id = value; }
    }

    long _SubType;
    /// <summary>
    /// Item 的子类 Command 或 Tool
    /// </summary>
    public long SubType {
        get { return _SubType; }
        set { _SubType = value; }
    }
}
```

接下来定义菜单接口 IMenuDef 和工具条接口 IToolBarDef：

```
public interface IMenuDef: IPlugin {
    /// </summary>
    /// 菜单栏标题
    /// </summary>
    string Caption {
        get;
    }
```

```
    /// <summary>
    /// 菜单栏名称
    /// </summary>
    string Name {
        get;
    }
    /// <summary>
    /// 菜单栏携带的 Item 数量
    /// </summary>
    long ItemCount {
        get;
    }
    /// <summary>
    /// 访问菜单栏中每个 Item 的方法
    /// </summary>
    /// <param name="pos"></param>
    /// <param name="itemDef"></param>
    void GetItemInfo(int pos, IItemDef itemDef);
}
public interface IToolBarDef: IPlugin {
    /// <summary>
    /// 工具栏标题
    /// </summary>
    string Caption {
        get;
    }
    /// <summary>
    /// 工具栏名称
    /// </summary>
    string Name {
        get;
    }
    /// <summary>
    /// 工具栏携带的 Item 数量
    /// </summary>
    long ItemCount {
        get;
    }
```

```
    /// <summary>
    /// 访问工具栏中每个 Item 的方法
    /// </summary>
    /// <param name="pos"></param>
    /// <param name="itemDef"></param>
    void GetItemInfo(int pos, IItemDef itemDef);
}
```

5. 停靠式窗体接口 IDockableWindowDef 设计

可停靠式窗口最大的好处就是用户可以随心所欲地改变窗口的位置。其设计如下：

```
/// <summary>
/// 浮动窗口定义
/// </summary>
public interface IDockableWindowDef : IPlugin {
    /// <summary>
    /// 浮动窗口标题
    /// </summary>
    string Caption {
        get;
    }

    /// <summary>
    /// 浮动窗体上停靠的子控件
    /// </summary>
    System.Windows.Forms.Control ChildHWND {
        get;
    }

    /// <summary>
    /// 浮动窗体名称
    /// </summary>
    string Name {
        get;
    }

    /// <summary>
    /// 浮动窗体产生时触发的事件
    /// </summary>
    /// <param name="hook"></param>
```

```
        void OnCreate(IApplication hook);

        /// <summary>
        /// 浮动窗体关闭时触发的事件
        /// </summary>
        void OnDestroy();

        /// <summary>
        /// 浮动窗体与主框架之间用于交互的额外辅助数据对象
        /// </summary>
        object UserData {
            get;
        }
    }
```

6. 小结

至此，我们完成了所有类型的插件的接口设计。

2.2.5　插件容器的设计与实现

很多人容易将插件式 GIS 程序中的插件与动态链接库等同起来，然而事实并非如此。动态链接库只有在被引用时，才会载入内存，而插件则不同，它在程序启动时，就需要被插件解析器解析，并在内存中存储管理，以便主程序随时调用。如何在内存中管理这些插件，则是插件式 GIS 框架中比较重要的一环。

1. 插件容器

本书将以 C#中的集合作为基础，设计一个插件容器，同时实现它对应的迭代器，以便遍历容器中的插件。插件容器的设计如下：

```
namespace PluginEngine {
    /// <summary>
    /// 插件容器
    /// </summary>
    public class PluginCollection : CollectionBase {
        #region 构造函数
        public PluginCollection() { }
        public PluginCollection(PluginCollection value) {
            this.AddRange(value);
        }
        public PluginCollection(IPlugin[] value) {
            this.AddRange(value);
```

```
}
#endregion

/// <summary>
/// 插件基接口的容器
/// </summary>
/// <param name="index"></param>
/// <returns></returns>
public IPlugin this[int index]{
    get {
        return (IPlugin)(this.List[index]);
    }
}

/// <summary>
/// 添加插件到插件容器
/// </summary>
/// <param name="value">插件</param>
/// <returns></returns>
public int Add(IPlugin value) {
    return this.List.Add(value);
}

/// <summary>
/// 根据插件确定该项在插件容器中的索引
/// </summary>
/// <param name="value"></param>
/// <returns></returns>
public int IndexOf(IPlugin value) {
    return this.List.IndexOf(value);
}

/// <summary>
/// 判断容器中是否存在此插件
/// </summary>
/// <param name="value"></param>
/// <returns></returns>
public bool Contains(IPlugin value) {
    return this.List.Contains(value);
```

```
}

/// <summary>
/// 复制索引所在的项到集合中
/// </summary>
/// <param name = " array" ></param>
/// <param name = " index" ></param>
public void CopyTo( IPlugin[ ] array, int index) {
    this.List.CopyTo( array, index) ;
}

/// <summary>
/// 把插件集合转为插件数组
/// </summary>
/// <returns></returns>
public IPlugin[ ] ToArray( ) {
    IPlugin[ ] array = new IPlugin[ this.Count] ;
    this.CopyTo( array, 0) ;
    return array;
}

/// <summary>
/// 插入插件到集合的索引位置
/// </summary>
/// <param name = " index" ></param>
/// <param name = " value" ></param>
public void Insert( int index, IPlugin value) {
    this.List.Insert( index, value) ;
}

/// <summary>
/// 移除插件
/// </summary>
/// <param name = " value" ></param>
public void Remove( IPlugin value) {
    this.List.Remove( value) ;
}

/// <summary>
/// 获得当前插件容器的迭代器
```

```
        /// </summary>
        /// <returns></returns>
        public new PluginCollectionEnumerator GetEnumerator() {
            return new PluginCollectionEnumerator(this);
        }

        /// <summary>
        /// 添加插件数组到当前集合
        /// </summary>
        /// <param name="value"></param>
        private void AddRange(IPlugin[] value) {
            for (int i = 0; i < value.Length; i++) {
                this.Add(value[i]);
            }
        }

        /// <summary>
        /// 添加插件集合到当前集合
        /// </summary>
        /// <param name="value"></param>
        private void AddRange(PluginCollection value) {
            for (int i = 0; i < value.Capacity; i++) {
                this.Add((IPlugin)value.List[i]);
            }
        }
    }
}
```

为了便于遍历容器中的插件，设计的迭代器如下：

```
namespace PluginEngine {
    public class PluginCollectionEnumerator : IEnumerator {
        // 枚举接口
        private IEnumerable _temp;
        // 非泛型迭代接口
        private IEnumerator _enumerator;

        #region 构造函数
        /// <summary>
        /// 插件容器迭代器构造函数
        /// </summary>
```

```
        /// <param name="mappings">插件集合</param>
        public PluginCollectionEnumerator(PluginCollection mappings){
            _temp = (IEnumerable)mappings;
            _enumerator = _temp.GetEnumerator();
        }
        #endregion

        #region IEnumerator 成员

        /// <summary>
        /// 获取集合中当前元素
        /// </summary>
        public object Current {
            get { return _enumerator.Current; }
        }

        /// <summary>
        /// 获取下一个元素
        /// </summary>
        /// <returns></returns>
        public bool MoveNext() {
            return _enumerator.MoveNext();
        }

        /// <summary>
        /// 归零
        /// </summary>
        public void Reset() {
            _enumerator.Reset();
        }
        #endregion
    }
}
```

2. 插件分类器

插件在加载进入内存之后，不同类型的插件不应该放在同一个容器中管理，应按照其类型，分门别类管理。插件分类器的设计如下：

```
/// <summary>
/// 解析插件容器中的插件对象，将其分别放入不同的容器中
```

```
/// </summary>
public class ParsePluginCollection {
    #region 数据成员, 容器

    // Command 集合
    private Dictionary<string, ICommand> _Commands = null;
    // Tool 集合
    private Dictionary<string, ITool>_Tools;
    // ToolBar 集合
    private Dictionary<string, IToolBarDef>_ToolBars;
    // Menu 集合
    private Dictionary<string, IMenuDef>_Menus;
    // DockableWindow 集合
    private Dictionary<string, IDockableWindowDef> _DockableWindows;
    // 命令类型集合
    private ArrayList _CommandCategory;

    #endregion

    #region 属性
    /// <summary>
    /// Command 集合
    /// </summary>
    public Dictionary<string, ICommand> Commands {
        get { return _Commands; }
    }

    /// <summary>
    /// Tool 集合
    /// </summary>
    public Dictionary<string, ITool> Tools {
        get { return _Tools; }
    }

    /// <summary>
    /// ToolBar 集合
    /// </summary>
    public Dictionary<string, IToolBarDef> ToolBars {
        get { return _ToolBars; }
    }
```

```
/// <summary>
/// Menu 集合
/// </summary>
public Dictionary<string, IMenuDef> Menus {
    get { return _Menus; }
}

/// <summary>
/// DockableWindow 集合
/// </summary>
public Dictionary<string, IDockableWindowDef> DockableWindows {
    get { return _DockableWindows; }
}

/// <summary>
/// 命令类型集合
/// </summary>
public ArrayList CommandCategory {
    get { return _CommandCategory; }
}
#endregion

#region 构造函数
/// <summary>
/// 构造函数
/// </summary>
public ParsePluginCollection() {
    // 初始化所有的容器
    _Commands = new Dictionary<string, ICommand>();
    _Tools = new Dictionary<string, ITool>();
    _ToolBars = new Dictionary<string, IToolBarDef>();
    _Menus = new Dictionary<string, IMenuDef>();
    _DockableWindows = new Dictionary<string, IDockableWindowDef>();
    _CommandCategory = new ArrayList();

}
#endregion

/// <summary>
/// 将插件集合的插件解析到对应类型的插件容器中
```

```
/// </summary>
/// <param name="collections">插件集合</param>
public void GetPluginArray(PluginCollection pluginCols) {
    foreach (IPlugin plugin in pluginCols){
        // Command 类
        ICommand cmd = plugin as ICommand;
        if (cmd != null) {
            this._Commands.Add(cmd.Name, cmd);
            //找出该 Command 的 Category，如果它还没有添加到 Category 中，
            //则添加
            if (cmd.Category !=null && _CommandCategory.Contains(cmd.
                Category) == false) {
                _CommandCategory.Add(cmd.Category);
            }
            continue;
        }

        // 获得 ITool 接口并添加到 ITool 集合中
        ITool tool = plugin as ITool;
        if (tool != null) {
            this._Tools.Add(tool.Name, tool);
            //找出该 Tool 的 Category，如果它还没有添加到 Category 中，则
            //添加
            if (tool.Category != null && _CommandCategory.Contains(tool.
                Category) == false) {
                _CommandCategory.Add(tool.Category);
            }
            continue;
        }

        // 获得 IToolBarDef 接口并添加到 IToolBarDef 集合中
        IToolBarDef toolbardef = plugin as IToolBarDef;
        if (toolbardef != null) {
            _ToolBars.Add(toolbardef.Name, toolbardef);
            continue;
        }

        // 获得 IMenuDef 接口并添加到 IMenuDef 集合中
        IMenuDef menuedef = plugin as IMenuDef;
```

```
                if (menuedef != null) {
                    _Menus.Add(menuedef.Name, menuedef);
                    continue;
                }

                // 获得 IDockableWindowDef 接口并添加到 IDockableWindowDef 集合中
                IDockableWindowDef dockablewindowdef = plugin as IDockable WindowDef;
                if (dockablewindowdef != null) {
                    this._DockableWindows.Add(dockablewindowdef.Name, dockable
                        windowdef);
                    continue;
                }
            }
        }
    }
```

2.2.6　插件解析器的设计与实现

如何在一堆文件中识别出插件，并将其解析成为主程序可以识别的插件对象，是插件式 GIS 程序最为关键的内容。好在 C#为开发者提供了反射机制，它使得插件的动态加载成为可能。反射是动态发现信息的一种能力，它在程序运行时利用一些信息，动态地使用类型，这些类型在编译时是未知的。反射是 C#中一个非常强大的功能，若想获得更多反射的知识，请参考相关的编程书籍。

下面介绍如何利用 C#的反射特性，解析特定目录下的插件，并将其动态加载到内存中，使用插件容器进行管理。

```
/// <summary>
/// 根据反射机制产生插件对象，并将其装入插件容器中
/// </summary>
public class PluginHandle {
    // 静态只读字段定义插件路径
    private static readonly string pluginFolder = System.Windows.Forms.Application.
        StartupPath + "\\plugin";

    /// <summary>
    /// 从 Dll 中获取插件并将插件装载入容器中
    /// </summary>
    /// <returns></returns>
    public static PluginCollection GetPluginsFromDLL() {
```

```
PluginCollection _PluginCol = new PluginCollection();
// 检测文件夹是否存在
if (!Directory.Exists(pluginFolder)) {
    // 如果文件夹不存在，则创建一个文件夹
    Directory.CreateDirectory(pluginFolder);
    if (AppLog.log.IsDebugEnabled) {
        AppLog.log.Debug("Plugin 文件夹不存在，系统自动创建一个。");
    }
}
// 获取文件夹下的所有 DLL 文件
string[] files = Directory.GetFiles(pluginFolder, "*.dll");
foreach (string file in files) {
    // 根据文件名加载程序集
    Assembly assembly = null;
    try {
        assembly = Assembly.LoadFrom(file);
    }
    catch (System.Exception ex) {
    }
    if (assembly != null) {
        Type[] types = null;
        try {
            // 获取程序集中定义的类型
            types = assembly.GetTypes();
        }
        catch (ReflectionTypeLoadException ex) {
            if (AppLog.log.IsErrorEnabled) {
                AppLog.log.Error("反射类型加载异常");
            }
        }
        catch (System.Exception ex) {
            if (AppLog.log.IsErrorEnabled) {
                AppLog.log.Error(ex.Message);
            }
        }
        finally {
            foreach (Type type in types) {
                // 获取一个类型实现的所有接口
```

```
                Type[ ] interfaces = type.GetInterfaces( );
                // 遍历插件接口
                foreach (Type theInterface in interfaces) {
                    // 如果满足某种类型，则添加到插件集合对象中
                    switch (theInterface.FullName) {
                        case "PluginEngine.PluginInterface.ICommand":
                        case "PluginEngine.PluginInterface.ITool":
                        case "PluginEngine.PluginInterface.IMenuDef":
                        case "PluginEngine.PluginInterface.IToolBarDef":
                        case "PluginEngine.PluginInterface.
                            IDockableWindowDef":
                            getPluginObject(_PluginCol, type);
                            break;
                        default:
                            break;
                    }
                }
            }
        }
    }
  }
    return _PluginCol;
}

// 获取插件对象
private static void getPluginObject(PluginCollection pluginCol, Type_type) {
    IPlugin plugin = null;
    try {
        // cf // object aa = Activator.CreateInstance(_type);
        // Activator 反射技术，动态生成一个类
        plugin = Activator.CreateInstance(_type) as IPlugin;
    }
    catch (Exception ex) {
        //if ( )
    }
    finally {
        if (plugin ! = null) {
            // 判断该插件是否已经存在插件集合中，如果不是，
```

```
                    // 则加入该对象
                    if (!pluginCol.Contains(plugin)) {
                        pluginCol.Add(plugin);
                    }
                }
            }
        }
}
```

2.2.7　使主程序具备识别插件的能力

“万里长征”最后一步——使主程序具备识别插件的能力。插件想要起作用，必须能够被主程序识别。前面已经介绍了插件的类型，设计了插件的接口，设计并实现了插件容器和插件解析器，然而，就算成功地将插件解析到内存中，主程序如果没有提供识别的入口，插件就无法依附到主程序中。

1. 定义并初始化基本变量

```
// 主程序变量
private PluginEngine.PluginInterface.IApplication _App = null;
//保存地图数据的 DataSet
private DataSet _DataSet = null;
//当前使用的 Tool
private PluginEngine.PluginInterface.ITool _Tool = null;

//插件对象集合
private Dictionary<string, ICommand> _CommandCol = null;
private Dictionary<string, ITool> _ToolCol = null;
private Dictionary<string, IToolBarDef> _ToolBarCol = null;
private Dictionary<string, IMenuDef> _MenuItemCol = null;
private Dictionary<string, IDockableWindowDef> _DockableWindowCol = null;

//初始化公共变量
_DataSet = new DataSet();

//初始化主框架对象
_App = new PluginEngine.AssistComponent.Application();
_App.MainPlatform = this;      // 这句代码一定要放在最前面
_App.Caption = Text;
_App.CurrentTool = null;
_App.MainDataSet = _DataSet;
```

```
_App.SuperMapControl = mapControl4Map;
_App.SuperWorkSpace = mainWorkspace;
_App.SuperWorkSpaceControl = workspaceControl;
_App.SuperLayersControl = layersControl;
_App.SupermapControl4Dataset = mapControl4Dataset;
_App.MapViewTab = MapTab;
_App.StatusBar = this.uiStatusBar1;
_App.Status = uiStatusBar1.Panels[0].Text;
_App.Visible = this.Visible;
_App.Progressbar = uiStatusBar1.Panels[1];
```

2. 定义解析插件方法

(1) 解析 ICommand 和 ITool 对象

```
/// <summary>
/// 解析 ITool 和 ICommand 对象
/// </summary>
/// <param name="Cmds">IComman 加入 d 集合</param>
/// <param name="Tools">ITool 集合</param>
private void CreateUICommandTool(Dictionary<string, ICommand> Cmds,
    Dictionary<string, ITool> Tools) {
    //遍历 ICommand 对象集合, 通过键值对的方式
    foreach (KeyValuePair<string, ICommand> cmdPairs in Cmds) {
        //获得一个 ICommand 对象
        ICommand myCmd = cmdPairs.Value;
        //产生一个 UICommand 对象
        UICommand UICommand = new UICommand();
        //根据 ICommand 的信息设置 UICommand 的属性
        UICommand.ToolTipText = myCmd.Tooltip;
        UICommand.Text = myCmd.Caption;
        UICommand.CategoryName = myCmd.Category;
        UICommand.Image = myCmd.Bitmap;
        //UICommand.Key = myCmd.ToString();
        UICommand.Key = myCmd.Name;
        //UICommand 的 Enabled 默认为 True
        if (!myCmd.Enabled) {
            UICommand.Enabled = Janus.Windows.UI.InheritableBoolean.False;
        }
        //UICommand 的 Checked 默认为 False
```

```
        if (myCmd.Checked) {
            UICommand.Checked = Janus.Windows.UI.InheritableBoolean.True;
        }

        //产生 UICommand 是调用 OnCreate 方法,将主框架对象传递给插件对象
        myCmd.OnCreate(this._App);
        //使用委托机制处理 Command 的事件
        //所有的 UICommand 对象 Click 事件均使用 this.Command_Click 方法处理
        UICommand.Click += new CommandEventHandler(UICommand_Click);
        //将生成的 UICommand 添加到 CommandManager 中
        this.uiCommandManager1.Commands.Add(UICommand);
    }

    //遍历 ITool 对象集合
    foreach (KeyValuePair<string, ITool> toolPair in Tools) {
        //获得一个 UITool 对象
        ITool myTool = toolPair.Value;
        //产生一个 UITool 对象
        UICommand UITool = new UICommand();
        //根据 ITool 的信息设置 UITool 的属性
        UITool.ToolTipText = myTool.Tooltip;
        UITool.Text = myTool.Caption;
        UITool.CategoryName = myTool.Category;
        UITool.Image = myTool.Bitmap;
        //UITool.Key = myTool.ToString();
        UITool.Key = myTool.Name;
        if (!myTool.Enabled) {
            UITool.Enabled = Janus.Windows.UI.InheritableBoolean.False;
        }
        if (myTool.Checked) {
            UITool.Checked = Janus.Windows.UI.InheritableBoolean.True;
        }
        //产生 UITool 是调用 OnCreate 方法,将主框架对象传递给插件对象
        myTool.OnCreate(this._App);
        //使用委托机制处理 Tool 的事件
        //所有的 UITool 对象 Click 事件均使用 this.UITool_Click 方法处理
        UITool.Click += new CommandEventHandler(UITool_Click);
```

```
        //将生成的 UITool 添加到 CommandManager 中
        this.uiCommandManager1.Commands.Add(UITool);
    }
}
```

(2) 解析工具栏

```
/// <summary>
/// 创建 Toolbar 的 UI 层对象
/// </summary>
/// <param name="toolBars"></param>
private void CreateToolbar(Dictionary<string, IToolBarDef> toolBars) {
    foreach (KeyValuePair<string, IToolBarDef> toolbar in toolBars) {
        IToolBarDef myToolbar = toolbar.Value;
        //产生 UIToolbar 对象
        UICommandBar UIToolbar = new UICommandBar();
        //设置 UIToolbar 的属性
        UIToolbar.CommandManager = this.uiCommandManager1;
        UIToolbar.CommandsStyle = Janus.Windows.UI.CommandBars.
            CommandStyle.TextImage;
        UIToolbar.Name = myToolbar.Name;
        UIToolbar.Text = myToolbar.Caption;
        UIToolbar.Tag = myToolbar;
        UIToolbar.Key = myToolbar.ToString();

        //将 Command 和 Tool 插入到 Toolbar 中
        ItemDef itemDef = new ItemDef();
        for (int i = 0; i < myToolbar.ItemCount; i++) {
            myToolbar.GetItemInfo(i, itemDef);
            UICommand uiCmd = null;
            //如果一个 ICommand 对象由于某些原因并没有正确产生
            //而在 Toolbar 或 Menu 中有存在它的名称
            //使用 this.uiCommandManager.Commands[itemDef.ID]属性
            //获取该 ICommand 对象就会出现异常
            try {
                uiCmd = uiCommandManager1.Commands[itemDef.ID];
            }
            catch (Exception ex) {
            }
```

```
                if (uiCmd ! = null) {
                    //如果分组,则在该 UI 对象前加上一个分隔符
                    if (itemDef.Group) {
                        UIToolbar.Commands.AddSeparator( );
                    }
                    UIToolbar.Commands.Add(uiCmd);
                }
            }
        }
}
```

(3) 解析菜单栏

```
/// <summary>
/// 创建 UI 层的菜单栏
/// </summary>
/// <param name="Menus">菜单插件集合</param>
private void CreateMenus(Dictionary<string, IMenuDef> Menus) {
    //遍历 Menu 集合中的元素
    foreach (KeyValuePair<string, IMenuDef> menu in Menus) {
        IMenuDef MyMenu = menu.Value;
        //新建菜单对象
        UICommand UIMenu = new UICommand( );
        //设置菜单属性
        UIMenu.Text = MyMenu.Caption;
        UIMenu.Tag = MyMenu;
        UIMenu.Key = MyMenu.ToString( );
        //将 UIMenu 添加 MainMenu 的 Commands 中
        MainMenu.Commands.Add(UIMenu);
        //将 Command 和 Tool 插入到 Menu 中
        //遍历每一个菜单 item
        ItemDef itemDef = new ItemDef( );
        for (int i = 0; i < MyMenu.ItemCount; i++) {
            //寻找该菜单对象的信息,如该菜单上的 Item 数量,是否为 Group
            MyMenu.GetItemInfo(i, itemDef);
            UICommand uiCmd = null;
            try {
                uiCmd = this.uiCommandManager1.Commands[itemDef.ID];
            }
```

```
                catch (Exception ex) { }
                //如果该 UICommand 存在，则添加
                if (uiCmd != null) {
                    //暂时不考虑 subtype 的情况
                    //判断是否分组，如果是，则添加分割符
                    if (itemDef.Group) {
                        UIMenu.Commands.AddSeparator();
                    }
                    UIMenu.Commands.Add(uiCmd);
                }
            }
        }
}
```

(4) 解析可停靠窗口

```
private void CreateDockableWindow(Dictionary<string, IDockableWindowDef>
    dockable Windows){
    //遍历浮动窗体插件对象的集合
    foreach (KeyValuePair<string, IDockableWindowDef> dockWindowItem in
        dockableWindows) {
        //创建一个浮动窗体对象
        IDockableWindowDef item = dockWindowItem.Value;
        //产生浮动窗体对象时将主框架对象传递给插件对象
        item.OnCreate(_App);
        //创建一个浮动 panel
        UIPanel panel = new UIPanel();
        panel.FloatingLocation = new System.Drawing.Point(120, 180);
        panel.Size = new System.Drawing.Size(188, 188);
        panel.Name = item.Name;
        panel.Text = item.Caption;
        panel.DockState = PanelDockState.Floating;//浮动
        //对象初始化
        ((System.ComponentModel.ISupportInitialize)(panel)).BeginInit();
        panel.Id = Guid.NewGuid();
        //临时挂起控件的布局逻辑
        panel.SuspendLayout();
        uiPanelManager1.Panels.Add(panel);
        UIPanelInnerContainer panelContainer = new UIPanelInnerContainer();
```

```
            panel.InnerContainer = panelContainer;
            try {
                //插件必须保证 ChildHWND 正确,否则会发生异常
                panelContainer.Controls.Add(item.ChildHWND);
                panelContainer.Location = new System.Drawing.Point(1, 27);
                panelContainer.Name = item.Name + "Container";
                panelContainer.Size = new System.Drawing.Size(188, 188);
                panelContainer.TabIndex = 0;
            }
            catch (Exception ex) {
                if (AppLog.log.IsErrorEnabled) {
                    AppLog.log.Error("浮动窗插件的子控件没有正确加载");
                }
            }
        }
}
```

3. 获取插件

在 MainForm 的 MainForm_Load 方法中，添加如下代码，生成插件：

```
//获得 Command 和 Tool 在 UI 层上的 Category 属性
foreach (string categeryName in parsePluginCol.CommandCategory) {
    this.uiCommandManager1.Categories.Add(new UICommandCategory
        (categeryName));
}

// 生成插件
this.CreateUICommandTool(_CommandCol, _ToolCol);
this.CreateToolbar(_ToolBarCol);
this.CreateMenus(_MenuItemCol);
this.CreateDockableWindow(_DockableWindowCol);

//保证宿主程序启动后不存在任何默认的处于使用状态的 ITool 对象
mapControl4Map.Action = SuperMap.UI.Action.Null;
```

4. 处理 ITool 和 IComman 的点击事件

通过委托的方式来处理 Tool 和 Command 的单击事件，实际上，我们在上面小节的 CreateUICommandTool 方法中已经实现了这个委托，如下所示：

```
//使用委托机制处理 Tool 的事件
//所有的 UITool 对象 Click 事件均使用 this.UITool_Click 方法处理
UITool.Click += new CommandEventHandler(UITool_Click);

//使用委托机制处理 Command 的事件
//所有的 UICommand 对象 Click 事件均使用 this.Command_Click 方法处理
UICommand.Click += new CommandEventHandler(UICommand_Click);
```

只是我们没有实现具体的 UITool_Click 和 UICommand_Click 方法，接下来我们给出这两个方法的具体实现：

```
private void UICommand_Click(object sender, CommandEventArgs e) {
    //当前 Command 被按下时,CurrentTool 设置为 null
    //MapControl 也设置为 null
    _App.CurrentTool = null;
    //一切在 Command 被按下前未完成的 Tool 操作都可能使 Tool 的 Checked 为 True
    //此项必须设置为 False
    //遍历所有的 Command,设置每一个 Command 的选择状态为 False
    foreach (UICommand UICmd in uiCommandManager1.Commands) {
        UICmd.Checked = Janus.Windows.UI.InheritableBoolean.False;
    }
    ICommand cmd = _CommandCol[e.Command.Key];
    //在状态栏显示插件信息
    this.uiStatusBar1.Panels[0].Text = cmd.Message;
    ((UICommand)sender).Checked = Janus.Windows.UI.InheritableBoolean.True;
    // 这句代码才是关键, 调用插件中的 OnClick 事件
    cmd.OnClick();
    ((UICommand)sender).Checked = Janus.Windows.UI.InheritableBoolean.False;
}

private void UITool_Click(object sender, CommandEventArgs e) {
    //获得当前点击的 ITool 对象
    ITool tool = this._ToolCol[e.Command.Key];
    //第一次按下
    if (_App.CurrentTool == null) {
        uiStatusBar1.Panels[0].Text = tool.Message;
        ((UICommand)sender).Checked = Janus.Windows.UI.Inheritable Boolean.True;
        tool.OnClick();
        _App.CurrentTool = tool.ToString();
```

```
    }
    else {
        if (_App.CurrentTool == e.Command.Key) {
            //如果是连续二次按下,则使这个 Tool 完成操作后处于关闭状态
            ((UICommand)sender).Checked = Janus.Windows.UI.Inheritable
                Boolean.False;
            _App.CurrentTool = null;
            _App.SuperMapControl.Action = SuperMap.UI.Action.Null;
        }
        else {
            //按下一个 Tool 后没有关闭接着去按另一个 Tool,则关闭前一个 Tool
            //获得前一个 Tool
            UICommand lastTool = uiCommandManager1.Commands[_App.CurrentTool];
            if (lastTool != null) {
                lastTool.Checked = Janus.Windows.UI.InheritableBoolean.False;
            }
            _App.SuperMapControl.Action = SuperMap.UI.Action.Null;
            //设置后一个 Tool 的状态
            uiStatusBar1.Panels[0].Text = tool.Message;
            ((UICommand)sender).Checked = Janus.Windows.UI.Inheritable
                Boolean.True;
            tool.OnClick();
            _App.CurrentTool = tool.ToString();
        }
    }
}
```

5. 处理地图的交互操作

具体的地图操作时间包括鼠标的点击、抬起、移动、双击、键盘的事件等。首先通过属性管理器为 MapControl 控件添加这几个事件的方法：

```
this.mapControl4Map.DoubleClick += new System.EventHandler(this.mapControl4Map_
    DoubleClick);
this.mapControl4Map.KeyDown += new System.Windows.Forms.KeyEventHandler(this.
    mapControl4Map_KeyDown);
this.mapControl4Map.KeyUp += new System.Windows.Forms.KeyEventHandler(this.
    mapControl4Map_KeyUp);
this.mapControl4Map.MouseDown += new System.Windows.Forms.MouseEventHandler
    (this.mapControl4Map_MouseDown);
```

```
this.mapControl4Map.MouseMove += new System.Windows.Forms.MouseEventHandler(this.
    mapControl4Map_MouseMove);
this.mapControl4Map.MouseUp += new System.Windows.Forms.MouseEventHandler(this.
    mapControl4Map_MouseUp);
```

然后按照以下代码实现这 4 个方法即可：

```
private void mapControl4Map_MouseDown(object sender, MouseEventArgs e) {
    if (_App.CurrentTool != null) {
        _Tool = _ToolCol[_App.CurrentTool];
        //左键
        if (e.Button == MouseButtons.Left) {
            _Tool.OnMouseDown(e.Button, e.X, e.Y);
        }
        else if (e.Button == MouseButtons.Right) {     //右键
            _Tool.OnContextMenu(e.X, e.Y);
        }
        uiStatusBar1.Panels[2].Text = "当前坐标 X:" + e.X.ToString() + "  Y:"
            + e.Y.ToString();
    }
}

private void mapControl4Map_MouseMove(object sender, MouseEventArgs e) {
    if (_App.CurrentTool != null) {
        _Tool = _ToolCol[_App.CurrentTool];
        _Tool.OnMouseMove(e.Button, e.X, e.Y);


    }
    if (_App.SuperMapControl.Map.Layers.Count > 1) {
        uiStatusBar1.Panels[2].Text = "当前坐标 X:" + e.X.ToString() + "  Y:"
            + e.Y.ToString();
        uiStatusBar1.Panels[3].Text = "比例尺:1:" + (long)(1 / mapControl4Map.
            Map.Scale);
    }
}

private void mapControl4Map_MouseUp(object sender, MouseEventArgs e) {
    if (_App.CurrentTool != null) {
```

```
            _Tool = _ToolCol[_App.CurrentTool];
            _Tool.OnMouseUp(e.Button, e.X, e.Y);
            uiStatusBar1.Panels[2].Text = "当前坐标 X:" + e.X.ToString() + "  Y:"
                + e.Y.ToString();
        }
    }

    private void mapControl4Map_KeyDown(object sender,KeyEventArgs e) {
        if (_App.CurrentTool != null) {
            _Tool = _ToolCol[_App.CurrentTool];
            _Tool.OnKeyDown(e.KeyValue);
        }
    }

    private void mapControl4Map_KeyUp(object sender,KeyEventArgs e) {
        if (_App.CurrentTool != null) {
            _Tool = _ToolCol[_App.CurrentTool];
            _Tool.OnKeyUp(e.KeyValue);
        }
    }

    private void mapControl4Map_DoubleClick(object sender, EventArgs e) {
        if (_App.CurrentTool != null) {
            _Tool = _ToolCol[_App.CurrentTool];
            _Tool.OnDblClick();
        }
    }
```

2.2.8 小结

至此，我们完成了整个插件式 GIS 框架的搭建，它提供的接口能够满足大部分的 GIS 开发功能。下面我们可以小试牛刀，开发一个插件，来证明这个框架是可行的。

2.3 实践

2.3.1 开发一个工具栏插件

无论是 Command 类型还是 Tool 类型的插件，它首先都需要一个 UI 级的插件作为载体，因此，首先要开发一个工具条插件：

```
namespace MainTools.BaseToolbar {
    /// <summary>
    /// 基础工具条，负责放置数据、打开、保存等工具
    /// </summary>
    class BaseToolbar : IToolBarDef {
        #region IToolBarDef 成员

        public string Caption {
            get { return "BaseToolbar"; }
        }

        public long ItemCount {
            get { return 1; }
        }

        public string Name {
            get { return "BaseTools"; }
        }

        public void GetItemInfo(int pos, IItemDef itemDef) {
            switch (pos) {
                case 0:
                    itemDef.ID = "BaseTool.OpenWorkSpace";
                    itemDef.Group = false;
                    break;
                default:
                    break;
            }
        }

        #endregion
    }
}
```

2.3.2 开发一个 Command 插件

以打开超图的工作空间为例，创建一个名为 OpenWorkSpace 的类，继承 ICommand 接口，代码如下所示：

```
namespace MainTools.BrowseToolBar {
```

```
/// <summary>
/// 打开工作空间
/// </summary>
class OpenWorkSpace : ICommand {
    private IApplication hk;
    private System.Drawing.Bitmap m_hBitmap;
    private MapControl mapControl = null;
    private Workspace workspace = null;

    public OpenWorkSpace() {
        m_hBitmap = Properties.Resources.img_Open;
    }

    #region ICommand 成员
    public Bitmap Bitmap {
        get { return m_hBitmap; }
    }

    public string Caption {
        get { return "打开工作空间"; }
    }

    public string Category {
        get { return "BaseTool"; }
    }

    public bool Checked {
        get { return false; }
    }

    public bool Enabled {
        get { return true; }
    }

    public int HelpContextID {
        get { return 0; }
    }

    public string HelpFile {
        get { return ""; }
    }
```

```
public string Message {
    get { return "打开工作空间"; }
}

public string Name {
    get { return "BaseTool.OpenWorkSpace"; }
}

/// <summary>
/// 功能实现函数
/// </summary>
public void OnClick() {
    if (this.mapControl != null && workspace != null) {
        OpenFileDialog dlg = new OpenFileDialog();
        //设置公用打开对话框
        dlg.Filter = "SuperMap 工作空间文件(*.smwu)|*.smwu";
        //判断打开的结果，如果打开，就执行下列操作
        if (dlg.ShowDialog() == DialogResult.OK) {
            //避免连续打开工作空间导致程序异常
            mapControl.Map.Close();
            workspace.Close();
            mapControl.Map.Refresh();
            //定义打开工作空间文件名
            String fileName = dlg.FileName;
            //打开工作空间文件
            WorkspaceConnectionInfo connectionInfo = new
                Workspace Connec tionInfo(fileName);
            //打开工作空间
            workspace.Open(connectionInfo);
            //建立 MapControl 与 Workspace 的连接
            // mapControl.Map.Workspace = workspace;
            //判断工作空间中是否有地图
            if (workspace.Maps.Count == 0) {
                MessageBox.Show("当前工作空间中不存在地图!");
                return;
            }
            Maps maps = workspace.Maps;
            //通过名称打开工作空间中的地图
            mapControl.Map.Open(maps[0]);
```

```
                    //刷新地图窗口
                    mapControl.Map.Refresh();
                }
            }
        }

        /// <summary>
        /// 初始化时调用
        /// </summary>
        /// <param name="hook"></param>
        public void OnCreate(IApplication hook) {
            if (hook != null) {
                this.hk = hook;
                mapControl = this.hk.SuperMapControl;
                workspace = this.hk.SuperWorkSpace;
            }
        }

        public string Tooltip {
            get { return "打开工作空间"; }
        }

        #endregion
    }
}
```

2.3.3　编译并运行程序

编译整个工程后，我们可以在 bin 目录下找到 plugin 文件夹，在这个文件夹中，很容易发现我们刚才创建的插件，如图 2.10 所示。

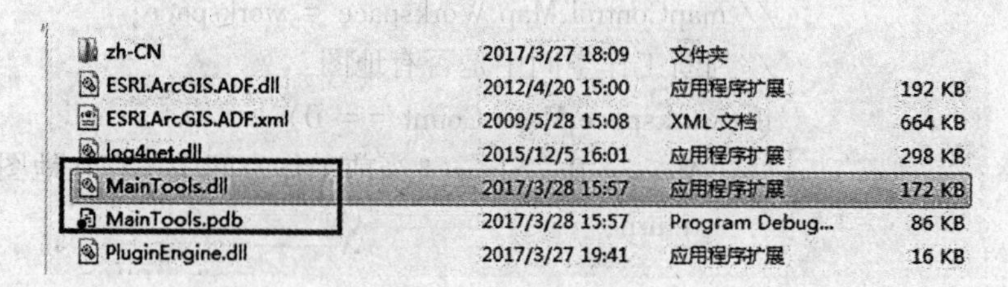

图 2.10　插件文件夹

执行运行程序，效果如图 2.11 所示。很容易发现，工具栏上的“打开工作空间”就是我们刚才创建的插件。我们尝试去打开一个工作空间，效果如图 2.12 所示。

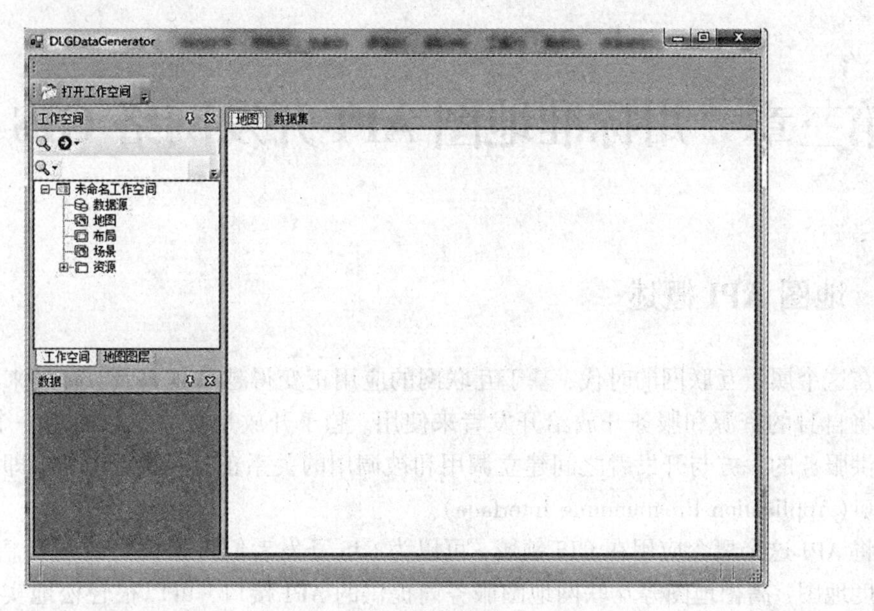

图 2.11 初始化结果

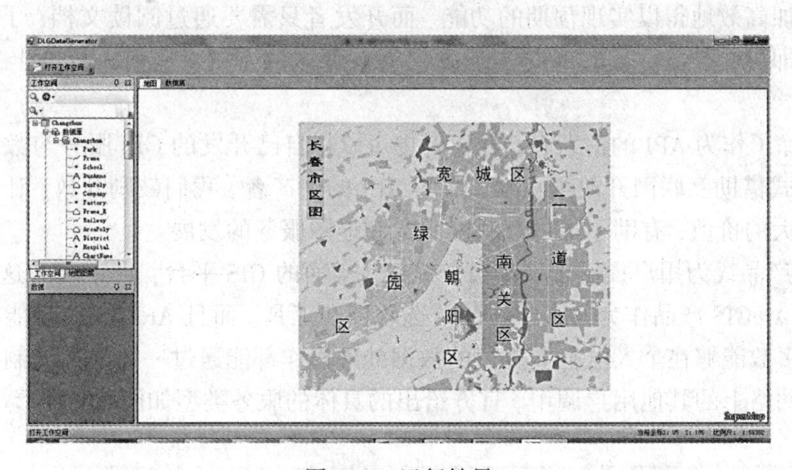

图 2.12 运行结果

2.3.4 小结

至此，我们完成了整个插件式框架的搭建工作，并实现了一个 UI 级的插件以及一个 Command 插件。其他类型插件的创建过程与实例插件是一样的，读者可以自行探索，更多的实例，请参照本书附带的代码。

第三章 用标准地图 API 开发网络 GIS 服务

3.1 地图 API 概述

在这个属于互联网的时代，基于互联网的应用正变得越来越普及，有越来越多的网站愿意将自身的资源和服务开放给开发者来使用。趋于开放是当前互联网的一个发展趋势。而提供服务的一方与开发者之间建立调用和被调用的关系正是借助了 API，即应用程序编程接口（Application Programming Interface）。

将 API 这个概念应用在 GIS 领域，可以为 GIS 开发者们带来极大的便利。通过使用诸如百度地图、高德地图等互联网地图服务商提供的 API 接口，可以很轻松地实现诸如将地图嵌入自己的应用、检索其提供的地理数据等，并将其与开发者自己的需求相结合，从而让开发者更加高效地得以实现预期的功能。而开发者只需要通过阅读文档，了解相关 API 的使用方法即可，不必对其内部的实现方式等有深入的了解，从很大程度上节省了开发成本。

当然，除了作为 API 的消费者，开发者也可以将自己开发的 GIS 服务与数据通过封装成 API 的方式借助互联网开放给大众，成为 API 的生产者。我们鼓励开放，让自己开发的服务发挥最大的价值，有助于推进互联网服务和地图服务的发展。

ArcGIS 产品线为用户提供了一个可伸缩的、全面的 GIS 平台，也正因为这个原因，很多高校都将 ArcGIS 产品作为 GIS 学习的首选软件和工具。而且 ArcGIS 的功能非常全面和强大，绝大多数能够在个人电脑上进行的数据处理操作都能通过一定的方法制作成服务发布出来，供网络上的其他用户调用。官方给出的具体的服务类型如图 3.1 所示。

服务类型	所需的 GIS 资源
地图服务	地图文档 (.mxd)
地理编码服务	地址定位器（.loc、.mxs、SDE 批量定位器）
地理数据服务	地理数据库的文件地理数据库或数据库连接文件 (.sde)
GeoEvent 服务	GeoEvent 服务组件
地理处理服务	ArcGIS for Desktop 中来自结果 窗口的地理处理结果
Globe 服务	Globe 文档 (.3dd)
影像服务	栅格数据集、镶嵌数据集，或者引用栅格数据集或镶嵌数据集的图层文件
搜索服务	想要搜索的 GIS 内容所在的文件夹和地理数据库
Workflow Manager 服务	ArcGIS Workflow Manager 资料档案库

图 3.1 ArcGIS 服务类型

本章将以 ArcGIS 产品为例，介绍网络 GIS 服务开发和应用的具体实例，包括专业服务的发布、部署、Web 应用和网络应用。通过本章的学习，读者可以了解到网络 GIS 服务开发的全流程。本章是后续章节的基础，本章的服务部署和客户端(包括 Web 浏览器端和移动端)开发均适用于后续的百度服务、腾讯地图服务的应用和开发。因此，后续相关章节中，将不再详细介绍服务的部署等操作，以免赘述。

3.2 标准 ArcGIS 服务类型

在 ArcGIS Server 中提供的标准 GIS 服务有以下几种：

- 地图服务。需要地图文档(.mxd)。
- 地理编码服务。需要地址定位器(.loc、.mxs、SDE 批量定位器)。
- 地理数据服务。需要地理数据库的文件地理数据库或数据库连接文件(.sde)。
- 地理处理服务。需要 ArcGIS for Desktop 中来自结果窗口的地理处理结果。
- 影像服务。栅格数据集、镶嵌数据集，或者引用栅格数据集或镶嵌数据集的图层文件。
- 其他服务。如 GeoEvent 服务、Globe 服务、Workflow Manager 服务、搜索服务。

本章将实现其中地图服务的发布与访问。需要搭建的环境包括：

- ArcGIS Desktop 10.2。用于处理数据和服务发布。
- ArcGIS Server 10.2。用于托管 GIS 服务。
- 任意文本编辑器和浏览器。用于开发 Web 前端。
- Android Studio。用于开发移动客户端。

3.3 用 ArcGIS Server 开发 GIS 服务

地图服务是一种通过软件工具如 ArcGIS，使地图、要素和属性数据可被 Web 访问的方法。通过本章的学习，我们可以感受到使用 Web 服务接口进行开发的便捷之处，借助 ArcGIS 系列软件，还可以将我们实现的服务发布出来，供他人调用。本节将创建并发布一个简单的 GIS 服务，需要使用到 ArcGIS Desktop 和 ArcGIS Server 软件，这里使用的版本是 10.2。

总体来说，ArcGIS Server 开发出的 GIS 服务与百度地图、腾讯地图的 Web 服务 API 在形式和使用上比较相似。发布出的服务都由一个网址(URI)标识，通过提供的客户端 SDK，如 ArcGIS API for Javascipt，可以编写出调用这些服务的程序或系统，告诉服务器相关的参数，服务器会返回处理后的结果，最后再在客户端对结果进行解析和展示。

3.3.1 ArcGIS Server 服务的发布方法

根据不同的服务类型，主要有以下几种服务发布方式：

- 如果要发布地图文档，打开 ArcMap 或 ArcGlobe 文档，然后从主菜单中选择“File”→“Share As”→“Service”。

- 如果要发布地理处理模型或工具，浏览到结果窗口中模型或工具的一个成功结果，右键单击并选择“Share As”→“Map Package”。
- 如果要发布其他内容，如地理数据库，浏览到 ArcCatalog 或目录窗口中的相应项目，右键单击并选择“Share As”→“Service”。

这里以发布地图文档为例进行说明。

(1) 准备好一个 ArcMap 地图文档(* .mxd)。如图 3.2 所示。

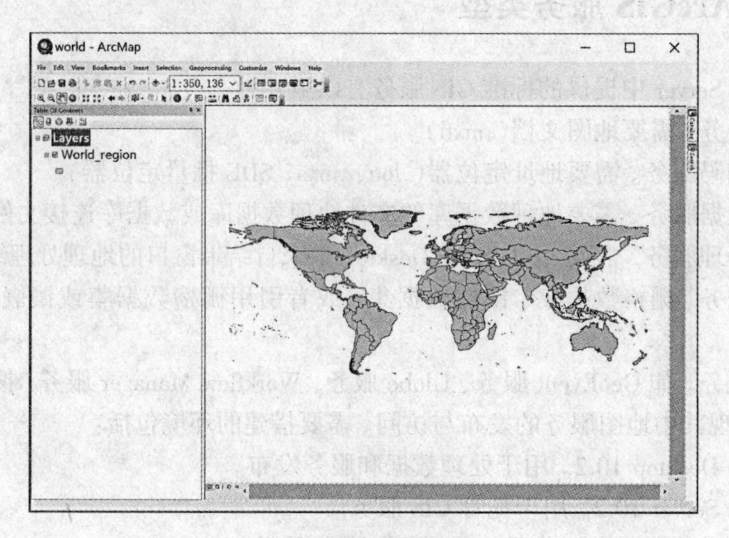

图 3.2　准备地图文档

(2) 从主菜单中选择“File”→“Share As”→“Service”。如图 3.3 所示。

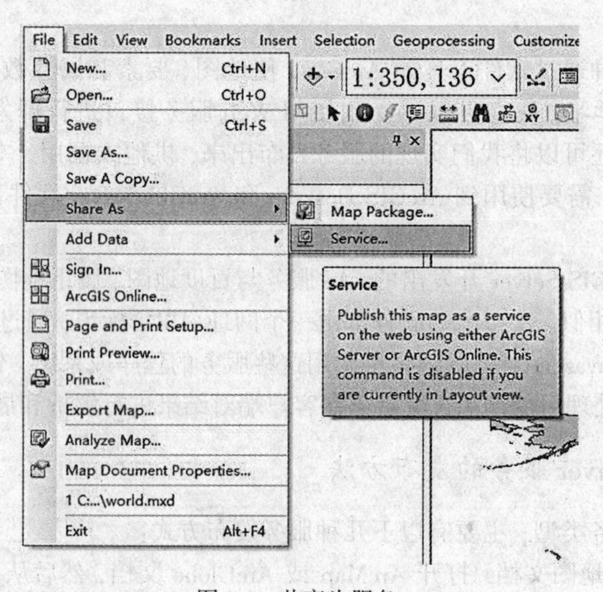

图 3.3　共享为服务

（3）选择“Publish a service”。如图 3.4 所示。

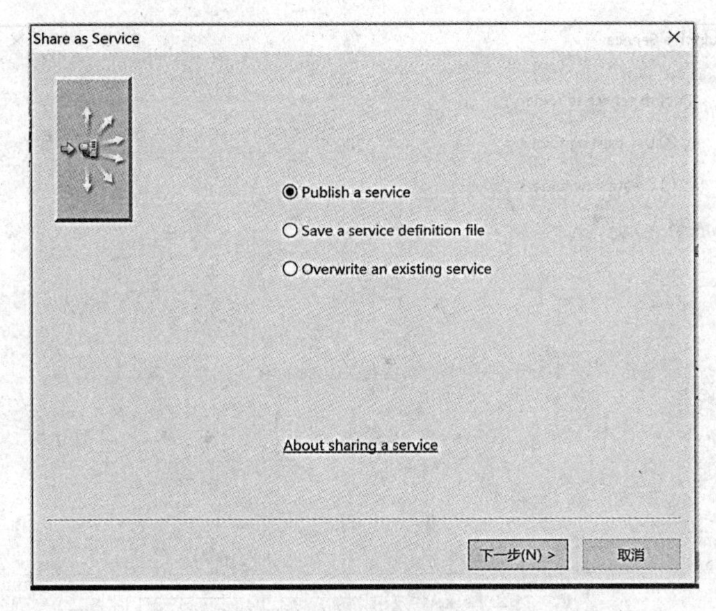

图 3.4　发布服务

（4）选择一个服务器，并设置服务名称。如果没有配置过服务器，需要新建一个，如图 3.5 所示。

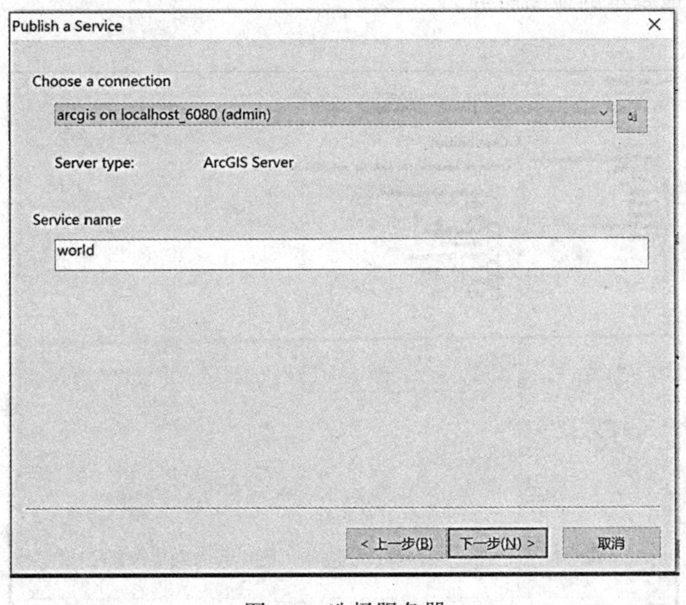

图 3.5　选择服务器

（5）选择要发布到的服务器上的文件夹，如图 3.6 所示。

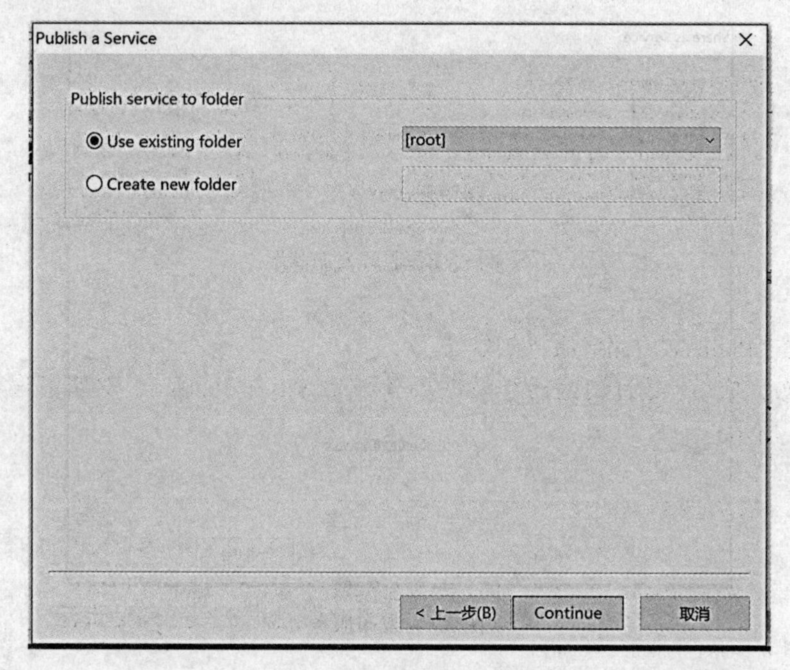

图 3.6　选择服务器上的类别

（6）在如图 3.7 所示界面可以对服务的参数进行配置，如发布服务的类型、切片等。这里我们只发布最基本的地图服务。

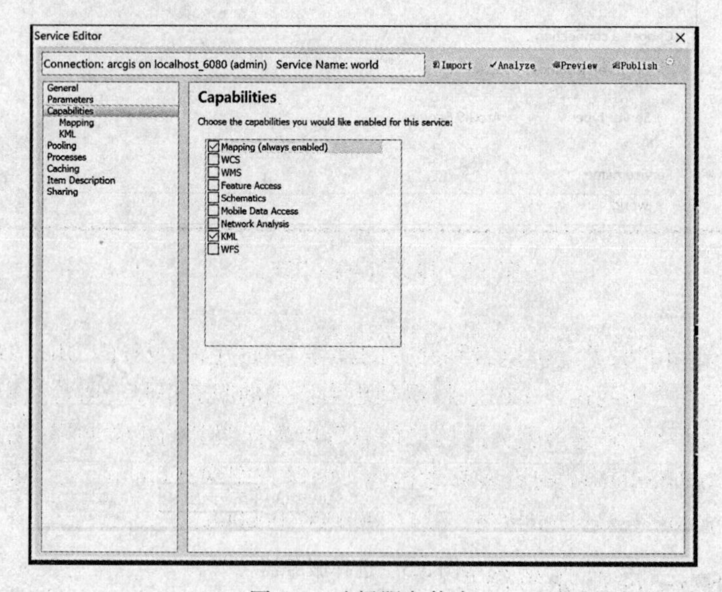

图 3.7　选择服务能力

(7) 点击“File”→“Analyze Map”，可以看到对服务的检查，如果有错误，将不能发布，出现的警告信息应尽量解决。如图 3.8 所示。

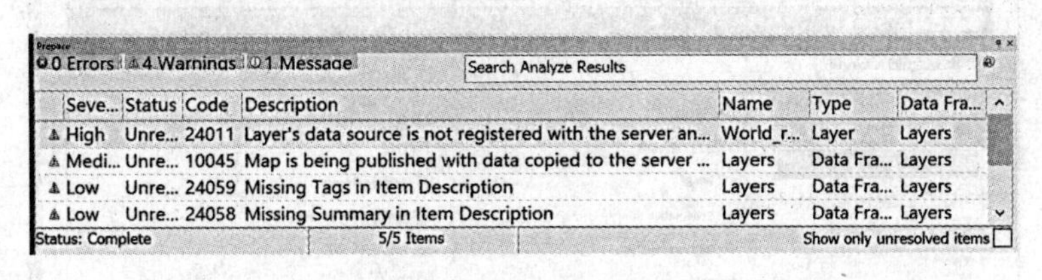

图 3.8　查看服务发布状况

(8) 点击“Publish”，完成服务的发布。

(9) 发布完成后，通过浏览器登录进入 ArcGIS Server Manager，对服务进行查看和管理。如图 3.9 所示。

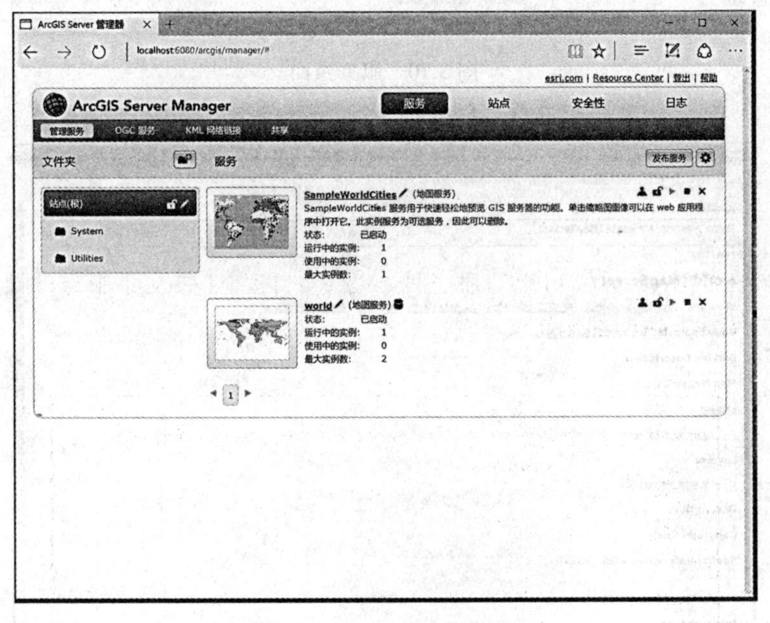

图 3.9　服务管理器中查看服务

(10) 点击发布的服务名可以看到服务的具体参数，包括服务的 URL。如图 3.10 所示。

通过浏览器直接访问这个 URL，将得到更为详细的服务信息。通常我们在此检验服务是否正常发布，以及了解这个服务的接口信息等以确保服务的正常调用。如图 3.11 所示。

有关使用 ArcGIS Server 的更多参考内容，可以查阅网址：http://resources.arcgis.com/zh-cn/help/main/10.2/index.html#/na/024100000002000000/。

3.3.2　ArcGIS Server 服务的调用

对于 ArcGIS Server 上发布了的服务，可以在多种客户端下进行调用，如使用浏览器

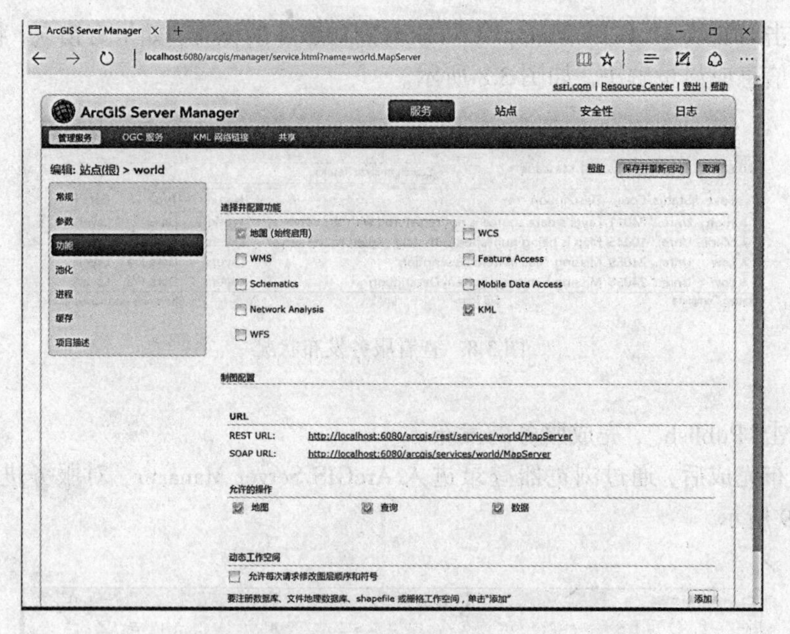

图 3.10 服务页面

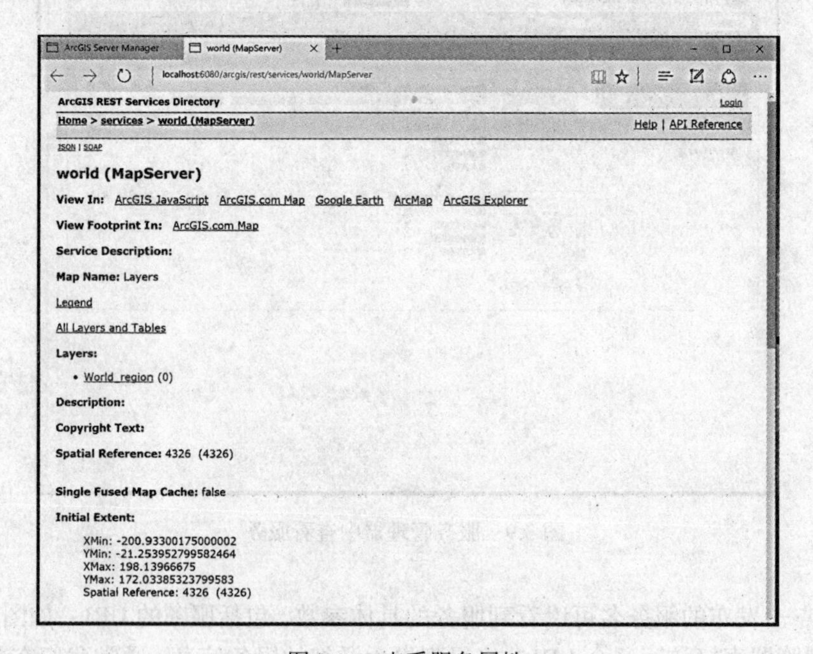

图 3.11 查看服务属性

端、Windows 客户端、Android 客户端等。ArcGIS 官方也提供了相应的 SDK 进行使用，详情见 https://developers.arcgis.com。

另外，我们也可以在 ArcGIS Server Manager 中模拟对服务的调用行为，在直接访问服务地址出现的页面中找到入口，如图 3.12 所示。

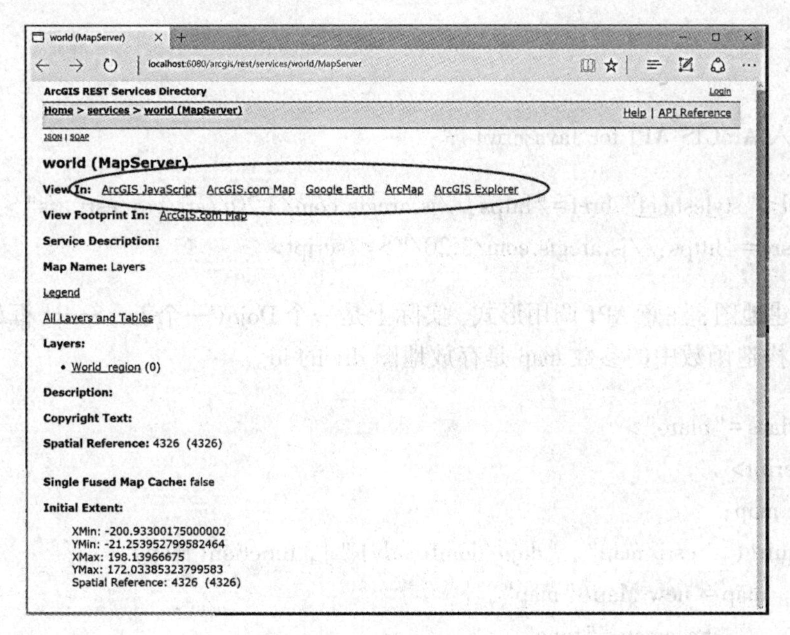

图 3.12　服务模拟

本章将一步步开发出分别基于 B/S 和 C/S 架构的移动地图服务与应用，按照从服务器端到客户端的顺序依次介绍搭建与开发的步骤。

3.4　客户端开发

在第四章中，我们将使用百度 SDK 开发了访问百度提供的网络 GIS 服务接口的 Web 应用。当然，我们在自己搭建的 ArcGIS Server 上发布了自己创建的 GIS 服务后，同样能够使用 JavaScript 进行调用。类似于第四章里使用百度地图的 JavaScript API，这里也需要使用 ArcGIS 官方提供的 ArcGIS API for Javascript。不过我们没有必要先进行下载，直接在编写的 HTML 文件中引入 CDN 上托管的库即可。下面给出了客户端(浏览器端)展现地图功能的步骤。

(1) 新建文件 index.html。写出一个基本 HTML 框架：

```
<! DOCTYPE html>
<html>

<head>
    <meta http-equiv="Content-Type" content="text/html; charset=utf-8">
    <meta name="viewport" content="initial-scale=1, maximum-scale=1,
        user-scalable=no">
    <title>第十章</title>
```

```
</head>

</html>
```

（2）引入 ArcGIS API for Javascript 库：

```
<link rel="stylesheet" href="https://js.arcgis.com/3.20/esri/css/esri.css">
<script src="https://js.arcgis.com/3.20/"></script>
```

（3）创建地图，注意 API 调用形式，实际上是一个 Dojo（一个 JavaScript 框架）模块。其中传给 Map 构造函数中的参数 map 是存放地图 div 的 id。

```
<body class="claro">
    <script>
    var map;
    require(["esri/map", "dojo/domReady!"], function(Map) {
        map= new Map("map", {
            basemap: "topo",
            center: [-122.45, 37.75],
            zoom: 13
        });
    });
    </script>
</body>
```

（4）创建页面元素，即地图容器和样式表。

```
<div id="map"></div>
<style>
    html,
    body,
    #map {
        height: 100%;
        padding: 0;
        margin: 0;
    }
</style>
```

（5）打开浏览器进行测试，目前看到的地图是在 ArcGIS.com 上的示例地图。如图 3.13 所示。

（6）对于自己发布的地图服务，想要调用它，需要使用以下的代码，注意其中加粗的

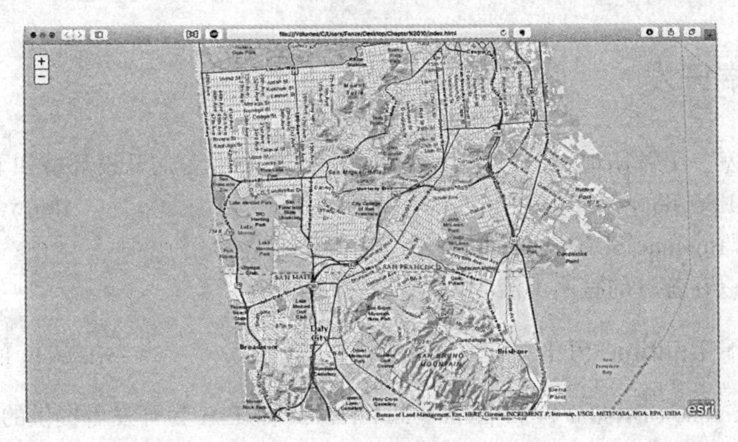

图 3.13 客户端地图显示效果

代码，仔细观察可以发现其核心是服务的 URL 地址。

```
requ ire(["esri/map","esri/layers/ArcGISDynamicMapServiceLayer","dojo/
    domReady!"], function(Map, ArcGISDynamicMapServiceLayer) {
    map = new Map("map", {
        center: [5.881, 30.39],
        zoom: 13
    });
    var layer = new ArcGISDynamicMapServiceLayer ("http://localhost:
    6080/arcgis/rest/services/world/MapServer");
    map.addLayer(layer);
});
```

（7）刷新页面，即可在浏览器中看到地图。如图 3.14 所示。

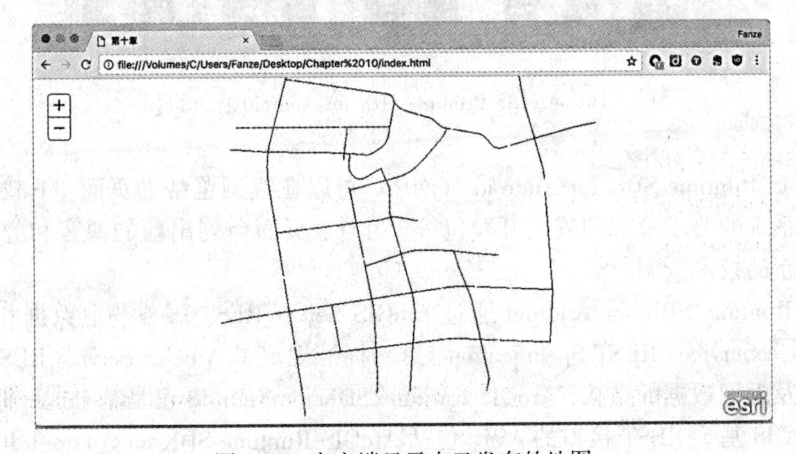

图 3.14 客户端显示自己发布的地图

3.5　移动端开发

本节将开发一个调用地图服务的 Android 程序，需要准备的开发环境如下：

- Android Studio。
- ArcGIS Runtime SDK for Android。

它们都可以在各自的官网下载到。

3.5.1　ArcGIS Runtime SDK 简介

ArcGIS Runtime SDKs for Smartphones and Tablets 是 Esri 为开发者提供的移动应用开发包，目前支持 iOS、Android、Windows Phone 三大主流移动操作系统。只要注册了 Esri 全球账号，就可以免费下载各个版本的开发包以及其他相关资料。ArcGIS Runtime SDK for Android 官方页面如图 3.15 所示。

图 3.15　ArcGIS Runtime SDK for Android 官方页面

在 ArcGIS Runtime SDK for Android 官网中，可以在线浏览帮助页面、下载开发包、查看开发包对系统的要求及如何安装开发包等。另外，页面会列出新的博客和应用信息，为用户提供最新的技术资源。

ArcGIS Runtime SDK for Android 通过 ArcGIS Server REST 服务获取数据和服务资源。Esri 发布了 GeoServices REST Specification，这一标准规定了 ArcGIS Service REST 各种接口的访问参数及返回数据的结构，ArcGIS Runtime SDK for Android 正是基于这一标准封装的。实际上，ArcGIS 基于 REST 接口的 API，包括 ArcGIS Runtime SDK for Android/IOS/Windows Phone，ArcGIS API for Flex/ Silverlight/ JavaScript 和 ArcGIS Runtime SDK for Java/.NET，都

是基于这一标准进行封装的。尽管不同平台、不同语言的开发包有其自己的特性，但其对应服务端的编程模型是一致的。图 3.16 能很好地说明这一点。

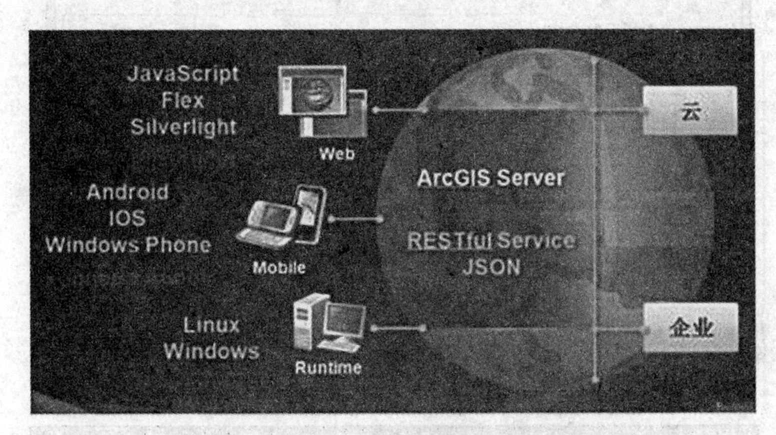

图 3.16 ArcGIS Runtime SDK for Android 架构

3.5.2 ArcGIS 移动地图开发环境搭建

1. ArcGIS for Android 插件安装

可以通过以下步骤来安装 Eclipse 下的 ArcGIS for Android 插件。

(1) 打开 Eclipse(3.5 或者 3.6 版本，此处以英文版为例)，选择“Help”→“Install New Software”。如图 3.17 所示。

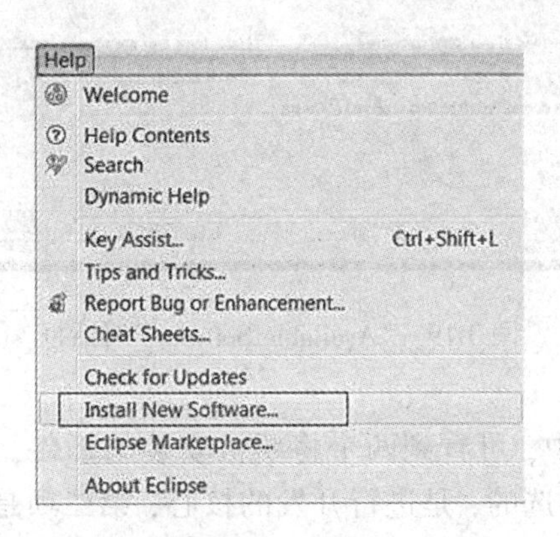

图 3.17 打开 Install New Software

(2) 在弹出的界面右上角，点击“Add”。

(3) 在“Add Repository”对话框中，在“Name”栏填入“ArcGIS Android”，在“Location”栏填入 URL 地址“http://downloads.esri.com/software/arcgis/android”，然后点击“OK”以确认，如图 3.18 所示。

(4) 在“Available Software”对话框中，选择“ArcGIS for Android”，然后点击“Next”，如

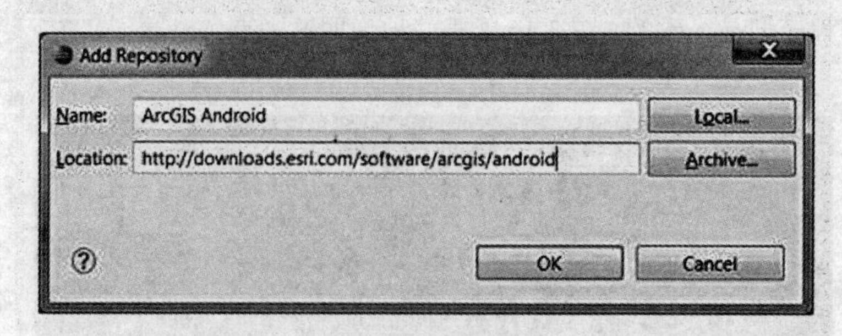

图 3.18　“Add Repository”对话框

图 3.19 所示。

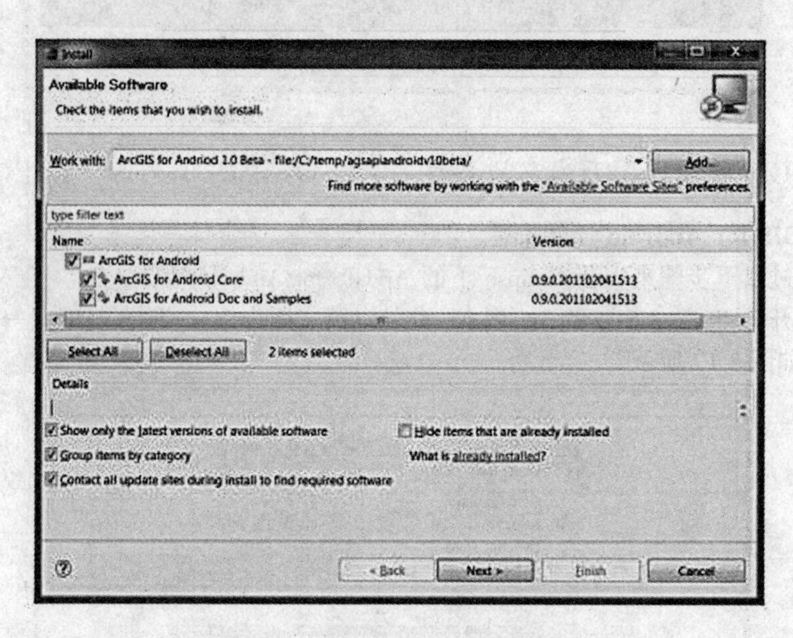

图 3.19　“Available Software”对话框

（5）在接下来的窗口中，可看到两个将要被安装的插件，第一个是 ArcGIS 安卓 SDK 的核心开发包，这一项是必选的，是进行开发的核心，第二项是 ArcGIS 的安卓开发文档和例子程序，建议安装。如图 3.20 所示，勾选后点击“Next”。

（6）可以点击“IMPORTANT-READ CAREFULLY”查看授权的详细内容。认真阅读授权信息，然后选择接受授权协议，点击“Finish”以开始安装，如图 3.21 所示。

（7）当安装完成后，重新启动 Eclipse。

当 ArcGIS 开发插件安装完成后，在新建工程的选项中就可以看到“ArcGIS Project for Android”和“ArcGIS Samples for Android”的菜单，ArcGIS Android API 的开发环境就顺利配置完成了。

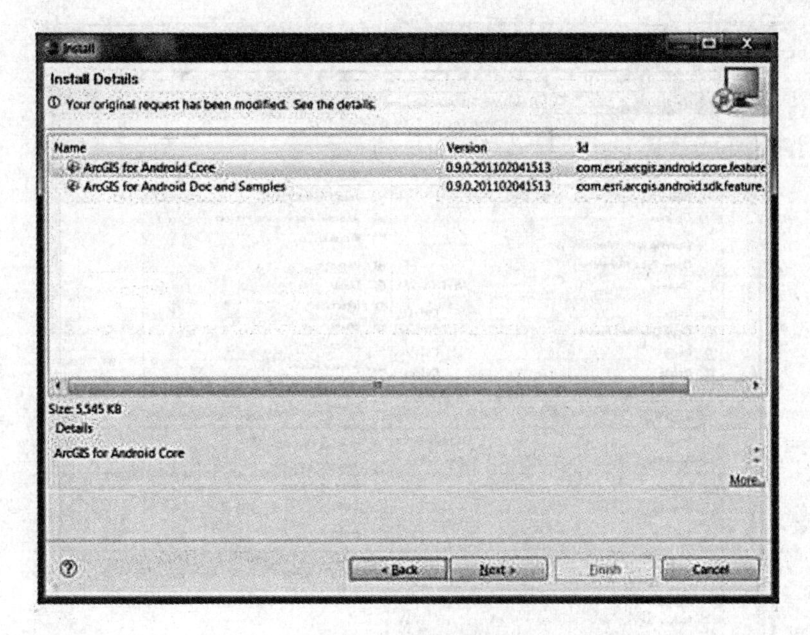

图 3.20　安装插件

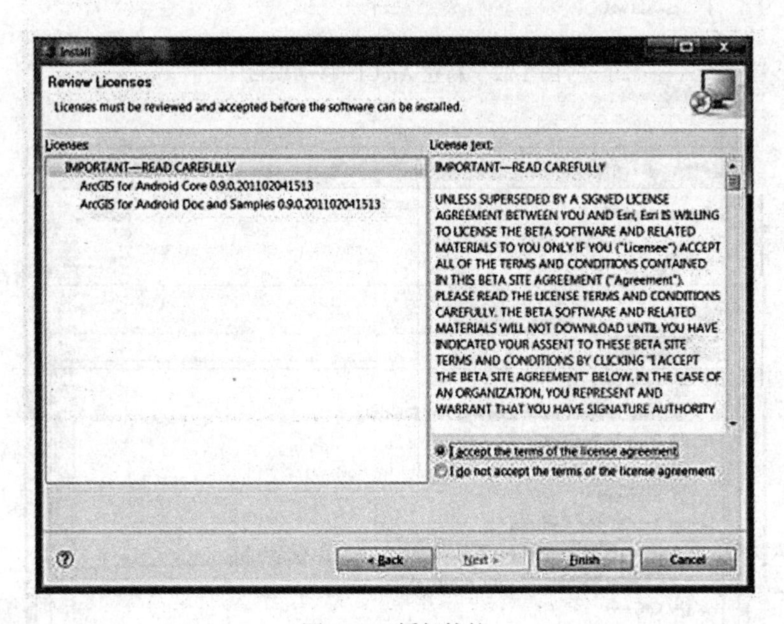

图 3.21　授权协议

2. 工程创建

打开已经配置好的 Eclipse 工具，单击工作区右键创建 ArcGIS 移动项目，如图 3.22 所示。

在右键工作区，点击“New”→“Other”选项后，在弹出的窗体中选中“ArcGIS Project for Android”选项，如图 3.23 所示，点击“Next”。

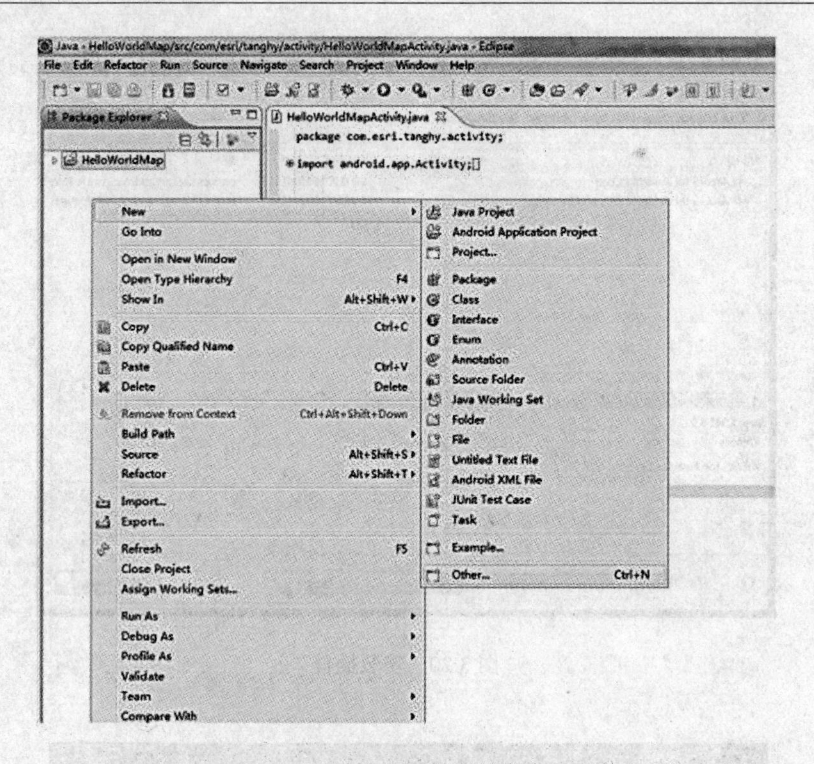

图 3.22　新建 ArcGIS 移动项目 1

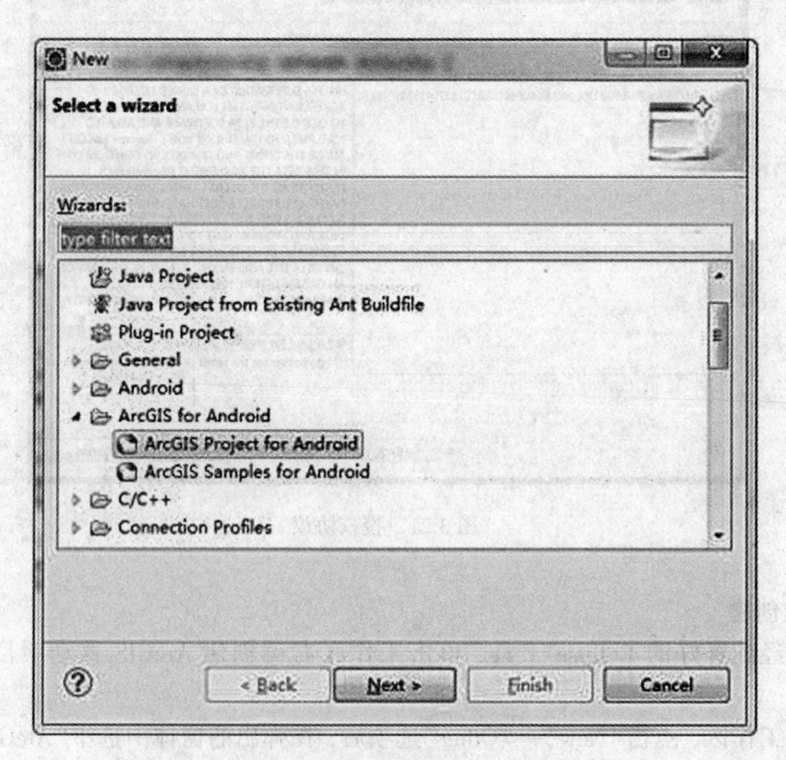

图 3.23　新建 ArcGIS 移动项目 2

在“Project Name”输入框中输入要创建的项目名称，如“HelloWorldMap”；输入完项目名称，如图 3.24 所示，点击“Next”按钮。

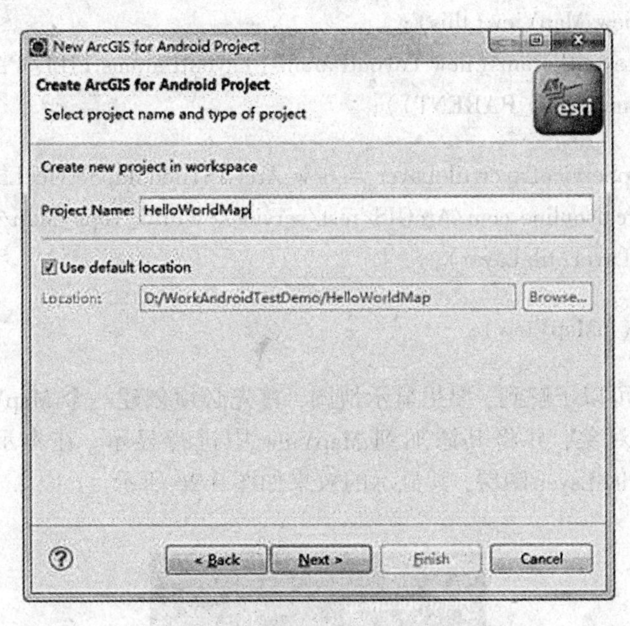

图 3.24　新建 ArcGIS 移动项目 3

需要修改“Package Name”输入框的包结构名，如“com. esri. demo”；修改完点击“Finish”按钮，如图 3.25 所示，此时的项目已经创建完毕了。

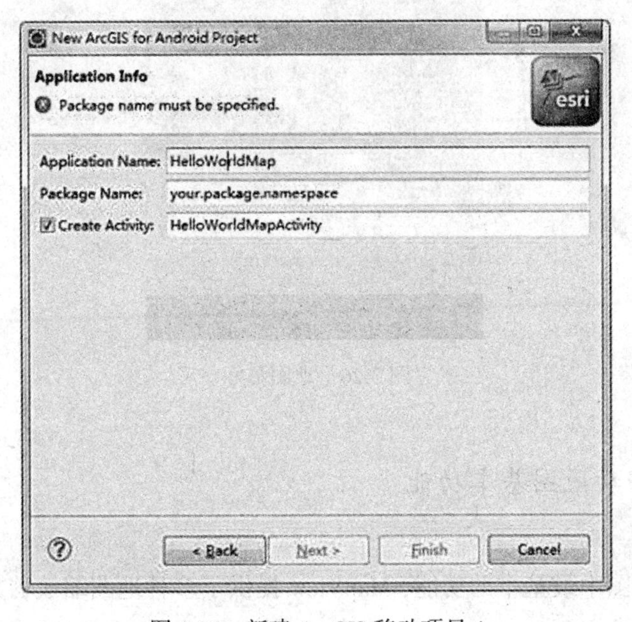

图 3.25　新建 ArcGIS 移动项目 4

3. 显示地图

打开“HelloWorldMapActivity.java”文件，简单修改一下代码，代码如下：

```
mMapView = new MapView(this);
mMapView.setLayoutParams(new LayoutParams(LayoutParams.FILL_PARENT,
    LayoutParams.FILL_PARENT));

ArcGISTiledMapServiceLayer tileLayer = new ArcGISTiledMapServiceLayer("http://
    services.arcgisonline.com/ArcGIS/rest/services/World_Topo_Map/MapServer");
mMapView.addLayer(tileLayer);

setContentView(mMapView);
```

通过上面代码可以了解到，要想显示地图，首先必须创建一个 MapView 对象，然后创建一个 Layer 图层对象，并将其添加到 MapView 中进行显示。在本示例中添加的一个 ArcGISTiledMapServiceLayer 图层，其显示的效果如图 3.26 所示。

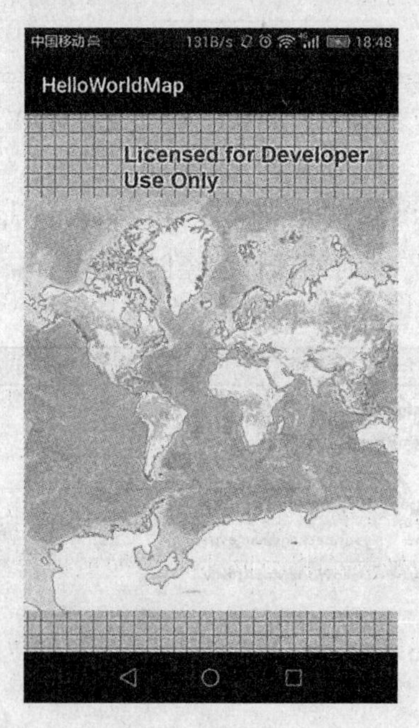

图 3.26　地图显示

3.5.3　ArcGIS 移动地图基本功能

1. 地图设置

地图缩放是地图中最基本的功能，MapView 提供了多种地图缩放的方式，如代码所示：

```
mMapView.zoomin();
mMapView.zoomout();
mMapView.zoomToResolution(centerPt, res);
mMapView.zoomToScale(centerPt, scale);
```

对于上面几种缩放方式，前两种的主要功能是逐级缩放，调用一次 zoomin()方法地图将放大一级，调用一次 zoomout()方法地图将缩小一级。

后两种缩放是按照不同的分辨率或比例尺进行的，调用缩放方法 zoomToResolution(centerPt, res)进行缩放时需要传入两个参数，第一个参数 centerPt 为要按照哪个中心点进行缩放，因此需要传入一个 Point 对象才行，第二个参数为要缩放到的分辨率；zoomToScale(centerPt, scale)和 zoomToResolution(centerPt, res)很类似，两个方法的第一个参数是相同的，而第二个参数不再是分辨率，而是传入地图的比例尺。

这里的分辨率或比例尺值与发布的服务密切相关，发布的地图服务如果生成了缓存切片，则在服务目录中可以看到不同级别的比例尺和分辨率，输入地址 http://services.arcgisonline.com/ArcGIS/rest/services/World_Street_Map/MapServer，就可以看到。

MapView 还可以设置地图的显示范围、比例尺、分辨率、旋转角度和地图背景色，核心代码如下：

```
map.setExtent(env)//设置地图显示范围
map.setScale(295828763);//当前显示的比例尺
map.setResolution(9783.93962049996);//设置当前显示的分辨率
//上面三个方法都可以改变地图的显示范围，在代码中是不会同时使用的
map.setMapBackground(0xffffffff, Color.TRANSPARENT, 0, 0);//设置地图背景
map.setAllowRotationByPinch(true); //是否允许使用 Pinch 方式旋转地图
map.setRotationAngle(15.0); //初始化时将地图旋转 15 度，参数为正时按逆时针方向
                            //旋转
```

除了上面的功能，MapView 还有一个主要的功能——“坐标转换”，这里所说的坐标转换是指把屏幕坐标转换成空间坐标或将空间坐标转换成屏幕坐标，示例代码如下：

```
Point pt = map.toMapPoint(x,y);//屏幕坐标转换成空间坐标
Point screenPoint = map.toScreenPoint(pt);//转换成屏幕坐标对象
```

关于地图控件的更多操作说明，请参考官方文档。

移动端手势的监听是一个重要的环节。地图的手势操作由 MapView 来管理，主要有以下几种监听：

地图单击监听：OnSingleTapListener；

平移监听：OnPanListener；

长按监听：OnLongPressListener；

缩放监听：OnZoomListener；

状态监听：OnStatusChangedListener；

Pinch 监听：OnPinchListener。

2. 地图图层

在 GIS 中图层是很重要的概念，图层是空间数据的载体，通过它可将各种类型的地图数据进行加载显示，但图层只有添加到 MapView 对象中才能使用。在 ArcGIS Runtime for Android 中有许多种图层，不同图层有不同的作用，图 3.27 很好地说明了图层的继承关系。

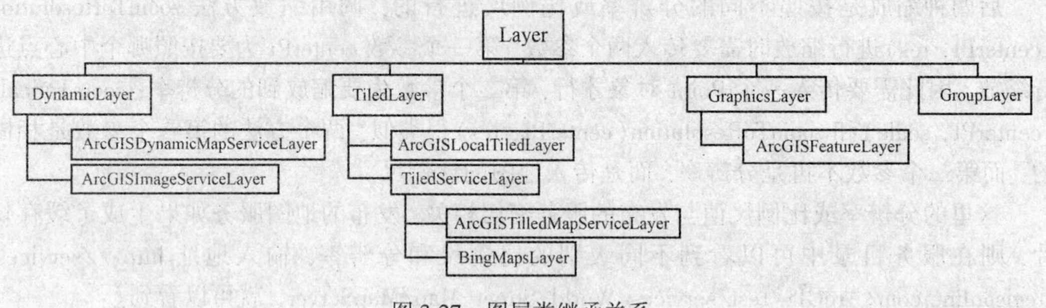

图 3.27　图层类继承关系

在 ArcGIS for Server 中可以发布多种地图服务，移动端需要有不同的图层来对应这些服务。

（1）ArcGISTiledMapServiceLayer

ArcGISTiledMapServiceLayer 图层对应 ArcGIS for Server 服务中的切片服务，由于切片都是事先做好的，ArcGISTiledMapServiceLayer 不能对图层中的数据进行更改，除非更新服务缓存，在 ArcGIS for Android 中，也不允许对此类型的数据查询，通常用做底图使用。同时，因为加载的是缓存切片，这个类型的图层是 ArcGIS for Android 中相应请求最快的图层之一，它采用多个线程，通常是每个图片使用一个线程来处理请求和绘制图片，并且异步处理。代码如下：

```
MapView mv = new MapView(this);
mv.addLayer(new ArcGISTiledMapServiceLayer("http://services.arcgisonline.com/
    ArcGIS/rest/services/World_Topo_Map/MapServer"));
setContentView(mv);
```

（2）ArcGISDynamicMapServiceLayer

ArcGISDynamicMapServiceLayer 图层对应 ArcGIS for Server 服务中的动态服务，动态地图服务的地图数据是按照移动设备范围读取的，用法与 ArcGISTiledMapServiceLayer 图层相同。它适合于数据经常发生改变，或者需要针对不同的用户呈现不同的数据，且要素信息（如 Attributes、Geometry、Symbol 等）不需要的情况。代码如下：

```
MapView mv = new MapView(this);
mv.addLayer(new ArcGISDynamicMapServiceLayer("http://sampleserver1.arcgisonline.
```

```
    com/ArcGIS/rest/services/Demographics/ESRI_Population_World/MapServer"));
setContentView(mv);
```

（3）ArcGISImageServiceLayer

ArcGISImageServiceLayer 图层对应 ArcGIS for Server 服务中的影像服务，调用影像服务也非常简单，同调用上述服务一样。示例代码如下：

```
MapView mv = new MapView(this);
mv.addLayer(new ArcGISImageServiceLayer(
    "http://myserver/arcgis/rest/services/MyImage/ImageServer",null));
setContentView(mv);
```

（4）ArcGISFeatureLayer

ArcGISFeatureLayer 图层对应 ArcGIS for Server 服务中的 Feature Service，该图层包含了要素最丰富的信息，因此与其他图层类型相比具有最丰富的功能，其中的每个要素都能被查询，以及通过空间查询或者 SQL 语句过滤，它继承自 GraphicsLayer，因此也具有该图层的所有操作。

ArcGISFeatureLayer 图层可以是空间图层，也可以是非空间的表，它包含了很多要素的信息，每个要素都单独渲染，从 ArcGIS Server Feature Service 或者 map service（此种 feature layer 不能编辑）中请求要素，且返回 JSON 格式的数据并绘制。虽然需要一定的响应时间，如 ArcGIS Server 处理请求的时间、请求返回的时间、渲染速度等，但仍然值得使用它完成各种丰富的功能。

只有 Feature Service 才可以具备在线数据编辑功能，因此，如果想要对某个数据进行在线编辑或同步，需要将其发布成 Feature Service，并在移动端新建一个 ArcGISFeatureLayer图层以加载该服务。示例代码如下：

```
String url = "https://servicesbeta.esri.com/ArcGIS/rest/services/SanJuan/TrailConditions/
    FeatureS erver/0";
MapView mv = new MapView(this);
mv.addLayer(new ArcGISFeatureLayer(url,MODE.SNAPSHOT));//按照快照方式
setContentView(mv);
```

（5）ArcGISLocalTiledLayer

ArcGISLocalTiledLayer 是用来添加离线数据包的图层，该图层目前支持两种格式的离线数据：一个是紧凑型的缓存切片，另一个是打包的 tpk 格式的数据。图层用法如下：

```
MapView mv = new MapView(this);
ArcGISLocalTiledLayer local = new
ArcGISLocalTiledLayer("路径/Layers"); //离线地图图层
```

将缓存的地址作为参数传入：

```
mv.addLayer(local);
setContentView(mv);
```

在 ArcGIS for Android API 下，既能加载 Arc Server 的切片文件，也能加载 ArcGIS 桌面软件(典型的如 ArcMap10.1 及以上版本)生成的 Tile Package 文件(*.tpk)。一般来说，我们都是将 Server 的切片文件或者 tpk 文件复制到自己手机的 SD 卡上面。正常来说，安卓的手机都是有运存、内存和外存(SD 卡存储)的。运存是程序运行时所需的存储，在程序运行结束后会有一个销毁过程，所以运存是不作为存储的，而手机的内存和外存才是作为存储的。所以，一般来说，我们的离线地图是放在内存或者外存中的，为方便起见，一般建议将离线地图文件放在 SD 卡中，不支持 SD 卡的手机就只能放在内存了。如果既有内存，又支持 SD 卡，一般内存的路径为 file:///storage/sdcard0，SD 卡的路径为 file:///storage/sdcard1，没有 SD 卡的路径为 file:///storage/sdcard。

在 ArcGIS for Android 中，实现离线地图的加载与显示，首先需要用 Server(10.1 及以上版本)去做离线地图的切片文件或者切片打包文件。有了离线地图文件，即可将文件拷贝到手机 SD 卡中。将拷贝的目标文件夹路径替换上述代码中“路径”部分，便可正确加载本地切片。

(6) GraphicsLayer

GraphicsLayer 是 ArcGIS Runtime for Android 中比较重要的图层类型，也是使用最为频繁的一个。GraphicsLayer 可以包含一个或多个 Graphic 对象，查询的返回结果和动态标绘的 Graphic 数据都要通过它呈现。建议在 MapView 中添加图层时不要第一个添加该类型的图层，因为 MapView 加载图层时先要初始化一些地图参数，而该图层不具备这些参数。示例代码如下：

```
MapView mv = new MapView(this);
mv.addLayer(new GraphicsLayer());//可以看到，创建 GraphicsLayer 无需任何参数
setContentView(mv);
```

除了可以呈现 Graphic 对象外，GraphicsLayer 还具备一些其他有用的功能，如要素更新与要素获取等，由类 GraphicsLayer 处理。GraphicsLayer 是由应用程序来定义的图层，专门用来绘制有空间参考的要素，并不适合绘制 non-geographical 要素，如指北针或 copyright text。

① 要素更新

要素更新功能在开发中经常用到，如实时更新坐标位置或者进行标绘。以标绘为例，在移动设备上用到 GraphicsLayer 的 updateGraphic()方法进行实时更新，这时地图上绘制的几何要素将被不断绘制出来，如：

```
public boolean onDragPointerMove(MotionEvent from, MotionEvent to){
    if (startPoint ==null) {//判断是否已经存在第一个点
        graphicsLayer.removeAll();
```

```
        poly =new Polyline( );
        startPoint = mapView.toMapPoint( from.getX( ), from.getY( ) );
        poly.startPath( (float) startPoint.getX( ),(float) startPoint.getY( ) );
        uid = graphicsLayer.addGraphic( new Graphic( poly,new
            SimpleLineSymbol( Color.BLUE,5) ) );
    }
    poly.lineTo( (float) mapPt.getX( ), (float) mapPt.getY( ) );//增加线点
    graphicsLayer.updateGraphic( uid,poly);//更新数据显示
    return true;
}
```

② 要素获取

ArcGIS Runtime for Android 与其他 Web API 有所不同，其他 API 中 Graphic 对象是可以设置监听的，而在 ArcGIS Runtime for Android 中 Graphic 不能添加任何监听，所以当在地图上点击一个 Graphic 对象时需要其他方式间接地获取这个对象。可以通过 GraphicsLayer 的 getGraphicIDs(float x, float y, int tolerance)方法来获取要素，其中 x 和 y 是屏幕坐标，tolerance 是容差，通过这个方法可以间接地获取所需的 Graphic 对象，如：

```
public boolean onSingleTap( MotionEvent e) {
    Graphic graphic = new Graphic( mapView.toMapPoint( new Point( e.getX( ),
        e.getY( ) ) ),new SimpleMarkerSymbol( Color.RED,25,STYLE.CIRCLE) );
    return false;
    int[ ] getGraphicIDs( float x,float y, int tolerance);
}
```

(7) BingMapsLayer

ArcGIS Runtime for Android 中也可以添加 Bing 地图服务，首先必须注册账户并获取 Bing Map 的 App ID，有了这个 ID 就有了使用 Bing 地图的权限，具体的账户申请和操作步骤可以参照以下地址：https://www.bingmapsportal.com/和 http://msdn.microsoft.com/en-us/library/ff428642.aspx。

将申请的 ID 填入下面代码 appId 属性中即可正常访问 Bing 地图服务。

```
<com.esri.android.map.MapView
    android:id="@+id/map"
    android:layout_width="fill_parent"
    android:layout_height="fill_parent"
    url="http://www.arcgis.com/home/item.html?id=2b571d8c079d46b4a14a67df42
        b1da6f"
    appId="你的 ID">
```

3. 使用示例

在安装的 ArcGIS API for Android Eclipse 开发插件中除了有 SDK，还含有说明文档和多个实例工程。刚开始接触 ArcGIS API for Android 时，建议多研究和参考这些示例工程，结合我们的帮助文档逐步理解和熟悉使用该 API 进行开发的相关概念。

顺利配置完成 ArcGIS Android API 开发环境之后，要新建一个示例工程是非常容易的。下面以新建和运行“Hello World”示例工程为例，介绍示例工程的使用方法。

在 Eclipse 中点击“File”→“New”→“ArcGIS Samples for Android”菜单，很快就能看到一个包含所有例子的向导。然后选择“Map_View ”→“Hello World”。新建工程结束后，在当前的工作空间中会出现以工程名字“AgsSampleHelloWorld”为名称的目录，如图 3.28 所示，在这个目录中存放了这个“Hello World”例子所有相关的资源。

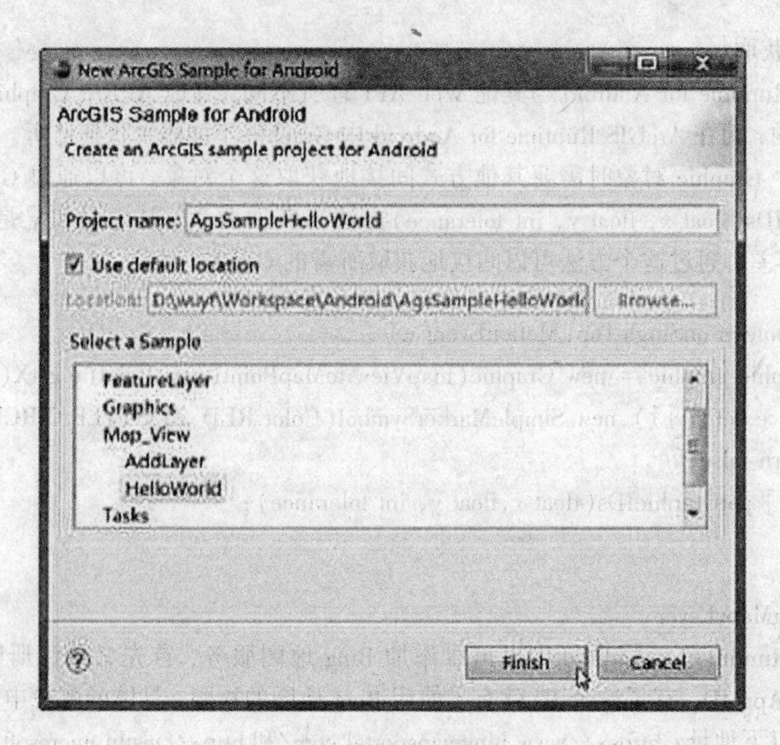

图 3.28 打开示例

运行“AgsSampleHelloWorld”。如图 3.29 所示，当 Android 模拟器成功启动后，可以看到“AgsSampleHelloWorld”工程运行的结果。

3.5.4 ArcGIS 移动地图综合开发实例

1. 接入 GPS

ArcGIS Runtime SDK for Android 将 Android 的 GPS 定位方式进行了一次封装，使用 MapView 可以获取一个 LocationService 定位服务，通过这个 LocationService 定位服务可以开启/关闭 GPS，还可以设置一些有用的属性，例如：定位后是否将地图进行平移使定位点居

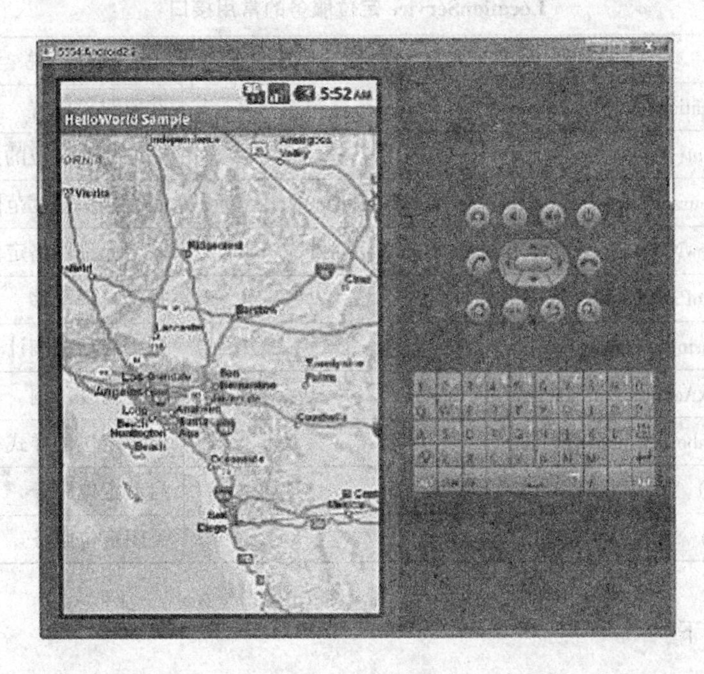

图 3.29 实例显示

中显示；设置定位点显示的样式，可以给该定位点设置一个自定义的符号样式；设置定位的精度范围等。显示效果如图 3.30 所示。

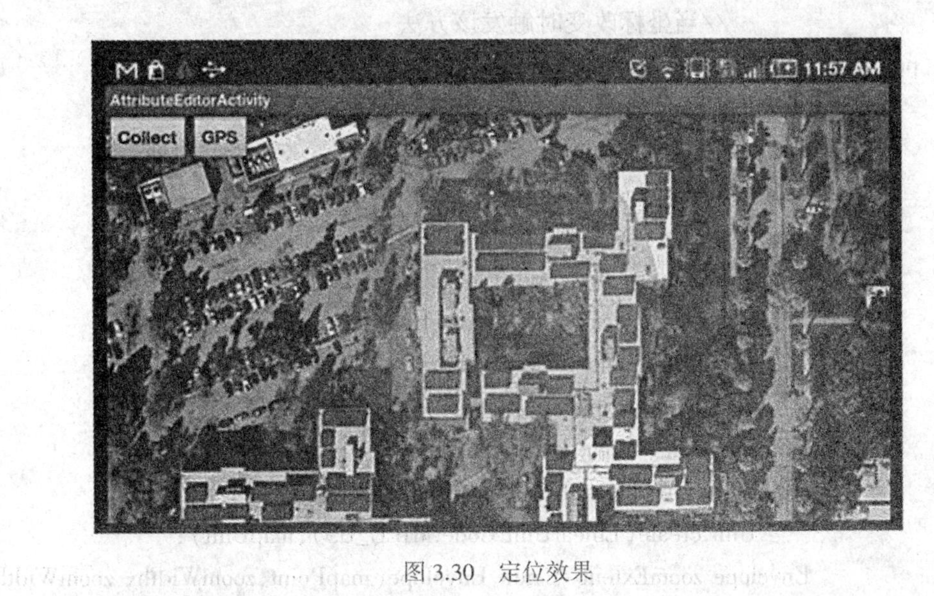

图 3.30 定位效果

LocationService 定位服务的常用接口如表 3.1 所示。

表 3.1　**LocationService 定位服务的常用接口**

序号	接　　口	说　　明
1	getLocation( )	获取对象位置
2	getPoint( )	获取当前定位的点对象
3	setAccuracyCircleOn(boolean accuracyCircleOn)	是否显示精度范围
4	setAllowNetworkLocation(boolean allowNetworkLocation)	是否允许网络定位
5	setAutoPan(boolean autoPan)	是否自动平移
6	setBearing(boolean bearing)	是否启动范围计算
7	setMaxAccuracyCirckleSize(int maxSize)	设置精度范围
8	setSymbol(Symbol symbol)	设置定位的样式符号
9	start( )	启动定位服务
10	stop( )	关闭定位服务

示例代码如下：

```
LocationService ls = map.getLocationService( );//通过 map 对象获取定位服务
ls.setAutoPan( false);//设置不自动平移
ls.setLocationListener( new LocationListener( ) {//设置定位监听器
    boolean locationChanged = false;
                //当坐标改变时触发该方法
    public void onLocationChanged( Location loc) {
        if ( ! locationChanged) {
            locationChanged = true;
            double locy = loc.getLatitude( );
            double locx = loc.getLongitude( );
            Point wgspoint = new Point( locx, locy);
            Point mapPoint = (Point) GeometryEngine.project( wgspoint,
                SpatialReference.create(4326),
                    map.getSpatialReference( ));
            Unit mapUnit = map.getSpatialReference( ).getUnit( );
            double zoomWidth = Unit.convertUnits( SEARCH_RADIUS,
                Unit.create( LinearUnit.Code.MILE_US),mapUnit);
            Envelope zoomExtent = new Envelope( mapPoint,zoomWidth, zoomWidth);
            map.setExtent( zoomExtent);
        }
    }
```

```
    public void onProviderDisabled(String arg0) { }
    public void onProviderEnabled(String arg0) { }
    public void onStatusChanged(String arg0, int arg1,Bundle arg2) {          }
});
ls.start();
```

2. 空间查询 IdentifyTask

IdentifyTask 顾名思义即一个识别任务类，当通过手指点击地图时获取地图上的要素信息，当然在识别操作前必须为 IdentifyTask 事先设置好一组参数信息，IdentifyTask 接受的输入参数必须是 IdentifyParameters 类型的对象，在参数 IdentifyParameters 对象中可以设置相应的识别条件。IdentifyTask 是针对于服务中的多个图层的识别，返回的结果是 IdentifyResult[]数组，并且该任务存在三种模式：

（1）ALL_LAYERS：该模式表示在识别时检索服务上的所有图层的要素。

（2）VISIBLE_LAYERS：该模式表示在识别时只检索服务上的可见图层的要素。

（3）TOP_MOST_LAYER：该模式表示在识别时只检索服务上最顶层的要素。

表 3.2 展示了 IdentifyParameters 的常用接口，在编码时，我们经常要查看这些接口的作用，以实现具体的功能。

表 3.2　**IdentifyParameters 的常用接口**

序号	接　口	说　明
1	setDPI(int dpi)	设置 Map 的分辨率值
2	setGeometry(Geometry geometry)	设置空间几何对象
3	setLayerMode(int layerMode)	设置模型，主要有三种模型：ALL_LAYERS、VISIBLE_LAYERS 和 TOP_MOST_LAYER
4	setLayers(int[] layers)	设置识别的图层数组
5	setMapExtent(Envelope extent)	设置当前地图的范围
6	setMapHeight(int height)	设置地图的高
7	setMapWidth(int width)	设置地图的宽
8	setReturnGeometry(boolean returnGeometry)	指定是否返回几何对象
9	setSpatialReference(SpatialReference spatialReference)	设置空间参考
10	setTolerance(int tolerance)	设置识别的容差值

下面通过示例代码来介绍 IdentifyTask 的具体用法：

```
1.  params =new IdentifyParameters();//识别任务所需参数对象
2.  params.setTolerance(20);//设置容差
3.  params.setDPI(98);//设置地图的 DPI
```

```
4.  params.setLayers(new int[]{4});//设置要识别的图层数组
5.  params.setLayerMode(IdentifyParameters.ALL_LAYERS);//设置识别模式
6.  //为地图添加点击事件监听器
7.  map.setOnSingleTapListener(new OnSingleTapListener() {
8.          private static final long serialVersionUID = 1L;
9.          public void onSingleTap(final float x, final float y) {
10.             if(!map.isLoaded()) {
11.                 return;
12.             }
13.             //establish the identify parameters
14.             Point identifyPoint = map.toMapPoint(x, y);
15.             params.setGeometry(identifyPoint);//设置识别位置
16.             //设置坐标系
17.             params.setSpatialReference(map.getSpatialReference());
18.             params.setMapHeight(map.getHeight());//设置地图像素高
19.             params.setMapWidth(map.getWidth());//设置地图像素宽
20.             Envelope env =new Envelope();
21.             map.getExtent().queryEnvelope(env);
22.             params.setMapExtent(env);//设置当前地图范围
23.             MyIdentifyTask mTask =new MyIdentifyTask(identifyPoint);
24.             mTask.execute(params);
25.         }
26. });
27. private class MyIdentifyTask extends AsyncTask<IdentifyParameters,
        Void, IdentifyResult[]> {
28.     IdentifyTask mIdentifyTask;
29.     Point mAnchor;
30.     MyIdentifyTask(Point anchorPoint) {
31.         mAnchor = anchorPoint;
32.     }
33.     @Override
34.     protected IdentifyResult[] doInBackground(IdentifyParameters params) {
35.         IdentifyResult[] mResult =null;
36.         if (params != null && params.length > 0) {
37.             IdentifyParameters mParams = params[0];
38.             try {
39.                 mResult = mIdentifyTask.execute(mParams);//执行识别任务
40.             } catch (Exception e) {
41.             // TODO Auto-generated catch block
```

```
42.                    e.printStackTrace();
43.                }
44.            }
45.            return mResult;
46.        }
47.        @ Override
48.        protected void onPreExecute() {
49.            mIdentifyTask =new IdentifyTask("http://services.arcgisonline.com/
           ArcGIS/rest/services/Demographics/USA_Average_Household_Size/
           MapServer");
50.        }
51. }
```

通过上面代码可以知道，执行识别任务需要以下几个步骤：

(1) 创建识别任务所需的参数对象 IdentifyParameters。

(2) 为参数对象设置识别条件。

(3) 定义 MyIdentifyTask 类并继承 AsyncTask。

(4) 在 MyIdentifyTask 的 doInBackground()方法中执行 myIdentifyTask 的 execute()。

注意，在上面示例中，识别任务是在 AsyncTask 的子类中执行的，因为识别任务请求是一个不定时操作，为了不影响 UI 中的操作，应使用该类来异步执行识别任务。

3. 空间查询 QueryTask

QueryTask 查询任务也是 ArcGIS for Android 开发过程中经常使用的一种查询。QueryTask 可以对图层进行属性查询、空间查询以及属性与空间联合查询，在执行查询前需要构建 Query 参数对象，该参数主要包含查询的设置条件。QueryTask 只针对服务中的一个图层进行查询。表 3.3 介绍了 Query 常用的接口，这在编程的过程中有很大的帮助。

表 3.3 **Query 常用的接口**

序号	接　口	说　明
1	setGeometry(Geometry geometry)	设置空间几何对象
2	setInSpatialRefrence(SpacialRefrence inSR)	设置输入的空间参考
3	setObjectIds(int[] objectIds)	设置要查询的要素的 ObjectID 数组
4	setOutFields(String[] outFields)	设置返回字段的数组
5	setOutSpatialRefrence(SpatialRefrence outSR)	设置输出的空间参考
6	setReturnGeometry(boolean returnGeometry)	设置是否返回几何对象
7	seReturnIdsOnly(boolean returnIdsOnly)	设置是否只返回 ObjectID 字段
8	setSpatialRelationship(SpatialRelationship spatialRelationship)	设置查询的空间关系
9	setWhere(String where)	设置查询的条件

下面以代码的形式介绍如何使用 QueryTask：

```
1.  targetServerURL = "http://services.arcgisonline.com/ArcGIS/rest/services/Demographics/USA_Average_Household_Size/MapServer";
2.  String targetLayer = targetServerURL.concat("/3");//服务图层
3.  String[] queryParams = {targetLayer,"AVGHHSZ_CY>3.5"};
4.  AsyncQueryTask ayncQuery =new AsyncQueryTask();
5.  ayncQuery.execute(queryParams);
6.  private class AsyncQueryTask extends AsyncTask<String, Void, FeatureSet> {
7.      protected FeatureSet doInBackground(String...queryParams) {
8.          if (queryParams == null || queryParams.length <= 1) {
9.              return null;
10.             String url = queryParams[0];
11.             Query query =new Query();//创建查询参数对象
12.             String whereClause = queryParams[1];
13.             SpatialReference sr = SpatialReference.create(102100);
14.             query.setGeometry(new Envelope(-20147112.9593773,
                557305.257274575, -6569564.7196889,
                11753184.6153385));//设置空间查询条件
15.             query.setOutSpatialReference(sr);//设置输出坐标系
16.             query.setReturnGeometry(true);//指定是否返回几何对象
17.             query.setWhere(whereClause);//设置属性查询条件
18.             QueryTask qTask =new QueryTask(url);
19.             FeatureSet fs =null;
20.             try {
21.                 fs = qTask.execute(query);//执行查询任务
22.             } catch (Exception e) {
23.                 // TODO Auto-generated catch block
24.                 e.printStackTrace();
25.                 return fs;
26.             }
27.             return fs;
28.         }
29.     }
30. }
```

通过上面代码可以了解 QueryTask 的使用流程，步骤如下：

(1) 创建 Query 参数对象。

(2) 为参数对象设定查询条件。

(3) 通过 AsyncTask 的子类来执行查询任务。

3.6 部署与开发

实际开发过程中，日常的开发过程所使用的环境(开发环境)和最终需要发布出来供用户使用的环境(生产环境)是不一样的，这就涉及项目最终的部署。在本节介绍的例子中，部署工作主要从以下三个方面展开。

3.6.1 GIS 服务器的部署

本例中所使用的服务器是本机上安装的 ArcGIS Server，在服务的发布一部分中(3.3.1 节)可以看到，我们选择了 localhost:6080 上的服务器作为发布地址。如果在部署阶段，需要发布在网络上另一台装有 ArcGIS Server 并具有访问权限的服务器上，则我们只需要在此进行服务器的添加与授权验证，再在这里选择相应的服务器即可。

需要注意的是，这样服务的 URI 也就不是我们在后续代码中所书写的那样了，也需要做相应的替换。

3.6.2 Web 服务器的部署

在上面的例子中，我们使用 ArcGIS SDK for Javascript 开发了一个简单的 Web 页面，并采用直接在浏览器中浏览的方式对其进行测试。在实际生产环境中，Web 服务是要托管给 Web 服务器的，例如 IIS、Apache。这里以 IIS 举例。

(1) 首先，将编写好的 Web 应用文件夹拷贝到服务器上，打开 IIS。如图 3.31 所示。

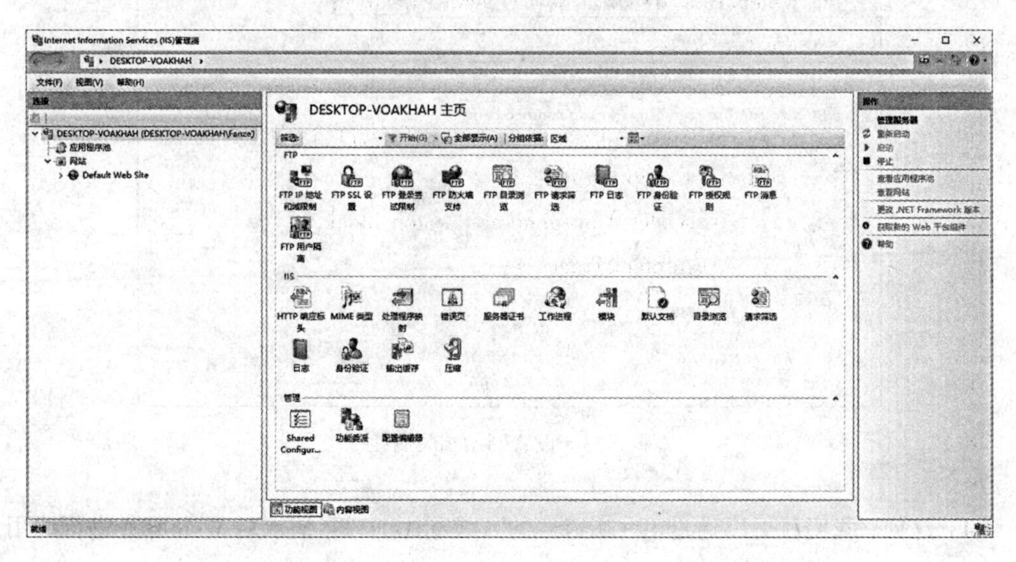

图 3.31 打开 IIS

（2）添加网站。如图 3.32 所示。

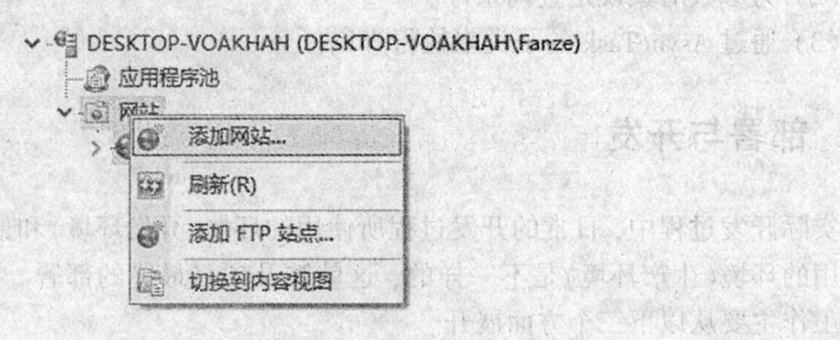

图 3.32　添加网站

（3）设置网站名称和物理路径。如图 3.33 所示。

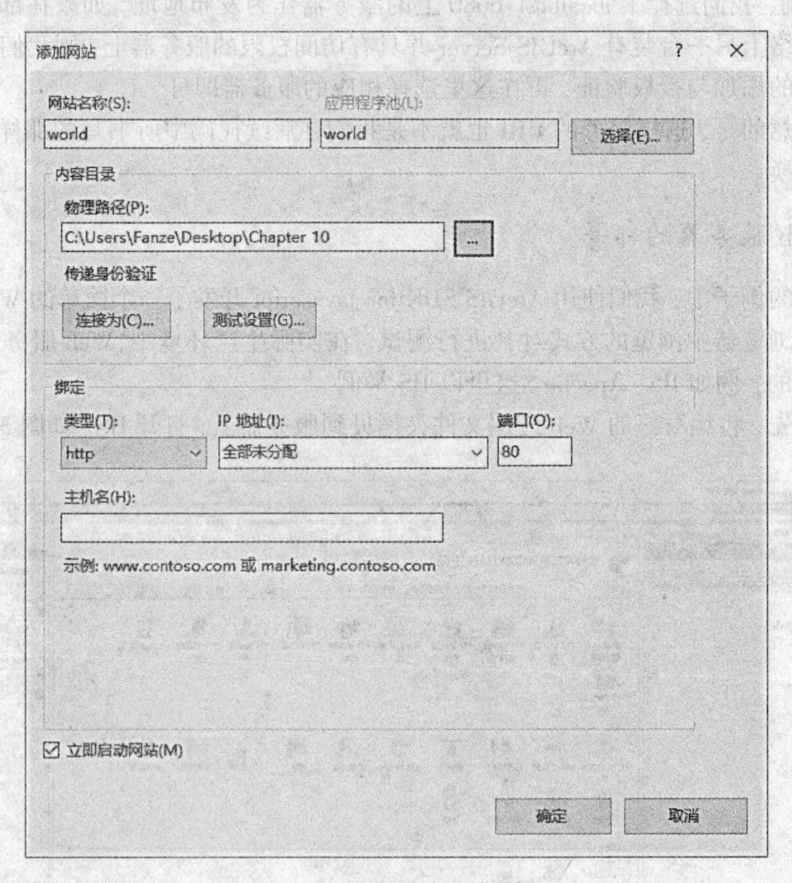

图 3.33　设置网站相关属性

（4）这样，我们就可以通过 IP+端口号的方式利用 HTTP 请求对 Web 服务进行调用。

3.6.3 Android 应用程序的打包与发布

安卓软件在开发完成后，一般会自动打包成 apk 格式，再将此安装包提供给用户或者将应用商店提供给用户安装和使用。在每次调试运行时，在工程目录下可以找到生成的 apk 文件，有关它的具体说明可参看官方网站 https://developer.android.com/studio/build/index.html。

第四章　用百度地图 API 开发 GIS 服务

目前存在的知名度较高的互联网地图服务商有百度地图、腾讯地图、高德地图等。它们都有着相似的功能，并且都提供了开放平台供开发者使用。在其官网底部都可以找到开放平台的入口，百度地图和高德地图的开放平台网页分别如图 4.1 和图 4.2 所示。其中有非常完备的接口说明、使用教程和示例代码，可供开发者进行开发时参考。

图 4.1　百度地图开放平台官网

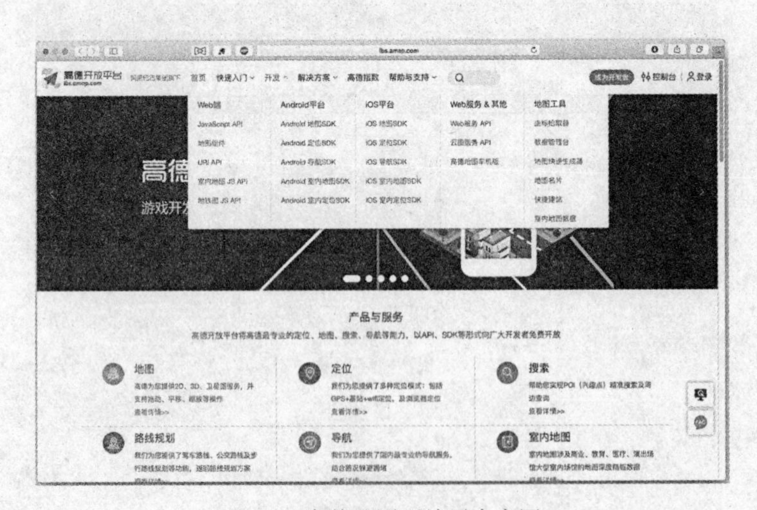

图 4.2　高德地图开放平台官网

这里，我们以百度地图提供的 API 为例，介绍使用地图 API 进行开发的实例，其他地图 API 的使用方法与之大同小异，详情见其官网。

4.1 百度地图 API 概述

百度地图 API 是百度地图开放平台提供给开发者的开放产品之一，它包括了可供开发者利用百度地图中的数据进行自己产品开发所需要的一系列解决方案。主要包括用于 Web 开发的 JavaScript API、供 Web 方式调用服务的 API、静态图 API、URI API 等。

下面我们用其中最基本的几个模块，给出几个简单的例子。

4.2 申请密钥

百度地图 API 是免费提供给开发者使用的，在进行开发之前需要先向其申请密钥(AK)。申请入口在页面上的“API 控制台”。如图 4.3 所示。

图 4.3 百度地图 API 开发密钥申请页面

如果你的服务需要向百度服务器获取更高的配额，则需要额外申请认证为企业用户。

点击“创建应用”，填写表单中的应用名称、应用类型、IP 白名单即可。这里，我们创建两个应用，应用类型分别为“服务端”和“浏览器端”，便于后面的 demo 进行调用。白名单填写“0.0.0.0/0”。页面上对此有明确的说明。

创建完成后，即可得到对应的 AK，在后续过程中会用到。如图 4.4 所示。

应用编号	应用名称	访问应用（AK）	应用类别	备注信息（双击更改）	应用配置
8627243	MyBrowserAK	a0Zjw2pv6DmAfoyoH9miqsH28yqsHoLL	浏览器端		设置 删除
8627228	MyServerAK	EdytowbloBg5HyU16TUkYGbn1xxc53FF	服务端		设置 删除

图 4.4 百度地图 API 开发密钥

4.3 使用百度地图 JavaScript API

百度地图 JavaScript API 是一套由 JavaScript 语言编写的应用程序接口，可辅助用户在网站中构建功能丰富、交互性强的地图应用，支持 PC 端和移动端基于浏览器的地图应用开发，且支持 HTML5 特性的地图开发。它提供了诸多常用的服务，例如：

- 基本地图功能：展示(支持 2D 图、3D 图、卫星图)、平移、缩放、拖曳等。
- 地图控件展示功能：可以在地图上添加/删除鹰眼、工具条、比例尺、自定义版权、地图类型及定位控件，并可以设置各类控件的显示位置。
- 覆盖物功能：支持在地图上添加/删除点、线、面、热区、行政区划、用户自定义覆盖物等；开源库提供富标注、标注管理器、聚合 Marker、自定义覆盖物等功能。
- 工具类功能：提供经纬度坐标与屏幕坐标相互转换功能；开源库里提供测距、几何运算及 GPS 坐标/国测局坐标转为百度坐标等功能。
- 定位功能：支持 IP 定位及浏览器(支持 Html5 特性浏览器)定位功能。
- 右键菜单功能：支持在地图上添加右键菜单。
- 其他功能和相关文档参见 http://lbsyun.baidu.com/index.php?title=jspopular/guide/introduction。

1. 网页框架与地图控件

首先，我们将实现一个最简单的显示出百度地图的网页。这需要一些基本的 HTML、CSS 和 JavaScript 知识，能看懂下面这个网页框架即可：

```
<!DOCTYPE html>
<html>
<head>
    <meta name="viewport" content="initial-scale=1.0, user-scalable=no" />
    <meta http-equiv="Content-Type" content="text/html; charset=utf-8" />
    <title>Hello,World</title>
    <style type="text/css">
    html {
        height: 100%
    }

    body {
        height: 100%;
        margin: 0px;
        padding: 0px
    }

    #container {
```

```
            height: 100%
        }
    </style>
</head>

<body>
    <div id="container"></div>
</body>

</html>
```

我们在网页上预留了 ID 为 container 的容器，并让它填充整个浏览器视窗。我们将要在这个容器中显示一张地图，我们只需要将百度地图提供的 JavaScript 库包含进这个网页，并进行一些相应的 JavaScript 脚本调用即可。完成后的代码如下（新增的行用下画线标出）：

```
<! DOCTYPE html>
<html>
<head>
    <meta name="viewport" content="initial-scale=1.0, user-scalable=no" />
    <meta http-equiv="Content-Type" content="text/html; charset=utf-8" />
    <title>Hello, World</title>
    <style type="text/css">
    html {
        height: 100%
    }

    body {
        height: 100%;
        margin: 0px;
        padding: 0px
    }

    #container {
        height: 100%
    }
        </style>
        <script type="text/javascript" src="http://api.map.baidu.com/api?v=
            2.0&ak=您的密钥">
        //v2.0 版本的引用方式:
            src="http://api.map.baidu.com/api?v=2.0&ak=您的密钥"
```

```
        //v1.4 版本及以前版本的引用方式：
            src = "http://api.map.baidu.com/api? v = 1.4&key = 您的密钥 &callback =
                initialize"
        </script>
    </head>

    <body>
        <div id = "container" ></div>
        <script type = "text/javascript" >
            var map = new BMap.Map( "container" ); // 创建地图实例
            var point = new BMap.Point( 116.404, 39.915); // 创建点坐标
            map.centerAndZoom( point,15); // 初始化地图，设置中心点坐标和地图级别
        </script>
    </body>
    </html>
```

用浏览器打开这个文件，可以看到效果，如图 4.5 所法。

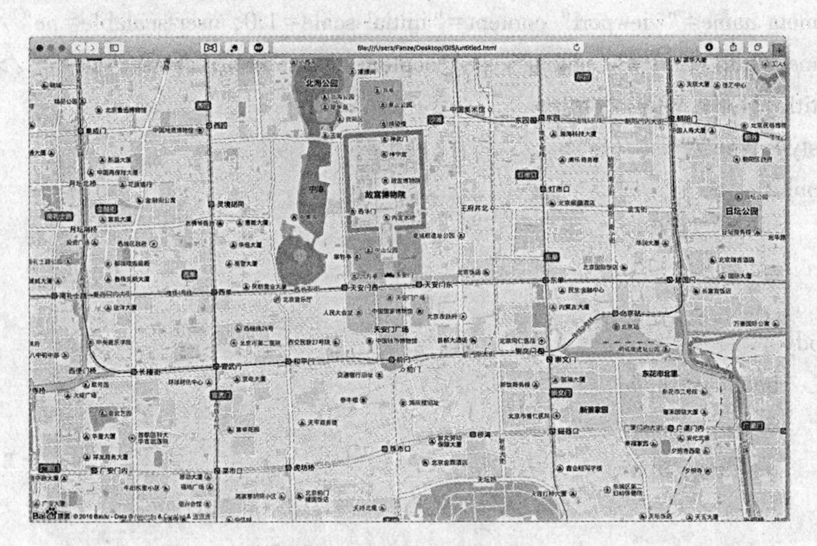

图 4.5　调用百度地图

这时页面上只有地图，并支持简单的交互。如果想添加一些常用的地图控件，还要加入以下代码：

```
    map.addControl( new BMap.NavigationControl( ) );
    map.addControl( new BMap.ScaleControl( ) );
    map.addControl( new BMap.OverviewMapControl( ) );
    map.addControl( new BMap.MapTypeControl( ) );
```

```
map.setCurrentCity("北京"); // 仅当设置城市信息时，MapTypeControl 的切换功能
                            //才能可用
```

在浏览器中重载页面，会看到如图 4.6 所示的样子。

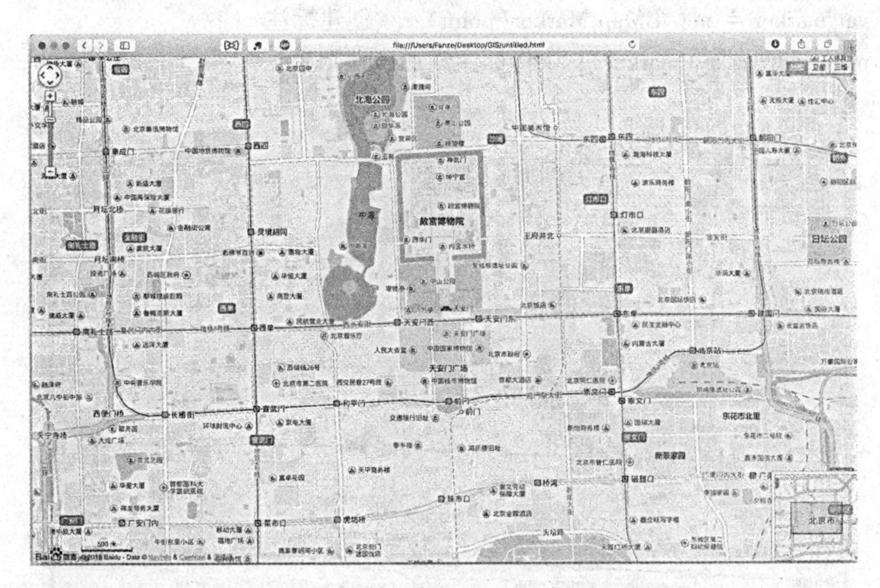

图 4.6 加入 Web 控件后的效果

可以看到，地图的这个角落上分别加入了导航工具栏、比例尺、鹰眼窗口和图层切换按钮。如果想要自定义它们的行为，可参见 http://lbsyun.baidu.com/index.php?title=jspopular/guide/widget。

除了这些最基本的功能之外，百度地图 JavaScript API 还提供了诸如覆盖物、事件、图层、工具、服务、全景图等 Web 上常用的功能和开发工具。因这些内容官方更新较为频繁，考虑到时效性，一切以百度地图开放平台官网上的最新文档为准。本书只对最基本的使用方法做个介绍。

2. 叠加覆盖物

所有叠加或覆盖到地图的内容，我们统称为地图覆盖物。如标注、矢量图形元素(包括折线、多边形和圆)、信息窗口等。覆盖物拥有自己的地理坐标，当你拖动或缩放地图时，它们会相应地移动。

地图 API 提供了如下几种覆盖物：

- Overlay：覆盖物的抽象基类，所有的覆盖物均继承此类的方法。
- Marker：标注表示地图上的点，可自定义标注的图标。
- Label：表示地图上的文本标注，可以自定义标注的文本内容。
- Polyline：表示地图上的折线。
- Polygon：表示地图上的多边形。多边形类似于闭合的折线，另外也可以为其添加填充颜色。

- Circle：表示地图上的圆。
- InfoWindow：信息窗口也是一种特殊的覆盖物，它可以展示更为丰富的文字和多媒体信息。注意：同一时刻只能有一个信息窗口在地图上打开。

比如，以下代码可以向地图添加 1 个点标记（如图 4.7 所示）：

```
var marker = new BMap.Marker(point); //创建标注
map.addOverlay(marker); //将标注添加到地图中
```

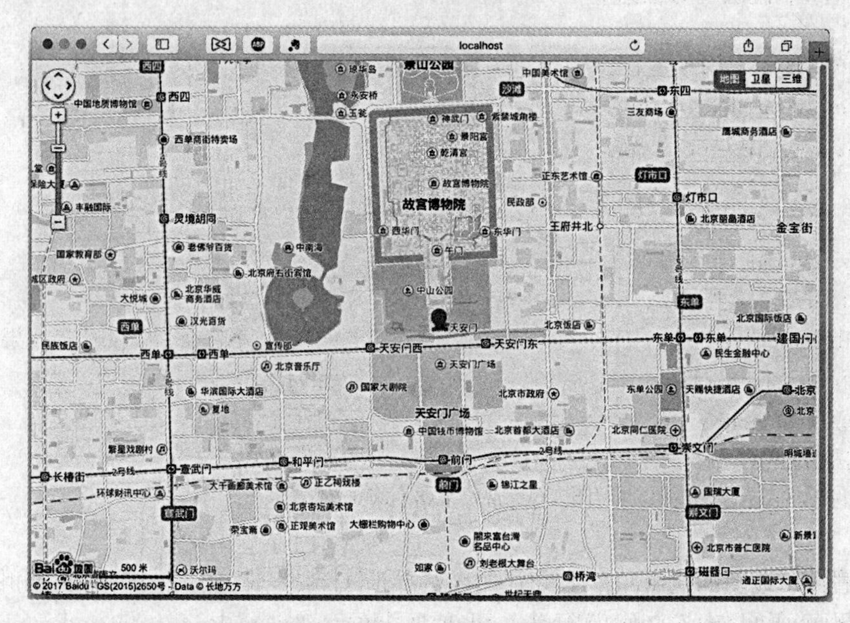

图 4.7　添加地图标注

通过这些类提供的属性和方法，可以实现更多功能，如定义标注的图标、定义可拖曳的图标、定义信息窗口，以及绘制点、折现、面等。具体的使用方法可参见 http://lbsyun.baidu.com/index.php?title=jspopular/guide/cover，需要一定的 JavaScript 基础，如对事件、对象、函数的理解和使用。

3. 使用开源库

百度地图对一些常用的工具制作了开源库对外开放，利用它们可以更为便捷地实现一些常用的功能而不用编写这些功能的实现代码，如标注工具、测距工具、绘制工具等。

下面以鼠标绘制功能为例进行说明，首先需要导入相应的 JavaScript 库：

```
<! --加载鼠标绘制工具-->
<script type="text/javascript" src="http://api.map.baidu.com/library/
    DrawingManager/1.4/src/DrawingManager_min.js"></script>
<link rel="stylesheet" href="http://api.map.baidu.com/library/
    DrawingManager/1.4/src/DrawingManager_min.css" />
```

```
<!--加载检索信息窗口-->
<script type="text/javascript" src="http://api.map.baidu.com/library/
    SearchInfoWindow/1.4/src/SearchInfoWindow_min.js"></script>
<link rel="stylesheet" href="http://api.map.baidu.com/library/
    SearchInfoWindow/1.4/src/SearchInfoWindow_min.css" />
```

然后对库中提供的方法进行调用：

```
var overlays = [];
var overlaycomplete = function(e){
    overlays.push(e.overlay);
};

var styleOptions = {
    strokeColor:"red",    //边线颜色。
    fillColor:"red",      //填充颜色。当参数为空时，圆形将没有填充效果。
    strokeWeight: 3,      //边线的宽度，以像素为单位。
    strokeOpacity: 0.8,  //边线的透明度，取值范围0~1。
    fillOpacity: 0.6,     //填充的透明度，取值范围0~1。
    strokeStyle: 'solid' //边线的样式，solid或dashed。
}
//实例化鼠标绘制工具
var drawingManager = new BMapLib.DrawingManager(map, {
    isOpen: false, //是否开启绘制模式
    enableDrawingTool: true, //是否显示工具栏
    drawingToolOptions: {
        anchor: BMAP_ANCHOR_TOP_RIGHT, //位置
        offset: new BMap.Size(5, 5), //偏离值
    },
    circleOptions: styleOptions, //圆的样式
    polylineOptions: styleOptions, //线的样式
    polygonOptions: styleOptions, //多边形的样式
    rectangleOptions: styleOptions //矩形的样式
});
//添加鼠标绘制工具监听事件，用于获取绘制结果
drawingManager.addEventListener('overlaycomplete', overlaycomplete);
function clearAll() {
    for(var i = 0; i <overlays.length; i++){
        map.removeOverlay(overlays[i]);
    }
```

```
overlays.length = 0
}
```

效果如图 4.8 所示。

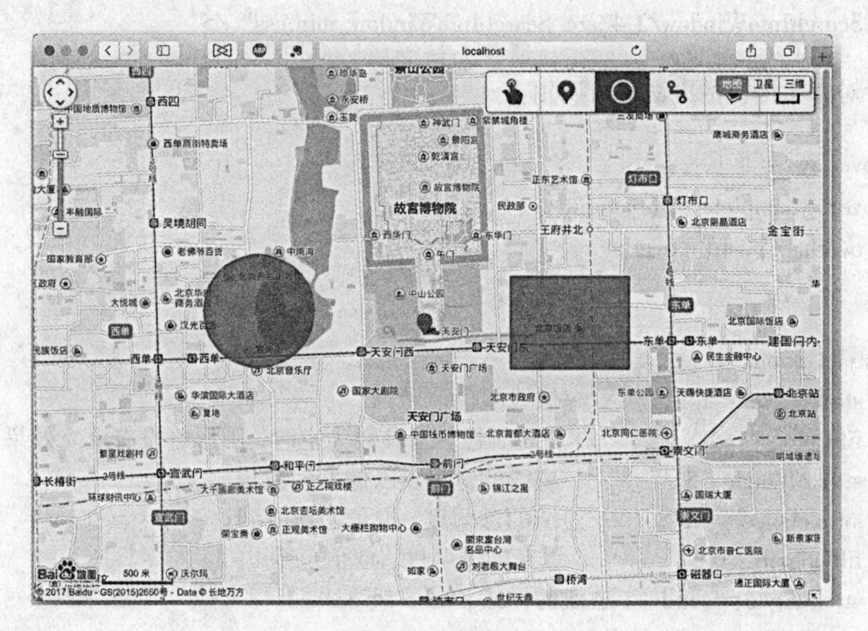

图 4.8　绘制图形

更多的库及其具体使用方法可以参见 http://lbsyun. baidu. com/index. php? title = jspopular/guide/tool。

4.4　使用百度地图 Web 服务 API

上一节中提到的几种 JavaScript API 的调用都是在用户的浏览器端进行的，不涉及与百度服务器的通信，本节将介绍调用百度地图 Web 服务 API 的方法。

1. 通过百度提供的 API 直接调用

百度地图开放平台提供了部分常用地图服务的直接调用接口，地图服务能够根据我们的需求为我们提供所需要的数据，比如搜索附近的兴趣点、路线规划等，具体包括：

- LocalSearch：本地搜索，提供某一特定地区的位置搜索服务，比如在北京市搜索“公园”。
- TransitRoute：公交导航，提供某一特定地区的公交出行方案的搜索服务。
- DrivingRoute：驾车导航，提供驾车出行方案的搜索服务。
- WalkingRoute：步行导航，提供步行出行方案的搜索服务。
- Geocoder：地址解析，提供将地址信息转换为坐标点信息的服务。

- LocalCity：本地城市，提供自动判断你所在城市的服务。
- TrafficControl：实时路况控件，提供实时和历史路况信息服务。

比如进行周边搜索：

```
var local = new BMap.LocalSearch(map,{ renderOptions:{map: map,
    autoViewport: true}});
local.searchNearby("小吃","前门");
```

百度地图搜索服务示例如图 4.9 所示。

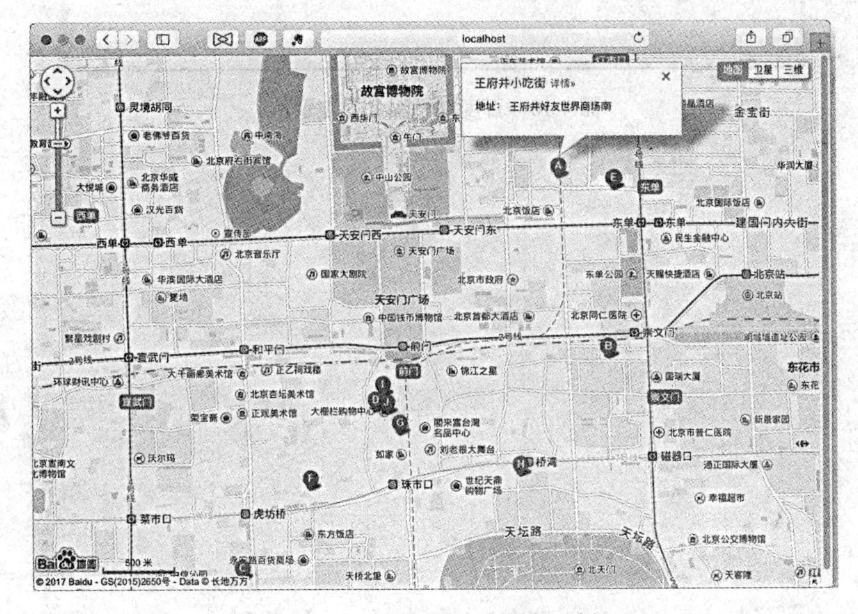

图 4.9　百度地图搜索服务示例

具体的功能以及详细使用方式参见 http://lbsyun.baidu.com/index.php?title=jspopular/guide/service。

2. 通过使用 HTTP 接口调用 Web 服务

上一种方法实际上是百度官方为常用的 Web 服务提供的一种封装，这些只是在用户浏览器端就能够实现的调用。实际上，百度为我们提供了更多的 Web 服务 API，只是这些 API 一般用在服务器端的开发上，直接在 JavaScipt 上进行调用的话需要解决跨域问题。具体提供的 API 的文档参见 http://lbsyun.baidu.com/index.php?title=webapi，我们可以在浏览器中对其进行简单的测试，如测试 Geocoding API，在浏览器地址栏中输入：http://api.map.baidu.com/geocoder/v2/?callback=renderOption&output=json&address=%E7%99%BE%E5%BA%A6%E5%A4%A7%E5%8E%A6&city=%E5%8C%97%E4%BA%AC%E5%B8%82&ak=a0Zjw2pv6DmAfoyoH9miqsH28yqsHoLL，可以得到服务器返回的用 Json 格式表达的结果，如图 4.10 所示。

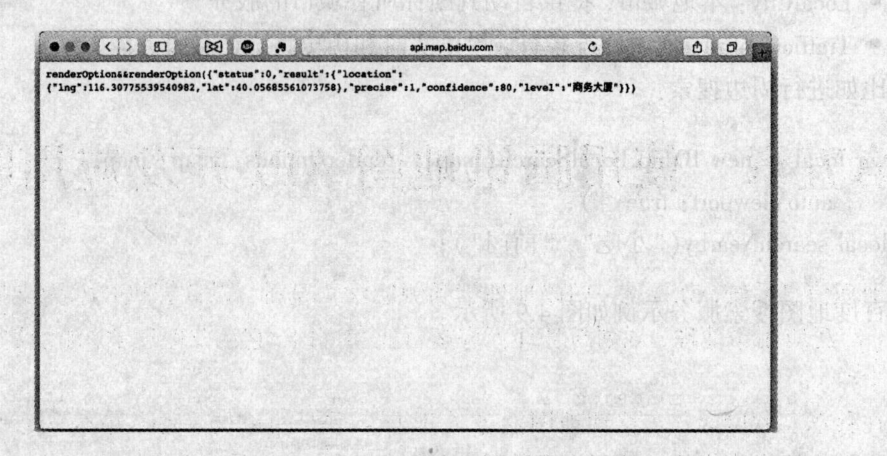

图 4.10 百度地图服务内容示例

第五章　使用腾讯地图 API 开发应用服务

地理信息系统(GIS)是一门以地理学和测绘学为基础、以计算机技术为支撑的综合性技术，广泛应用于地理、规划与管理等许多行业和部门，它涉及地理学、测绘学、计算机科学等学科。

在移动互联网时代，移动地图业务处于非常重要的地位，地图并不只是一个信息展现，而是服务的总集成。基于“互联网”的数字地图信息更加丰富，将以位置服务为“基点”，在“重新连接一切”的过程中催化互联网的创新价值，如停车位信息、加油站实况、网上娱乐等，今后都将在“一张图”中显示。截至目前，腾讯、百度、高德、谷歌等一大批互联网公司纷纷推出电子地图的移动端开发 SDK，供开发者创建类型各异、满足不同用户需求的移动端应用。不同公司推出的移动开发包功能各有特色，但又大同小异，前面第四章介绍了百度地图 API 及其服务，本章将以腾讯地图 API(Android 版本)和 ArcGIS for Android 为例介绍移动地图开发。

5.1　腾讯地图 API 简介

腾讯地图开放平台(http://lbs.qq.com)为各类应用厂商和开发者免费提供基于腾讯地图的地理位置服务和解决方案，有针对 Web 应用的 JavaScript API，适合手机端 Native APP 的各种 SDK 和 WebService。图 5.1 展示了其提供的开放接口和工具。

图 5.1　腾讯地图 API 涵盖内容

腾讯地图 API 现有应用解决方案已涉及 O2O 等短距离上门服务、物流货运、智能出行(包括共享单车和嘀嘀打车)等多个新型行业。图 5.2 展示了其典型的应用案例。

图 5.2　腾讯地图 API 典型应用

5.2　腾讯地图开发环境搭建

5.2.1　开发准备

利用腾讯地图 API 进行开发，首先需要下载腾讯地图的 Android SDK。

(1) 进入腾讯地图开放平台(http://lbs.qq.com/index.html)，点击手机 APP 开发下的 Android SDK，进入 Android SDK 介绍页(http://lbs.qq.com/android_v1/index.html)，选择下载选项页，如图 5.3 所示，选择 2D 版地图 SDK，下载最新版本，本书中版本为 TencentMapSDK_2D_v1.2.4。

解压下载文件，可在 \TencentSearchSDK_v1.1.3\libs 目录下获得 jar 文件 TencentMapSDK_Raster_v1.2.4_4af1d6f.jar。

(2) 腾讯地图的检索服务作为一个独立的 SDK 对外发布，用于访问腾讯地图提供的 poi 检索、行政区划检索、路线规划等地理信息检索服务。同上，选择检索 SDK，下载最新版本，本书中为 TencentSearchSDK_v1.1.3。解压下载文件，可在 \TencentMapSDK_Android_2D_v1.2.4\libs 目录下获得 jar 文件 TencentSearch1.1.3.jar。

图 5.3　腾讯地图 SDK 下载

(3) 进入腾讯地图开放平台(http://lbs.qq.com/index.html)，点击手机 APP 开发下的 Android 定位 SDK，进入 Android 定位 SDK 介绍页(http://lbs.qq.com/geo/index.html)，点击下载开发包和示例。解压下载文件，可在 \TencentLocationSDK_v4.8.8\libtencentloc 目录下获得适用于不同平台的 libtencentloc.so 文件，以及位于 \Tencent LocationSDK_v4.8.8\TencentLocationDemoAs-master\app\libs 目录下的 TencentLocationSDK_v4.8.8.3.jar 文件。这些文件都是使用定位服务所必需的库文件。

5.2.2　申请 Key

开发者在使用 SDK 之前需要获取腾讯地图移动版 SDK Key，该 Key 与腾讯账户相关联，你必须先拥有腾讯账户，才能获得 SDK Key。并且，该 Key 与引用 API 的程序名称有关。

下面详细介绍申请地图开发 Key 的步骤：

(1) 进入腾讯地图开放平台(http://lbs.qq.com/index.html)，并登录。登录时可直接使用 QQ 账号。

(2) 点击开发密钥，进入“我的控制台”页面(http://lbs.qq.com/mykey.html)，如图5.4所示。

点击“开发者信息”，进行手机验证。只有通过手机验证后才能获得注册 Key 和使用地图的权限。如图 5.5 所示。

(3) 进入“密钥(Key)管理”页，点击“创建新密钥”，如图 5.6 所示填写应用名称(可根据项目名称填写)，选择开发移动端应用类型。

提交成功后可在“密钥(Key)管理”页中看到如图 5.7 所示结果。之后便可创建 Android 项目 MapTest1，并使用 OYNBZ-2AB3X-AH24T-T6AOQ-5RCVS-XHFPQ 作为 Key。注意，自己申请的 Key 会与本例有所不同。

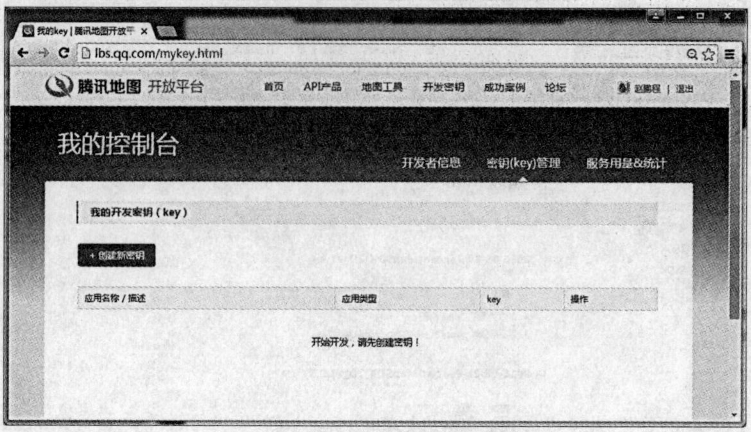

我的key | 腾讯地图开放平

lbs.qq.com/mykey.html

腾讯地图 开放平台

首页　API产品　地图工具　开发密钥　成功案例　论坛　退出

我的控制台

开发者信息　密钥(key)管理　服务用量&统计

我的开发密钥（key）

+ 创建新密钥

应用名称 / 描述	应用类型	key	操作

开始开发，请先创建密钥！

图 5.4　申请开发 Key

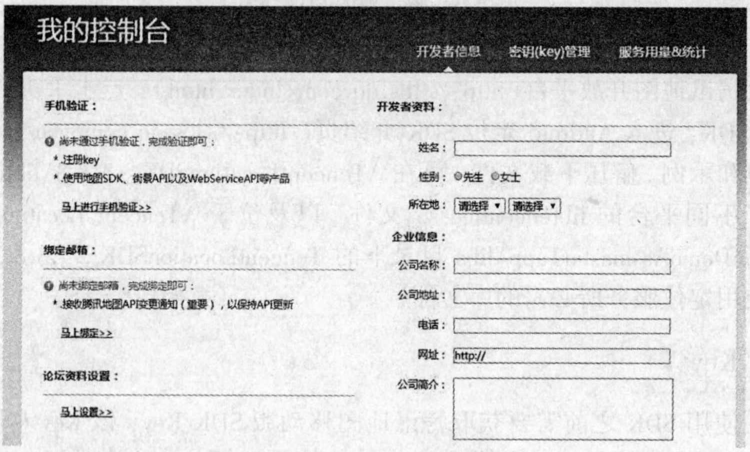

我的控制台

开发者信息　密钥(key)管理　服务用量&统计

手机验证：

尚未通过手机验证，完成验证即可：

* 注册key
* 使用地图SDK、街景API以及WebServiceAPI等产品

马上进行手机验证>>

绑定邮箱：

尚未绑定邮箱，完成绑定即可：

* 接收腾讯地图API变更通知（重要），以保持API更新

马上绑定>>

论坛资料设置：

马上设置>>

开发者资料：

姓名：

性别：先生　女士

所在地：请选择　请选择

企业信息：

公司名称：

公司地址：

电话：

网址：http://

公司简介：

图 5.5　填写开发者信息

开发者密钥申请

* 应用名称：MapTest1

描述：第一个腾讯地图应用

* 应用类型：
- 浏览器　（调用Javascript API、JSONP调用WebService API、静态图API等）
- 移动端　（调用Android/IOS SDK产品、WebService API或静态图API等）
- 服务端　（调用WebService API、静态图API等）

* 验证码：OdBD　　OaBD　看不清，换一张

提交　已阅读并同意以上条款

图 5.6　填写开发的应用信息

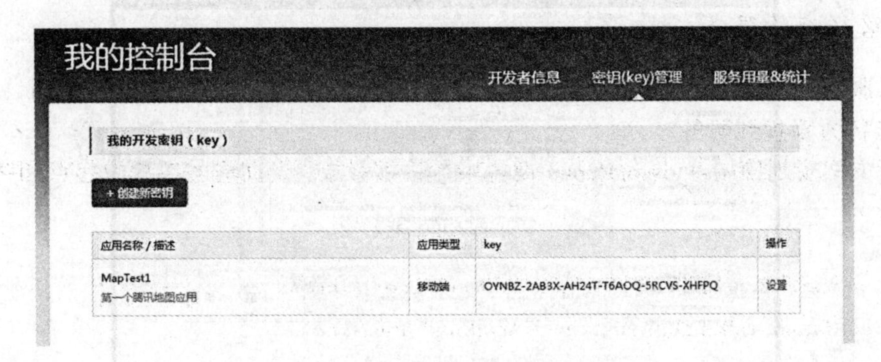

图 5.7 申请所得 Key 示意图

5.2.3 工程创建

打开 Eclipse，新建 Android Applicant 工程。

设置“Application Name”为“MapTest1”，根据开发环境的 Android SDK 选择合适的 SDK 和 Compile 版本，默认选择下一步，到“Create Activity”页，选择“Empty Activity”，如图 5.8 所示。

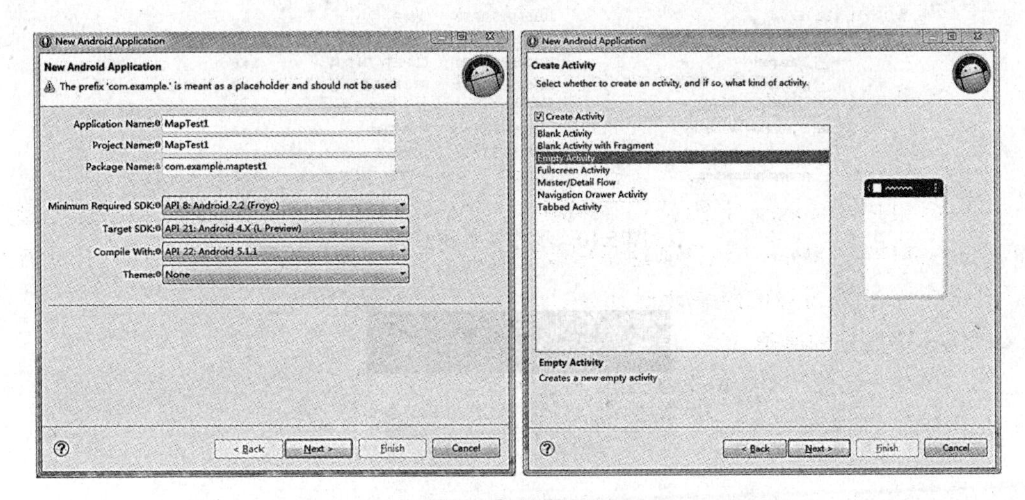

图 5.8 新建工程

默认选择下一步，单击“Finish”。生成的项目如图 5.9 所示。

在硬盘中，生成的项目文件如图 5.10 所示。

运行项目 MapTest1，显示“Hello world！”，如图 5.11 所示。

若运行成功，则表示创建 Android 工程成功，可进行下一步操作，即向工程中加入 TencentMapSDK，并显示地图。

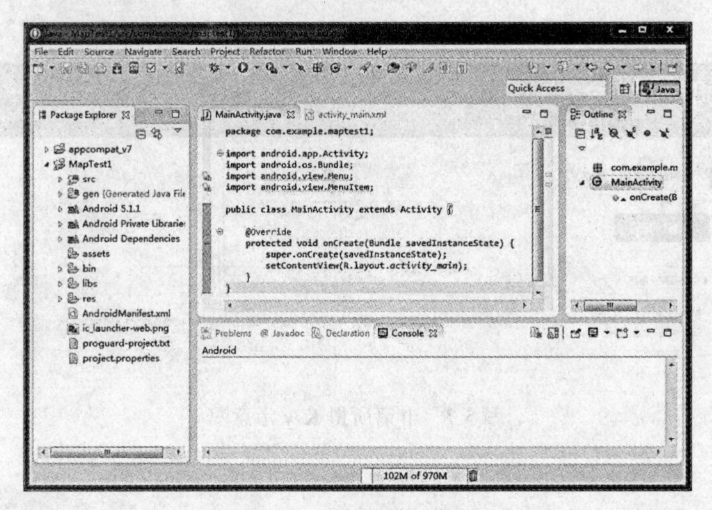

图 5.9 新项目示意图

名称	修改日期	类型	大小
.settings	2016/8/25 17:32	文件夹	
assets	2016/8/25 17:32	文件夹	
bin	2016/8/25 17:32	文件夹	
gen	2016/8/25 17:32	文件夹	
libs	2016/8/25 17:42	文件夹	
res	2016/8/25 17:32	文件夹	
src	2016/8/25 17:32	文件夹	
.classpath	2016/8/25 17:32	CLASSPATH 文件	1 KB
.project	2016/8/25 17:32	PROJECT 文件	1 KB
AndroidManifest.xml	2016/8/25 17:32	XML 文档	1 KB
ic_launcher-web.png	2016/8/25 17:32	PNG 图像	51 KB
proguard-project.txt	2016/8/25 17:32	文本文档	1 KB
project.properties	2016/8/25 17:32	PROPERTIES 文件	1 KB

图 5.10 项目文件示意图

图 5.11 程序运行示意图

5.2.4 地图 SDK 配置

将文件 TencentMapSDK_Raster_v1.2.4_4af1d6f.jar 拷贝到目录 \MapTest1\libs 下。

在 Eclipse 中，右键项目“MapTest1”，点击“Refresh”刷新整个项目，展开项目树，可看到 TencentMapSDK_Raster_v1.2.4_4af1d6f.jar 已经加入到 Android Private Libraries，如图 5.12 所示。

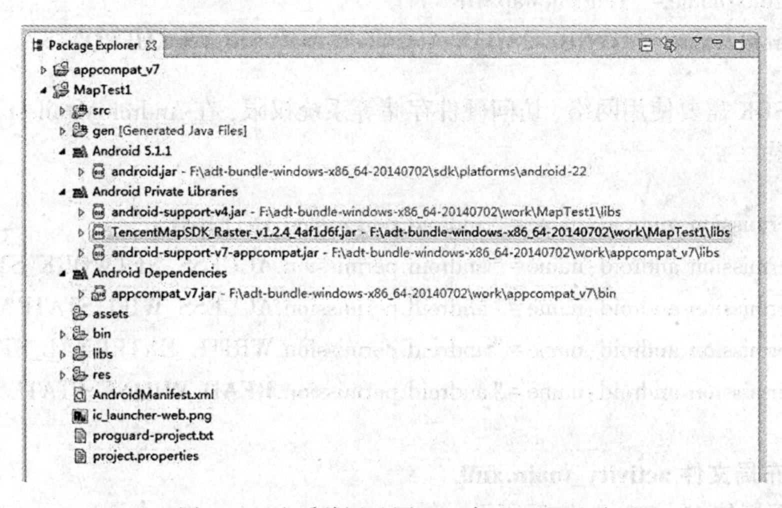

图 5.12 查看腾讯地图 SDK 加入工程目录

在 Eclipse 中，右键项目“MapTest1”，点击“Property”打开项目属性表，左侧栏选择“Java Build Path”，右侧栏选择“Libraries”项，查看 TencentMapSDK_Raster_v1.2.4_4af1d6f.jar 是否包含，若未包含，可点击“Add JARs”进行添加。如图 5.13 所示。

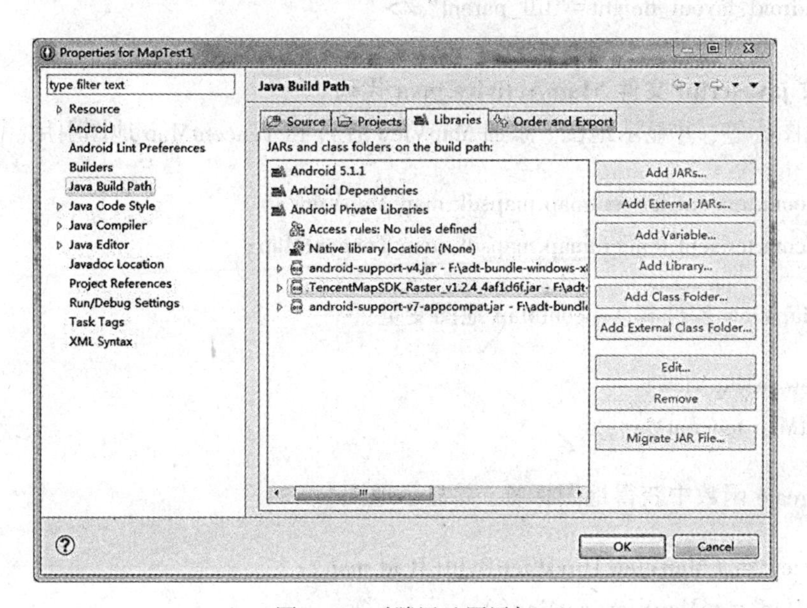

图 5.13 对腾讯地图添加

5.2.5　显示地图

1. 编辑 AndroidManifest.xml 文件

在 application 节点里，添加名称为 TencentMapSDK 的元数据 meta，如下所示：

```
<meta-data
    android:name="TencentMapSDK"
    android:value="OYNBZ-2AB3X-AH24T-T6AOQ-5RCVS-XHFPQ"/>
```

因地图 SDK 需要使用网络、访问硬件存储等系统权限，在 AndroidManifest.xml 文件里，添加如下权限：

```
<uses-permission android:name="android.permission.INTERNET"/>
<uses-permission android:name="android.permission.ACCESS_NETWORK_STATE"/>
<uses-permission android:name="android.permission.ACCESS_WIFI_STATE"/>
<uses-permission android:name="android.permission.WRITE_EXTERNAL_STORAGE"/>
<uses-permission android:name="android.permission.READ_PHONE_STATE"/>
```

2. 修改布局文件 activity_main.xml

添加地图标签 MapView，如下所示：

```
<com.tencent.tencentmap.mapsdk.map.MapView
    android:id="@+id/map"
    android:layout_width="fill_parent"
    android:layout_height="fill_parent" />
```

3. 修改 javascript 文件 MainActivity.java 代码

获取地图标签，并显示地图。添加 MapView 控件和 TencentMap 地图引用。

```
import com.tencent.tencentmap.mapsdk.map.MapView;
import com.tencent.tencentmap.mapsdk.map.TencentMap;
```

申明 MapView 控件和 TencentMap 地图变量。

```
MapView mMapView;
TencentMap tencentMap;
```

在 onCreate 函数中获得地图标签，并显示地图。

```
mMapView = (MapView)findViewById(R.id.map);
tencentMap = mMapView.getMap();
```

执行以上步骤后，运行程序，得到如图 5.14 所示运行效果。

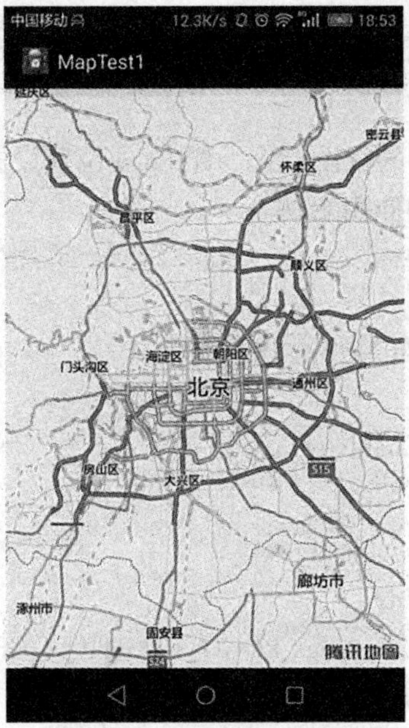

图 5.14 地图显示效果

若运行成功，则表示创建腾讯地图工程成功，可进行下一步操作，即设置地图显示的控件和内容等。

5.3 腾讯地图基本功能开发

5.3.1 地图设置与地图部件

腾讯地图的设置是通过 TencentMap 类进行的，可以控制地图的底图类型、显示范围、缩放级别、添加/删除 marker 和图形，此外对于地图的各种回调监听也是绑定到 TencentMap。下面是 TencentMap 类的使用示例：

```
//获得 MapView 地图控件对象
MapView mMapView = (MapView)findViewById(R.id.map);

//获得 TencentMap 地图对象
TencentMap tencentMap = mMapView.getMap();
//设置卫星底图
tencentMap.setSatelliteEnabled(true);
//设置实时路况开启
tencentMap.setTrafficEnabled(true);
```

```
//设置地图中心点
tencentMap.setCenter(new LatLng(30.526104,114.360315));
//设置缩放级别
tencentMap.setZoom(11);
```

UiSettings 类用于设置地图的视图状态，如 Logo 位置设置、比例尺位置设置、地图手势开关等。下面是 UiSettings 类的使用示例：

```
//获取 UiSettings 实例
UiSettings uiSettings = mMapView.getUiSettings();
//设置启动滑动手势
uiSettings.setScrollGesturesEnabled(false);
//设置启动缩放手势
uiSettings.setZoomGesturesEnabled(true);
//设置 Logo 到屏幕底部中心
uiSettings.setLogoPosition(UiSettings.LOGO_POSITION_CENTER_BOTTOM);
//设置比例尺到屏幕右下角
uiSettings.setScaleControlsEnabled(true);
uiSettings.setScaleViewPosition(UiSettings.SCALEVIEW_POSITION_RIGHT_BOTTOM);
```

本节实现了名为 MapControlActivity 的 Activity，演示了如何使用 TencentMap 设置地图显示数据范围和数据类别等，使用 UiSettings 设置显示已有的地图小部件，程序运行效果如图 5.15 所示。

图 5.15　地图显示范围设置

5.3.2 地图定位

1. 为项目配置定位 SDK

将文件 TencentLocationSDK_v4.8.8.3.jar 拷贝到目录\MapTest1\libs 下。将\TencentLocationSDK_v4.8.8\libtencentloc 目录下所有包含 libtencentloc.so 文件的文件夹拷贝到目录\MapTest1\libs 下。完成后，\MapTest1\libs 目录如图 5.16 所示。

名称	修改日期	类型	大小
arm64-v8a	2016/8/25 21:19	文件夹	
armeabi	2016/8/25 21:19	文件夹	
armeabi-v7a	2016/8/25 21:19	文件夹	
x86	2016/8/25 21:19	文件夹	
x86_64	2016/8/25 21:19	文件夹	
android-support-v4.jar	2016/8/25 17:32	Executable Jar File	741 KB
TencentLocationSDK_v4.8.8.3.jar	2016/7/29 10:24	Executable Jar File	214 KB
TencentMapSDK_Raster_v1.2.4_4af1d6f.jar	2016/8/12 21:40	Executable Jar File	207 KB

图 5.16 添加定位 SDK

如地图 SDK 配置一节中所述，通过查看 Private Libraries 和 Path 检查 jar 文件是否加载成功。

2. 添加用户权限

在原有权限的基础上添加获取 GPS 位置和网络位置的权限。

```
<!--通过 GPS 得到精确位置 -->
<uses-permission android:name="android.permission.ACCESS_FINE_LOCATION" />
<!--通过网络得到粗略位置 -->
<uses-permission android:name="android.permission.ACCESS_COARSE_LOCATION" />
```

3. 修改 Activity 实现定位

TencentLocationListener 接口代表位置监听器，APP 通过位置监听器接收定位 SDK 的位置变化通知。创建位置监听器非常简单，只需实现 TencentLocationListener 接口即可，如下所示：

```
public class MapLocationActivity extends Activity implements TencentLocationListener {
    @Override
    public void onLocationChanged(TencentLocation location, int error, String reason) {
        // do your work
    }

    @Override
    public void onStatusUpdate(String name, int status, String desc) {
```

```
        // do your work
    }
}
```

位置监听器的回调方法分为两类，一类是位置更新时的回调，一类是 GPS 和 Wi-Fi 的状态变化时回调。其中，位置回调接口如下：

public voidonLocationChanged(TencentLocation location, int error, String reason)

参数 location 为新的位置，error 为错误码，reason 为错误描述。

状态回调接口如下：

public void onStatusUpdate(String name, int status, String desc)

参数 name 为 GPS、Wi-Fi 等，status 为新的状态(启用或禁用)，desc 为状态描述。

TencentLocationRequest 类代表定位请求，app 通过向定位 SDK 发送定位请求来启动定位。通常只需获取 TencentLocationRequest 实例即可，如下所示：

```
TencentLocationRequest request = TencentLocationRequest.create();
request.setInterval(5000);
```

TencentLocationManager 类代表腾讯定位服务，注册位置监听器前需要获取 TencentLocationManager 实例，如下所示：

```
TencentLocationManager locationManager = TencentLocationManager.getInstance(this);
locationManager.requestLocationUpdates(request, this);
```

通过位置监听器的位置回调接口获取定位结果。使用定位结果前应当先检查错误码：

```
@ Override
public void onLocationChanged(TencentLocation location, int error, String reason) {
    if (TencentLocation.ERROR_OK == error) {
        //定位成功
    } else {
        //定位失败
    }
}
```

本节实现了名为 MapLocationActivity 的 Activity，演示了如何使用定位 SDK 完成地图定位显示，程序运行效果如图 5.17 所示。

5.3.3　地图图层和地图事件

1. 图形绘制

用户可以在地图上画出圆形、矩形、线段等几何图形标注关注的区域。用户也可以修改这些几何图形的颜色、边界、透明度等属性，绘制出合适的标注。如下代码可向地图添加多边形层，使用 PolygonOptions 设置多边形的各参数，然后通过 TencentMap 的 addPolygon 方法添加多边形，并获得多边形对象的引用。

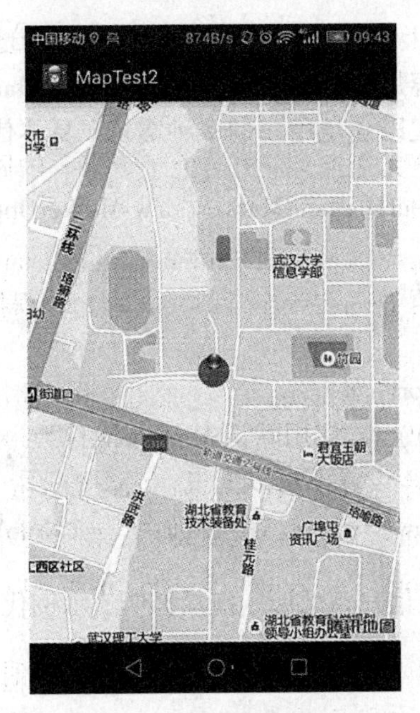

图 5.17　地图定位效果

```
PolygonOptions polygonOp =new PolygonOptions();
polygonOp.fillColor(0x55000077);
polygonOp.strokeWidth(4);
// 武汉大学本部范围
polygonOp.add(new LatLng(30.529576,114.369555));
polygonOp.add(new LatLng(30.530316,114.365092));
polygonOp.add(new LatLng(30.531794,114.359856));
polygonOp.add(new LatLng(30.534086,114.356423));
polygonOp.add(new LatLng(30.536008,114.356423));
polygonOp.add(new LatLng(30.539409,114.354106));
polygonOp.add(new LatLng(30.545914,114.353762));
polygonOp.add(new LatLng(30.545470,114.365435));
polygonOp.add(new LatLng(30.542144,114.373160));
polygonOp.add(new LatLng(30.538522,114.374447));
polygonOp.add(new LatLng(30.535343,114.377366));
polygonOp.add(new LatLng(30.533199,114.374362));
polygonOp.add(new LatLng(30.531726,114.370332));
polygonOp.add(new LatLng(30.529576,114.369555));
polygon = tencentMap.addPolygon(polygonOp);
```

2. 标记 Marker

标记 Marker 指的是地图上由图标和信息窗标识的单个地点，不同的标记可以根据图标和改变信息窗的样式和内容加以区分。用户也可以使用 Marker 进行标注，Marker 提供了更丰富的属性和图标添加方式以满足用户的多种需求。具体代码如下所示：

```
Marker markerWhu =tencentMap.addMarker(new MarkerOptions()
        .position(jiedaokou)
        .title("街道口地铁站")
        .anchor(0.5f, 1.0f)
        .icon(BitmapDescriptorFactory
            .defaultMarker()) // 使用默认 Marker 图标
        .draggable(false));// 设置不可以拖曳
markerWhu.showInfoWindow();// 设置默认显示一个 InfoWindow
```

标记支持点击监听、点击信息窗监听、拖动监听，示例代码如下：

```
//Marker 点击事件
tencentMap.setOnMarkerClickListener(new OnMarkerClickListener() {
    @Override
    public boolean onMarkerClick(Marker arg0) {
        return false;
    }
});

//InfoWindow 点击事件
tencentMap.setOnInfoWindowClickListener(new OnInfoWindowClickListener() {
    @Override
    public void onInfoWindowClick(Marker arg0) {
    }
});

//marker 拖曳事件
tencentMap.setOnMarkerDraggedListener(new OnMarkerDraggedListener() {
    //拖曳开始时调用
    @Override
    public void onMarkerDragStart(Marker arg0) {
    }
    //拖曳结束后调用
    @Override
    public void onMarkerDragEnd(Marker arg0) {
```

```
        }
        //拖曳时调用
        @ Override
        public void onMarkerDrag( Marker arg0) {
        }
    });
```

下面结合标记的拖动监听事件和几何图形的包含运算，给出一个判断标记点是否进入或离开特定区域的实例，核心代码如下：

```
    //拖曳时调用
    @ Override
    public void onMarkerDrag( Marker arg0) {
        //polygon
        if( polygon! =null && polygon.contains( arg0.getPosition( ) ) ) {
            if( isInPolygon == false) {
                Toast.makeText( MapLayerActivity.this, "您进入了多边形",
                        Toast.LENGTH_SHORT).show( );
            }
            isInPolygon = true;
        }
        else{
            if( isInPolygon == true) {
                Toast.makeText( MapLayerActivity.this, "您离开了多边形",
                        Toast.LENGTH_SHORT).show( );
            }
            isInPolygon = false;
        }
    }
```

3. 地图事件

腾讯地图提供了丰富的回调事件，表 5.1 列出了腾讯地图 2D SDK 支持的回调。

表 5.1　　　　腾讯地图回调汇总表

地图视图改变回调	TencentMap.OnCameraChangeListener
地图指南针点击回调	TencentMap.OnCompassClickedListener
地图点击回调	TencentMap.OnMapClickListener
地图加载完成回调	TencentMap.OnMapLoadedCallback

续表

地图长按回调	TencentMap.OnMapLongClickListener
定位按钮点击回调	TencentMap.OnMyLocationButtonClickListener
用户位置改变回调	TencentMap.OnMyLocationChangeListener

本节实现了名为 MapLayerActivity 的 Activity，演示了几何图层的添加、Marker 标记的添加和对应事件响应，并监听了地图加载完成和地图视图变化事件，程序运行效果如图 5.18所示。

图 5.18　图形添加示意图

5.4　腾讯地图服务

腾讯地图的检索服务作为一个独立的 SDK 对外发布，用于访问腾讯地图提供的 POI 检索、行政区划检索、路线规划等地理信息检索服务。首先为项目配置检索 SDK，将文件 TencentSearch1.1.3.jar 拷贝到目录 \MapTest1\libs 下。如地图 SDK 配置一节中所述，检查 jar 文件是否加载成功。

当前提供的检索服务有：地址解析(Address2Geo)、逆地理编码(Geo2Address)、坐标转换(Translate)、行政区划(DistrictChildren)、关键字提示(Suggestion)、街景场景信息查询(StreetView)、POI 检索(Search)、驾车路线规划(Driving)、公交换乘方案规划(Transit)、步行方案规划(Walking)等。

5.4.1 检索服务调用流程

检索服务 SDK 的调用流程主要分以下几步。

1. 创建检索服务实例

所有的检索服务都需要检索服务实例提供相应的调用方法：

```
TencentSearch tencentSearch = new TencentSearch(this);
```

2. 创建检索服务参数实例

不同的检索服务参数对应不同的检索服务功能，Param 接口提供了排序方式、返回条目数、返回页码，具体用法见文档，同时也可以参考官网的 Webservice 对应接口的说明。下面以地址解析参数的设置为例：

```
Address2GeoParam param = new Address2GeoParam().
    address("北京市海淀区彩和坊路海淀西大街 74 号").
    region("北京");
```

3. 调用检索服务

检索结果最终由 HttpResponseListener 提供的回调函数返回，下面依然以地址解析为例：

```
tencentSearch.search(param, new HttpResponseListener() {

    //如果成功，会调用这个方法，用户需要在这里获取检索结果，调用自己的业务
    //逻辑
    @Override
    public void onSuccess(int statusCode, Header[] headers,BaseObject object) {
        if(object != null){
            //这里的 object 是所有检索结果的父类
            //用户需要将其转换为其实际类型以获取检索内容
            Address2GeoResultObject oj =(Address2GeoResultObject)object;
            String result = "地址转坐标：地址:"+ address+
                "    region:"+region + "\n\n";
            if(oj.result != null){
                Log.v("demo","location:" +oj.result.location.toString());
                result += oj.result.location.toString();
            }
            printResult(result);
        }
    }

    //如果失败，会调用这个方法，可以在这里进行错误处理
    @Override
```

```
        public void onFailure(int statusCode, Header[] headers,String responseString,
                Throwable throwable) {
                printResult(responseString);
        }
});
```

5.4.2　POI 检索服务

POI 搜索主要提供城市内关键字搜索、周边(圆形范围)搜索、矩形框搜索，并且可以把搜索结果在 MapView 上标注。

1. 城市关键字检索

可以通过设置城市名称和搜索关键字，进行城市内搜索。例如，在武汉市内搜索银行，代码如下所示：

```
Region r = new Region().poi("武汉");
SearchParam param = new SearchParam().keyword("银行").boundary(r);
```

2. 周边(圆形范围)搜索

周边搜索，即圆形搜索，是在一个圆形范围内，根据设定的半径进行关键字搜索。比如，在坐标点(30.917237,112.39757)1000 米范围内搜索银行，示例代码如下所示：

```
Location location = new Location().lat(30.917237).lng(112.39757);
Nearby nearBy = new Nearby().point(location);
nearBy.r = 1000f;
SearchParam object = new SearchParam().keyword("银行").boundary(nearBy);
```

3. 矩形范围搜索

矩形范围搜索是在一个矩形范围内，根据设定的坐标点进行关键字搜索。比如，在坐标点(39.923462,116.389418)和(39.912995,116.403837)之间搜索银行。下面示例代码以当前可视范围作为边界进行查询：

```
//获得当前可视范围地理坐标
int b = mMapView.getBottom();
int t = mMapView.getTop();
int r = mMapView.getRight();
int l = mMapView.getLeft();

LatLng ne =mMapView.getProjection().fromScreenLocation(new Point(r,t));
LatLng sw =mMapView.getProjection().fromScreenLocation(new Point(l,b));
Location locationne = new Location().lat((float) ne.getLatitude()).lng((float) ne.
```

```
        getLongitude());
    Location locationsw = new Location().lat((float) sw.getLatitude()).lng((float) sw.
        getLongitude());
    Rectangle rectangle =new Rectangle().point(locationsw, locationne);
    SearchParam searchParam =new SearchParam().keyword(keyWord).
        boundary(rectangle).orderby(true);
```

再将这个查询结果显示在地图上：

```
for(SearchResultData data : obj.data){
    if(count<10){
        markers[count] = tencentMap.addMarker(new MarkerOptions()
            .position(new LatLng(data.location.lat,data.location.lng))
            .title(data.title)
            .anchor(0.5f, 1.0f)
            .icon(BitmapDescriptorFactory.defaultMarker())
            .draggable(false));
    }
    count++;
}
```

本节实现了名为 POISearchActivity 的 Activity，演示了如何使用检索 SDK 完成 POI 检索和显示，程序运行效果如图 5.19 所示。

图 5.19 POI 搜索示例

5.4.3 路径查询服务

检索服务包还提供了路线规划服务，包括步行、驾车和公交换乘方案的规划。

1. 步行方案规划服务

步行方案规划使用 WalkingParam 设置步行检索参数，查询输入参数为起点和终点，代码如下所示：

```
TencentSearch tencentSearch = new TencentSearch(this);
WalkingParam walkingParam = new WalkingParam();
walkingParam.from(locations[0]);
walkingParam.to(locations[1]);
```

调用 TencentSearch. getDirection (RoutePlanningParam param, HttpResponseListener listener) 方法，在 HttpResponseListener. onSuccess (int statusCode, Header[] headers, BaseObject object) 回调中获取查询结果：

```
public void onSuccess(int arg0, Header[] arg1, BaseObject arg2) {
    if (arg2 == null) {
        return;
    }
    WalkingResultObject obj = (WalkingResultObject)arg2;
}
```

返回结果中的 routes 字段是一个 List，表明结果可能有多条路线，其元素类型为 WalkingResultObject.Route，包含了这条路线的方向、距离、所需时间、路线点串(用于在地图画出路线)，以及分段的路线计划 steps，提供了用于导航的信息。

2. 驾车路线规划服务

驾车线路规划使用 DrivingParam 设置驾车检索参数，支持设置搜索策略，如快捷、距离短、不走高速等，支持途径点设置，示例代码如下所示：

```
TencentSearch tencentSearch = new TencentSearch(this);
DrivingParam drivingParam = new DrivingParam();
drivingParam.from(locations[0]);
drivingParam.to(locations[1]);
//策略
drivingParam.policy(DrivingPolicy.LEAST_DISTANCE);
//途经点
drivingParam.addWayPoint(new Location(39.898938f, 116.348648f));
tencentSearch.getDirection(drivingParam, directionResponseListener);
```

调用 TencentSearch. getDirection (RoutePlanningParam param, HttpResponseListener listener) 方法，在 HttpResponseListener. onSuccess (int statusCode, Header [ ] headers, BaseObject object) 回调中获取查询结果：

```
public void onSuccess(int arg0, Header[] arg1, BaseObject arg2) {
    //TODO Auto-generated method stub
    if (arg2 == null) {
        return;
    }
    DrivingResultObject obj = (DrivingResultObject)arg2;
}
```

驾车规划的返回数据中除了增加了途径点，其他数据结构与步行的是一致的，可以完全参考对步行的分析。

3. 公交换乘方案规划服务

可以使用 RouteSearch 进行公交换乘方案查询，可以设置搜索策略，如快捷、少换乘、少步行，查询输入参数为城市、起点、终点，代码如下所示：

```
TencentSearch tencentSearch = new TencentSearch(this);
TransitParam transitParam = new TransitParam();
transitParam.from(locations[0]);
transitParam.to(locations[1]);
//策略
transitParam.policy(TransitPolicy.LEAST_TIME);
tencentSearch.getDirection(transitParam, directionResponseListener);
```

调用 TencentSearch. getDirection (RoutePlanningParam param, HttpResponseListener listener) 方法，在 HttpResponseListener. onSuccess (int statusCode, Header [ ] headers, BaseObject object) 回调中获取查询结果：

```
public void onSuccess(int arg0, Header[] arg1, BaseObject arg2) {
    if (arg2 == null) {
        return;
    }
    TransitResultObject obj = (TransitResultObject)arg2;
}
```

返回结果中的 routes 字段是以 TransitResultObject.Route 为模板的 List 列表，包含换乘的多种方案。这个类包含每种方案在地图上的范围——bounds；每种方案的距离和预计用时；以及每种方案的具体换乘信息——steps。steps 字段是以 TransitResultObject.Segment 为模板的 List 列表，TransitResultObject. Segment 类是 TransitResultObject. Walking 和

TransitResultObject.Transit 两个类的父类。因为具体的换乘信息可能包含步行路段和乘车路段，这样才能获取完整的换乘信息，所以在解析 steps 字段时，需要判断每个元素的具体类型，才能进行正确的解析。

本节实现了名为 RouteSearchActivity 的 Activity，演示了如何使用检索 SDK 完成路径检索和查询，通过拖曳 Marker 移动位置，点击 Marker 选择起点或终点，点击步行图标执行路径查询，程序运行效果如图 5.20 所示。

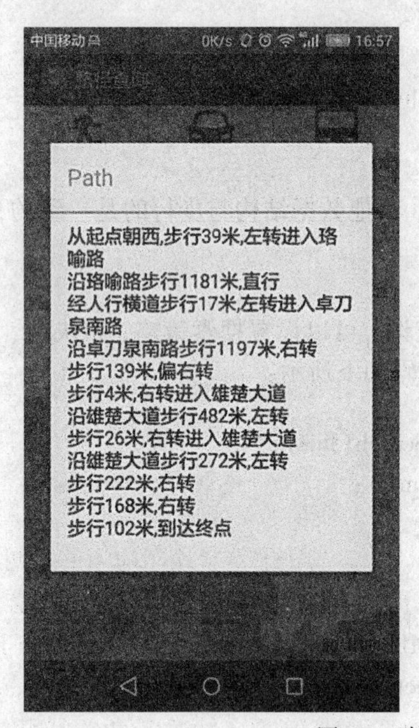

图 5.20 路径查询效果图

第六章　用开源 LeafLet 开发网络 GIS 服务

6.1　开源 LeafLet 概述

6.1.1　开源 LeafLet 及其特点

LeafLet 是一个为建设移动设备友好的互动地图而开发的现代的、开源的 JavaScript 库，是一个小型化的地图框架，通过小型化和轻量化来满足移动网页的需要。它是由 Vladimir Agafonkin 带领的一个专业贡献者 CloudMade 团队开发的，在 2011 年开始发布供大家下载使用，虽然代码仅有 33KB，但它具有开发人员开发在线地图的大部分功能。

LeafLet 设计坚持简便、高性能和可用性好的思想，在桌面和大部分移动平台能高效运作，在现代浏览器上具有利用 HTML5 和 CSS3 的优势，同时也支持旧的浏览器访问。支持插件扩展，有一个友好、易于使用的 API 文档和一个简单的、可读的源代码。

LeafLet 这一开源平台，有强大的社区支持，是在网站中整合地图应用的理想选择。由于其代码量小、没有外部依赖的纯净的 JS 运行环境，且功能可以满足一般项目需求，如今有很多公司或项目都是基于 LeafLet 平台来做开发研究的，例如，Esri 公司基于 LeafLet 平台做了一个 Esri-LeafLet 插件，使 ArcGIS Services 使用更广泛。CartoDB、GIS Cloud、OSM、Meetup、WSJ、Mapbox 等多种软件中因 LeafLet 简单、美观、易于开发的特性而引入了 LeafLet 开源平台，从而在完善自身软件功能的同时也丰富了 LeafLet 的插件。由于 LeafLet 具有操作简单、性能优越、可用性极强，支持桌面和移动平台使用，支持 HTML5 和 CSS3，支持 API 接入，帮助设计师提高开发工作效率等特点，使其备受开发者的青睐。

目前版本的 LeafLet 支持的地图来源包括了 GoogleMap、百度地图和天地图等，也可以用简单的图片作为地图源。LeafLet 支持非常多的数据格式，有 ShapeFile、GeoJSON、JSON 等，这一方面 LeafLet 提供了非常多的选择。LeafLet 支持在 Chrome、Firefox、IE 7～11、Safari 5+等桌面端浏览器，以及 Android 2.2+、Safari for IOS 等移动端浏览器上浏览。

开源 LeafLet 平台特点：

（1）在交互方面，除了基本的漫游、图层的点击交互以及标记的拖曳外，在桌面端还支持滚轮的缩放、键盘漫游等功能，在移动端还支持多点放大和双击放大功能。

（2）在视觉浏览方面，主要特点是在设备中可以流畅和生动显示图层、标记，对所有要素可以良好地缩放、漫游。

（3）在定制方面，纯粹的 CSS3 设计控件的样式；简单的接口来设计普通地图图层和地图控件；强大的 OPP 特点支持扩展的类库。

(4) 在性能方面，在 IOS 平台下提高硬件效率，使其流畅运行得像原生 App 一样；充分利用 CSS3，使得漫游和缩放十分流畅；通过强大的裁剪和简化技术使得点、线、面迅速显示；系统合理的模块设计使得其可以剔除不需要的要素；在移动设备上的点击延迟时间短暂。

6.1.2　开源 LeafLet 体系结构

LeafLet 是一个用于开发 WebGIS 客户端的开源 JavaScript 包。LeafLet 的开源方式让精通 JavaScript 的开发人员可以自由添加自己的功能，同时其轻量级保证了在商业平台上的应用不受限制。LeafLet 实现访问地理空间数据的方法都符合行业标准，比如 OpenGIS 的 WMS(Web Map Service)规范。

LeafLet 通过访问数据源，获取数据信息，通过发布地图服务器对地理要素进行渲染或通过 LeafLet 的子类对相应要素进行渲染，并将不同的地理要素显示在定义的不同地图图层上。其结构图如图 6.1 所示，LeafLet 中 Map 类是网页中的动态地图，它相当于一个容器，可向里面添加图层 Layer 和控件 Control。除此之外，还有绑定在 Map 和 Layer 上的一系列的待请求事件。LeafLet 通过 Ajax 等技术来处理控件、注记，以及 Layers 的响应事件。Layer 类是支持各种数据格式的图层。Control 类提供各种各样的控件或自定义控件，可在浏览器中实现基本的地图浏览和地图数据的查询、编辑等功能。

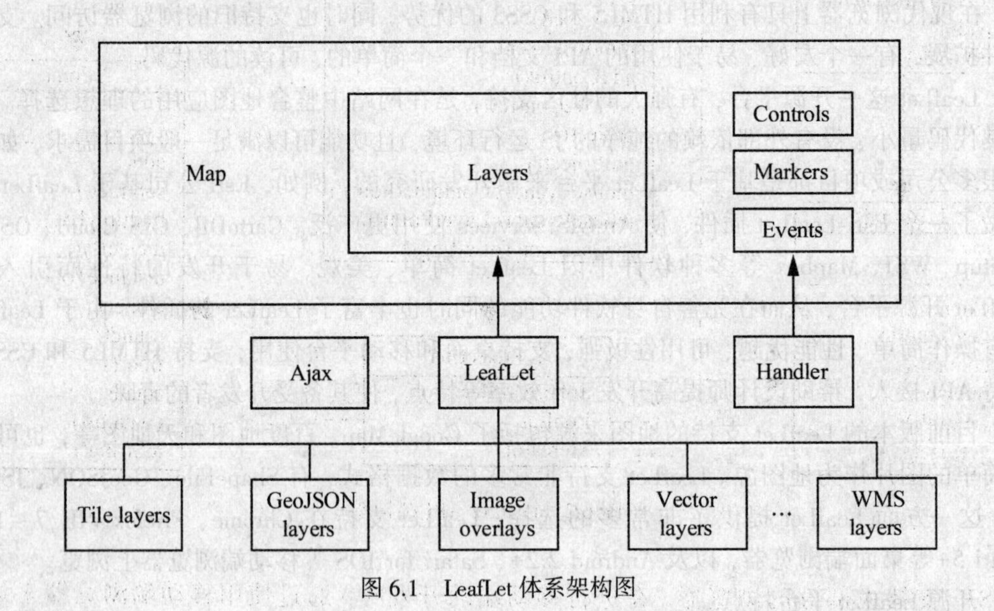

图 6.1　LeafLet 体系架构图

在 LeafLet 开源平台中，API 各种类中的核心部分是用来在页面中创建地图并操纵地图。其主要 API 结构如图 6.2 所示。

6.1.3　开源 LeafLet 开发环境

在基于 LeafLet 开源平台做开发时，使用的是 JavaScript 语言，LeafLet 支持 HTML5 和

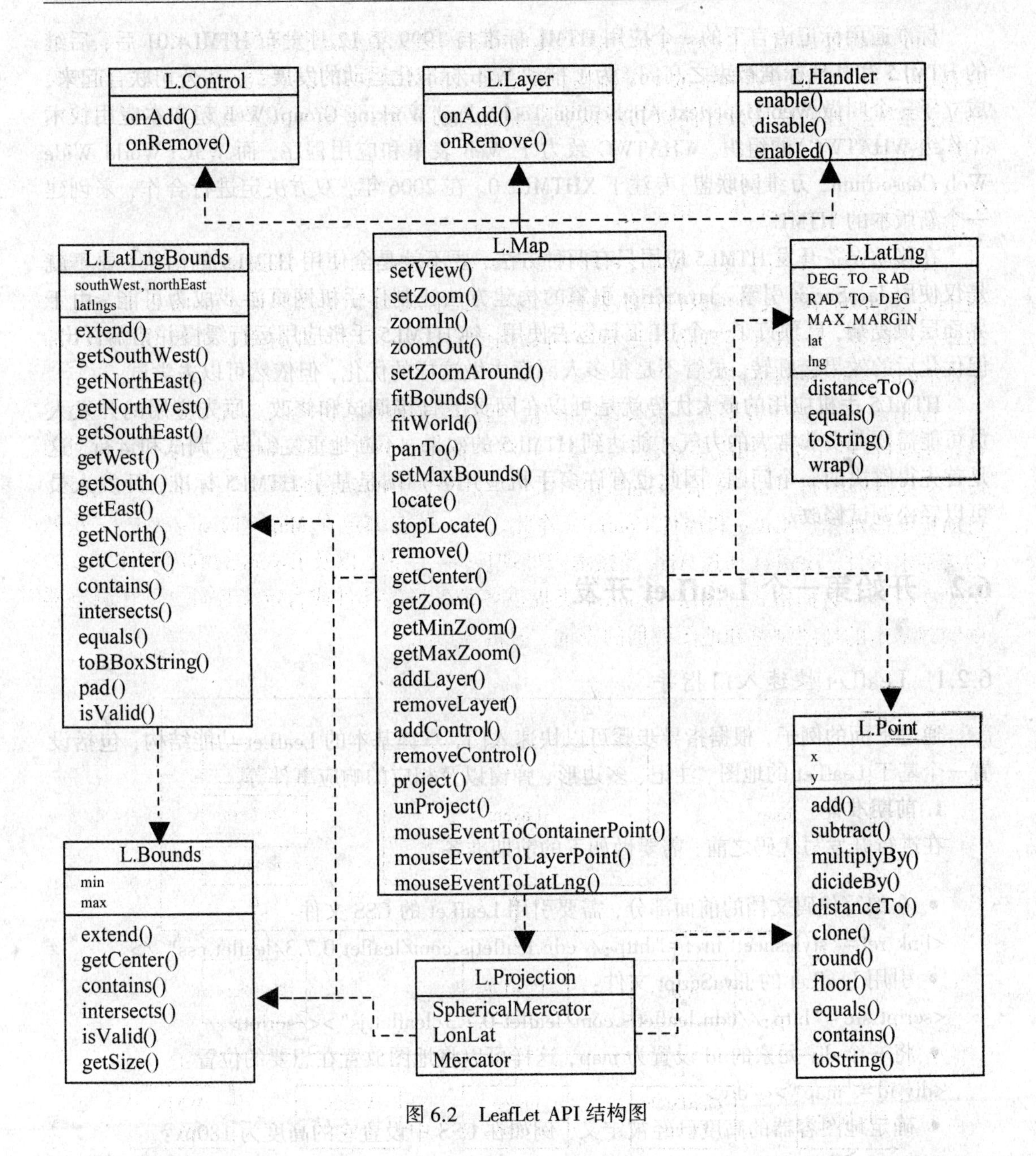

图 6.2　LeafLet API 结构图

CSS3，支持大部分的浏览器。在进行移动端的开发时，通过使用移动端浏览器来运行 HTML，从而实现基于 LeafLet 的跨平台客户端的研究。在使用 HTML 时，最常用的还有 JQuery，通过 JQuery 来提高运行访问速度。

HTML5 草案的前身名为 Web Applications 1.0，于 2004 年被 WHATWG 提出，于 2007 年被 W3C 接纳，并成立了新的 HTML 工作团队。HTML5 的第一份正式草案已于 2008 年 1 月 22 日公布。HTML5 仍处于完善之中。然而，大部分现代浏览器已经具备了某些 HTML5 支持。

标准通用标记语言下的一个应用 HTML 标准自 1999 年 12 月发布 HTML4.01 后，后继的 HTML5 和其他标准被束之高阁，为了推动 Web 标准化运动的发展，一些公司联合起来，成立了一个叫做 Web Hypertext Application Technology Working Group（Web 超文本应用技术工作组 WHATWG）的组织。WHATWG 致力于 Web 表单和应用程序，而 W3C（World Wide Web Consortium，万维网联盟）专注于 XHTML2.0。在 2006 年，双方决定进行合作，来创建一个新版本的 HTML。

在移动设备开发 HTML5 应用只有两种方法，要不就是全使用 HTML5 的语法，要不就是仅使用 JavaScript 引擎。JavaScript 引擎的构建方法让制作手机网页游戏成为可能。由于界面层很复杂，已预订了一个 UI 工具包去使用。纯 HTML5 手机应用运行缓慢并错漏百出，但优化后的效果会好转。尽管不是很多人愿意去做这样的优化，但依然可以去尝试。

HTML5 手机应用的最大优势就是可以在网页上直接调试和修改。原先应用的开发人员可能需要花费非常大的力气才能达到 HTML5 的效果，不断地重复编码、调试和运行，这是首先得解决的一个问题。因此也有许多手机应用客户端是基于 HTML5 标准，开发人员可以轻松调试修改。

6.2　开始第一个 LeafLet 开发

6.2.1　LeafLet 快速入门指导

通过下面的例子，根据指导步骤可以快速入门，掌握基本的 LeafLet 功能结构，包括设置一个基于 LeafLet 的地图、注记、多边形、弹窗以及相应的响应事件等。

1. 前期准备

在进行开发写代码之前，需要做如下的前期准备：

- 在编写代码文档的前面部分，需要引用 LeafLet 的 CSS 文件：

```
<link rel="stylesheet" href="http://cdn.leafletjs.com/leaflet 0.7.3/leaflet.css" />
```

- 引用 LeafLet 的 JavaScript 文件：

```
<script src="http://cdn.leafletjs.com/leaflet-0.7.3/leaflet.js"></script>
```

- 将一个 div 元素的 id 设置为 map，这样可以将地图放置在想要的位置：

```
<div id="map"></div>
```

- 确定地图容器的高度已经被定义，例如在 CSS 中设置它的高度为 180px：

```
#map{ height:180px;}
```

以上的步骤已经对地图容器初始化了，可以开始编写代码，做一些想实现的地图功能。

2. 设置地图

下面，我们创建一个基于 Mapbox 提供的以伦敦为中心的街道切片地图。首先，初始化地图，并通过选择地理坐标和缩放级别来设置地图视图。Map 容器的具体结构如表 6.1 所示。

表 6.1 **Map 结构**

结 构	使 用	描 述
L. map (<HTMLElement | String> id, <Map options>options?)	new L.map(…)	通过 div 元素和带有地图选项的描述的文字对象来实例化一个地图对象，其中文字对象是可选的

示例代码如下：

```
var map = L.map('map').setView([51.505, -0.09], 13);
```

L.map('map')就是捕获一个<div id="map"></div>，把它当做一个地图观察器，将地图数据赋予上面。setView 设置地图中心点的经纬度和比例尺，作为用户的视图区域。当没有通过任何选项来创建地图实例时，地图上的所有鼠标操作和交互操作均是默认值，都可以使用，并且在初始情况下提供了缩放控件和属性控件。

接下来，我们将添加一个切片图层到地图，在这种情况下，这是一个基于 Mapbox 的街道切片图层，创建一个切片图层通常涉及对影像设置的 URL 模板（在 Mapbox 中获取设置的 URL 参数）、图层的属性文本和最大缩放级别。

tileLayer 的具体结构如表 6.2 所示。

表 6.2 **tileLayer 结构**

结 构	描 述
L.tileLayer(<String> urlTemplate, <TileLayer options> options?)	通过将 URL 模板和带有可选选项的对象来实例化切片图层

LeafLet 开源平台提供了基于切片技术的静态地图服务技术，其使用的 URL 格式如下：

```
http://{s}.somedomain.com/blabla/{z}/{x}/{y}.png
```

{s}代表一个可以使用的子域（用于连续地帮助浏览器并行请求每个区域的限制范围；子域的值在选项中被指定；可以设置为 a、b、c、默认值或者省略），也称为分布式服务器快速选取，一般都是 1~4，天地图做到了 1~8。{z} 表示放大级别，{x} 和 {y} 表示切片坐标。最后，tileLayer 图层要通过 addTo(map)加载在地图观察器上。

具体的代码示例如下所示：

```
L.tileLayer('http://{s}.tiles.mapbox.com/v3/MapID/{z}/{x}/{y}.png', {
    attribution:'Map data &copy; ',
    maxZoom:18
}).addTo(map);
```

确保所有的代码是在 div 元素和 LeafLet.js 引用后面，这样就创建了一幅基于 LeafLet 的地图。目前已经可以适用国内公司的一些瓦片接口，包括高德、天地图、智图、谷歌等地图，具体代码查看第六章 6.2.1 节代码，感兴趣的读者可以去 GitHub 了解 LeafLet.ChineseTmsProviders 详情。

值得一提的是，LeafLet 与供应商无关，这意味着它不强制选择特定的切片地图供应商，可以选择如 GeoServer 或 MapBox 等供应商的切片地图，它甚至不包含为一个特定的供应商编写代码，这样我们可以免费、自由地使用所需要的其他供应商提供的地图切片。官网上推荐的是 Mapbox，因为 Mapbox 的地图制作美观，可以根据自己的需求来自主设计地图的样式。同样，也可以使用 ArGIS Server 或者 GeoServer 等软件平台发布地图服务。

其效果如图 6.3 所示。

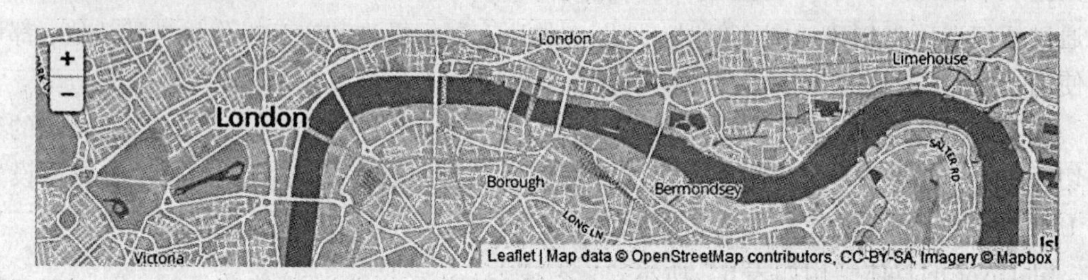

图 6.3　地图显示效果图

3. 添加注记、圆和多边形

除了切片地图以外，在地图上添加其他的内容也是十分容易的，包括注记、折线、多边形、圆和弹出窗口。

下面，我们添加一个注记，其具体代码如下：

```
var marker = L.marker([51.5, -0.09]).addTo(map);
```

其中 Marker 的具体结构如表 6.3 所示，其选项有多种，具体见表 6.4。

表 6.3　**Marker 结构**

结　构	描　述
L.marker(<LatLng> latlng, <Marker options> options?)	通过一个地理坐标点和一个可选的选项对象来实例化一个注记对象

表 6.4　**Marker 选项**

选项	类型	默认值	描　述
Icon	L.Icon		Icon 类用于渲染注记。详见 Icon 文档了解自定义注记

续表

选项	类型	默认值	描述
Clickable	Boolean	True	如果是 False，注记将不会响应鼠标事件，并且会作为底图的一部分
Draggable	Boolean	False	注记是否可以通过点击/触摸后进行拖曳
Keyboard	Boolean	True	注记是否可以通过切换到点击键盘的 Enter 键来响应
Title	String	‘’	浏览器工具的提示文本在注记上悬停
Alt	String	‘’	图标图像的文本属性
zIndexOffset	Number	0	默认情况下，注记图像的 z 坐标是基于它的纬度自动设置的。使用此选项，需要将注记放在所有注记的最上面，指定最高的值，如 1000
Opacity	Number	1.0	注记的透明度
riseOnHover	Boolean	False	如果为 True，当鼠标悬停在注记上时，该注记将会在其他注记的最上面
riseOffset	Number	250	z-索引偏移，用于 riseOnHover 要素

添加一个圆也是一样的，需要在第二个参数中指定以米为单位的半径，在创建对象时，可以将选项作为最后一个参数，这样可以设置创建对象的外观。比如设置圆的颜色、透明度等。Circle 的具体结构如表 6.5 所示，其路径选项见表 6.6。

表 6.5　**Circle 结构**

结构	描述
L.circle(<LatLng> latlng, <Number> radius, <Path options> options?)	通过一个地理坐标点、以米为单位和可选的选项对象来实例化圆对象

表 6.6　**Path 选项**

选项	类型	默认值	描述
Stroke	Boolean	True	确定是否沿着路径画，若设置为 False，则禁用多边形和圆的边界
Color	String	‘#03f’	画笔颜色
Weight	Number	5	权值
Opacity	Number	0.5	透明度
fill	Boolean	Depends	是否填充路径颜色。若设置为 False，则不能填充多边形和圆
fillColor	String	Same as color	填充颜色

续表

选项	类型	默认值	描　述
fillOpacity	Number	0.2	填充透明度
dashArray	String	Null	定义画笔的虚线图案的字符串。不能在 canvas 图层使用
lineCap	String	Null	定义画笔最后形状的字符串
lineJoin	String	Null	定义画笔在拐角处的字符串
Clickable	Boolean	True	如果为 False，矢量将无法响应鼠标事件，并且将作为底图的一部分
pointerEvents	String	Null	如果 SVG 在后端使用，则在 Path 中设置 pointerEvents 属性
className	String	‘’	在元素中设置自定义类

示例代码如下：

```
var circle = L.circle([51.508, -0.11], 500, {
    color: 'red',
    fillColor: '#f03',
    fillOpacity: 0.5
}).addTo(map);
```

添加一个多边形与圆比较类似，具体如表 6.7、表 6.8 所示。

表 6.7　**Polygon 结构**

结　构	描　述
L. polygon (< LatLng [ ] > latlngs, < Polyline options> options?)	给多边形对象所有的一串地理坐标点，并将其实例化，第二个参数是可选的选项对象。通过一串点的经纬度数组，可以创建有孔的多边形。其中第一个经纬度数组代表外环，其余的代表内部的孔

表 6.8　**Polygon 选项**

选项	类型	默认值	描　述
smoothFactor	Number	1.0	简化折线的缩放级别。意味着有更好的性能和流畅度，但更精准的表达减少
noClip	Boolean	False	禁用折线的裁剪

具体示例代码如下：

```
var polygon = L.polygon(
```

```
    [51.509, -0.08],
    [51.503, -0.06],
    [51.51, -0.047]
).addTo(map);
```

其效果如图 6.4 所示。

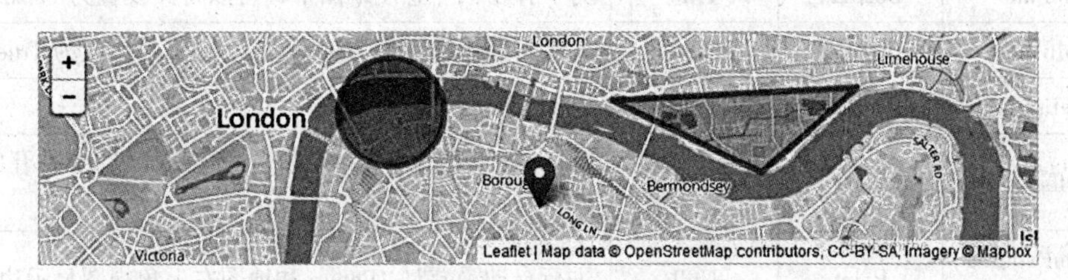

图 6.4 添加注记、圆、多边形效果图

4. 弹出窗口

当想要附加一些信息给一个在地图上的特定对象时，通常使用弹出窗口。LeafLet 有一个非常便捷的方式：

```
marker.bindPopup("<b>Hello world!</b><br>I am a popup.").openPopup();
circle.bindPopup("I am a circle.");
polygon.bindPopup("I am a polygon.");
```

尝试点击创建的注记、圆和多边形对象，该 bindPopup 方法将一个指定 HTML 内容的弹窗附加到注记上。这样，当点击对象时，就会弹出窗口，并且只用于注记的 openPopup 方法将立刻打开附加的弹出窗口。

当需要给一个对象附加更多的弹出窗口时，也可以将弹出窗口作为图层使用，Popup 结构及其选项分别如表 6.9、表 6.10 所示。

表 6.9 **Popup 结构**

结　构	描　述
L.popup(<Popup options> options?, <ILayer> source?)	给一个可选择的选项对象作为第一个参数，用于描述弹窗的外表和位置，并将其实例化。给定一个可选的资源对象作为第二个参数，用于在相关图层上弹出标签

表 6.10 **Popup 选项**

选项	类型	默认值	描　述
maxWidth	Number	300	Popup 的最大宽度

续表

选项	类型	默认值	描　述
minWidth	Number	50	Popup 的最小宽度
maxHeight	Number	Null	如果设置最大高度，当 Popup 的内容超过了容器的给定高度时，则添加一个滚动条
autoPan	Boolean	True	为了弹窗而不想使地图平移可以将其设置为 False
keepInView	Boolean	False	如果希望用户不能关闭 Popup，则将其设置为 True
closeButton	Boolean	True	Popup 的关闭按钮控件
Offset	Point	Point(0,6)	Popup 位置的偏移量。当在一些覆盖图层中打开时，可以很好地控制 Popup
autoPanPadding TopLeft	Point	Null	进行自动漫游时，Popup 和地图左上角视图显示边界
autoPanPadding BottomRight	Point	Null	进行自动漫游时，Popup 和地图右下角视图显示边界
autoPanPadding	Point	Point(5,5)	相当于在左上角和右下角自动漫游填充相同值
zoomAinmation	Boolean	True	是否在缩放的时候祖护。如果你的 Flash 内容在 Popup 中有问题，则禁用它
closeOnClick	Boolean	Null	当用户点击地图时，要想覆盖默认的 Popup 关闭行为，就设置其为 False
className	String	‘ ’	给 Popup 自定义类名

具体示例代码如下：

```
var popup = L.popup()
    .setLatLng([51.5, -0.09])
    .setContent("I am a standalone popup.")
    .openOn(map);
```

我们这里使用的是 openOn 方法而不是 addTo 方法，因为当打开一个新的或具有很好的可用性的窗口时，addTo 方法会自动关闭先前已经打开的弹出窗口。

具体效果如图 6.5 所示。

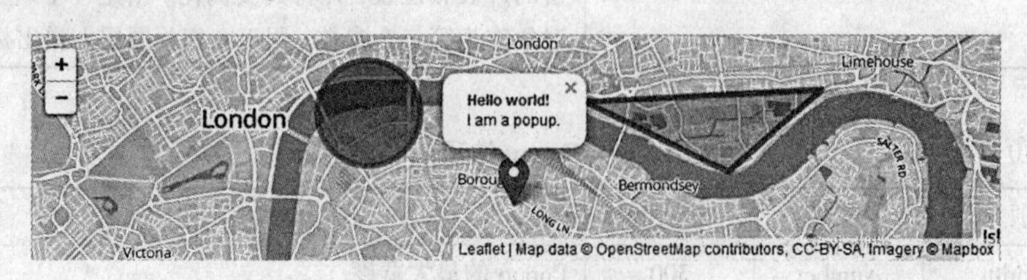

图 6.5　弹窗效果图

5. 处理事件

每次发生在 LeafLet 中的事件，例如点击一个注记或地图的缩放变化，可以给相应的对象响应事件定制一个函数。这样就可以进行用户交互：

```
function onMapClick(e) {
    alert("You clicked the map at " + e.latlng);
}
map.on('click', onMapClick);
```

每个对象都有自己的事件集，可以详细参考官方文档。侦听器函数的第一个参数是事件对象——它包含所发生事件的有用信息。例如，地图点击事件对象有经纬度属性，这样我们可以知道点击事件发生的位置信息。

我们也可以使用一个弹窗代替警告弹窗，从而优化我们的例子，具体代码如下：

```
function onMapClick(e) {
    popup
    .setLatLng(e.latlng)
    .setContent("You clicked the map at " + e.latlng.toString())
    .openOn(map);
}
map.on('click', onMapClick);
```

尝试点击地图，可以看见坐标信息在弹窗中。至此，就基本掌握了 LeafLet 基本知识，并且可以开始建立地图 APP。了解详细的 LeafLet API 和更多的例子可以到官网去查看。

具体的效果图如图 6.6 所示。

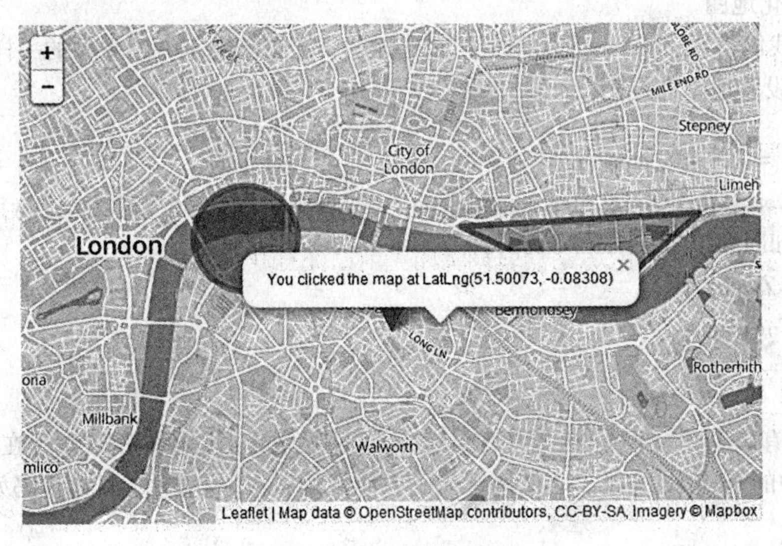

图 6.6　事件响应效果图

通过上面的编码，我们完成了基于桌面网页端的 LeafLet 简单实例开发，实现了地图的显示，在地图上添加注记、圆、多边形及其附加的弹窗，以及在地图上添加相应的响应事件。

6.2.2　基于移动端的 LeafLet

在下面例子中，将学会如何去创建一个适合 iPhone、iPad 或 Android 手机移动设备的全屏地图，以及如何轻松地检测和使用当前用户的位置。

1. 前期准备

首先，我们来看看 HTML&CSS 代码页面。通过使用 div 元素，将我们的地图拉伸到所有的可用空间，即全屏，可以使用下面的 CSS 代码：

```
body{
    padding: 0;
    margin: 0;
}
html, body, #map{
    height: 100%;
}
```

此外，我们需要通过将下面的代码加在文档前面或者 HTML 页面，让手机浏览器禁用不必要的界面缩放功能，并设置它的实际大小。

```
<metaname=" viewport" content=" width=device-width, initial-scale=1.0, maximum-scale
    =1.0, user-scalable=no" />
```

2. 初始化地图

现在，我们将在 JavaScript 代码中初始化地图，就像在快速入门中做的一样，但是在这里我们不会设置地图的视图：

```
var map = L.map('map');
L.tileLayer('http://{s}.tiles.mapbox.com/v3/MapID/997/256/{z}/{x}/{y}.png', {
    attribution: 'Map data &copy;',
    maxZoom: 18
}).addTo(map);
```

3. 定位

LeafLet 有一个非常便捷的方法来定位，通过缩放地图视图来探测所在位置——用 locate 选项中的 serView 方法，取代通常代码中使用的 setView 方法，具体代码如下：

```
map.locate({setView:true, maxZoom: 16});
```

在这里，当设置地图为自动视图时，我们指定 16 级为其最大的放大级别。只要用户同意分享他们的地理位置并且其地理位置可以被浏览器检测到，地图会将它在视图中显示出来。现在，假设有一个可以使用的全屏手机地图，但是当我们完成了定位以后，需要做什么？这就是 locationfound 和 locationerror 事件的用途。下面，我们通过例子，在探测到的地理位置添加一个注记，在弹窗中显示探测的精确度。通过添加一个事件监听器，在 locateAndSetView 之前调用 locationfound 事件。具体代码如下：

```
function onLocationFound(e) {
    var radius = e.accuracy / 2;
    L.marker(e.latlng).addTo(map)
    .bindPopup("You are within " + radius + " meters from this point").openPopup();
    L.circle(e.latlng, radius).addTo(map);
}
map.on('locationfound', onLocationFound);
```

如果出现了定位失败的情况，可以用弹窗显示定位失败信息，这样会使得功能显得更加完善。具体代码如下所示：

```
function onLocationError(e) {
    alert(e.message);
}
map.on('locationerror', onLocationError);
```

如果你已经将 setView 选项设置为 True 并且定位失败，视图就会显示整幅地图。

具体效果如图 6.7 所示。

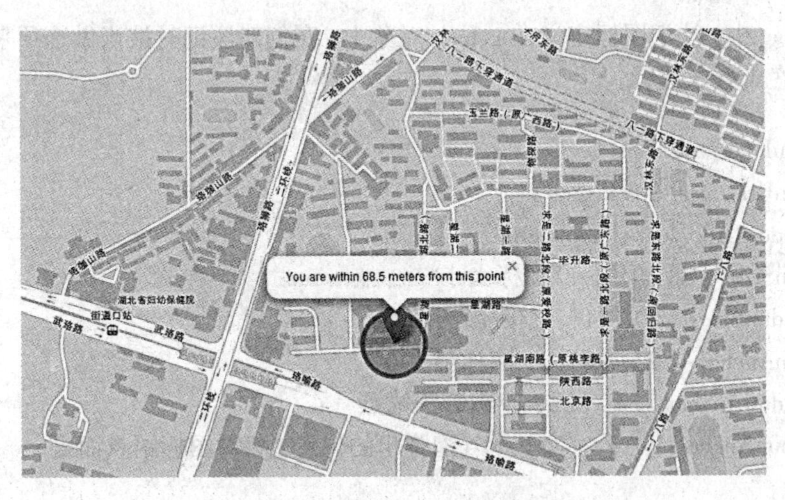

图 6.7　移动端开发效果图

以上我们完成了简单的基于移动端的 LeafLet 开发，主要实现了地图的定位功能，其他的功能开发与基于桌面端的 LeafLet 实例开发类似。

6.2.3　使用自定义图标的注记

本节将学习如何轻松使用自己定义的图标，并将其显示在地图上。

1. 准备图片

为了使用自定义图标，通常需要两个图像——实际的图标图像和它的影子图像。本节我们使用了 LeafLet 的 logo，并创建了 4 幅影像——不同颜色的三叶片影像和一个灰白的三叶片阴影影像，如图 6.8 所示。

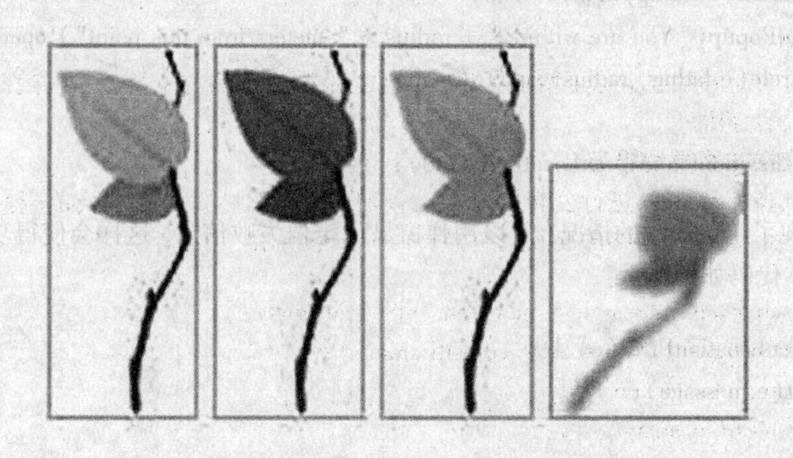

图 6.8　LeafLet logo 影像

注意，图 6.8 的图片中，白色区域中的图像实际上是透明的。

2. 创建一个图标

在 LeafLet 中，注记图标定义在 L.Icon 对象中，在创建注记时被当做选项来传递。现在创建一个绿色的叶子图标：

```
var greenIcon = L.icon({
    iconUrl: 'leaf-green.png',
    shadowUrl: 'leaf-shadow.png',
    iconSize: [38, 95], //图标大小
    shadowSize: [50, 64], //阴影图大小
    iconAnchor: [22, 94], //图标锚点
    shadowAnchor: [4, 62], //阴影图锚点
    popupAnchor: [-3, -76] //气泡弹出的位置，相对图标锚点而言
});
```

现在，将一个带有这种图标的注记加在地图上是很容易的：

```
L.marker([51.5, -0.09], {icon: greenIcon}).addTo(map);
```

显示的效果图如图 6.9 所示。

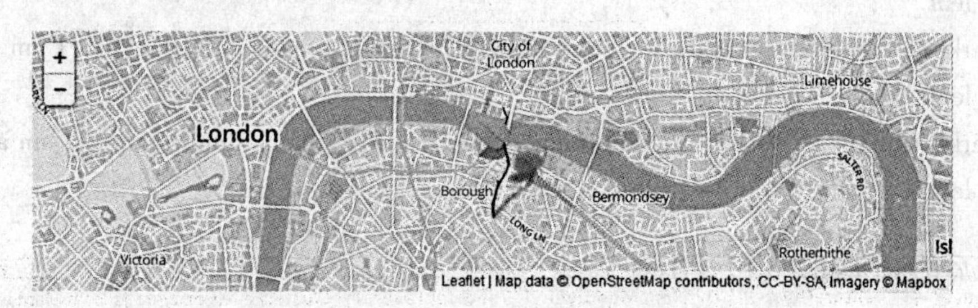

图 6.9　添加图标效果图

3. 定义一个图标类

如果需要创建一个有很多共同之处的几个图标，我们可以定义自己的图标类包含共享选项，从 L.Icon 类继承，这在 LeafLet 中是十分容易创建的：

```
var LeafIcon = L.Icon.extend({
    options: {
        shadowUrl: 'leaf-shadow.png',
        iconSize:     [38, 95],
        shadowSize:   [50, 64],
        iconAnchor:   [22, 94],
        shadowAnchor: [4, 62],
        popupAnchor:  [-3, -76]
    }
});
```

现在，可以通过这个类来创建和使用我们的三叶图标：

```
var greenIcon = new LeafIcon({iconUrl: 'leaf-green.png'}),
    redIcon = new LeafIcon({iconUrl: 'leaf-red.png'}),
    orangeIcon = new LeafIcon({iconUrl: 'leaf-orange.png'});
```

这里，我们使用 new 关键字来创建 LeafIcon 实例。那么为什么所有的 LeafLet 类生成时没有它？答案非常简单：真正的 LeafLet 类的命名是以大写字母开头(L.Icon)，但也有小写字母开头的快捷键(L.icon)，这样创建更加方便：

```
L.icon = function (options) {
    return new L.Icon(options);
};
```

最后，我们把一些有这些图标的注记显示在地图上：

```
L.marker([51.5, -0.09], {icon: greenIcon}).addTo(map).bindPopup("I am a green
    leaf.");
L.marker([51.495, -0.083], {icon: redIcon}).addTo(map).bindPopup("I am a red
    leaf.");
L.marker([51.49, -0.1], {icon: orangeIcon}).addTo(map).bindPopup("I am an orange
    leaf.");
```

完成后的效果如图 6.10 所示。

图 6.10　添加图标效果图

以上我们完成了自定义图标的注记实例，实现了自定义的图标在地图上显示，可以美化自己的地图。

6.2.4　使用 GeoJSON 数据

GeoJSON 正在成为一种非常流行的数据格式，并应用在许多地理信息技术和服务中。它是一种简单、轻便、明了的数据格式，LeafLet 十分擅长处理这种轻量级数据格式。在本节例子中，将学习如何通过 GeoJSON 对象创建矢量地图并进行交互操作。

1. 关于 GeoJSON

GeoJSON 是用于编码各种地理数据结构的格式。一个 GeoJSON 对象可能代表一个集合对象、要素或者要素集合。GeoJSON 支持如下的几何类型：点、线、多边形、点集合、折线集合、多边形集合和几何集合。在 GeoJSON 中的要素包含一个几何对象和附加属性，并且一个要素集代表一系列的要素。

LeafLet 支持上述的所有 GeoJSON 类型，但是要素和要素集使用的效果最好，因为它们允许描述要素的一系列属性。甚至可以使用这些属性来使我们的 LeafLet 数据矢量化。下面是一个简单的 GeoJSON 要素例子：

```
var geojsonFeature = {
    "type": "Feature",
    "properties": {
        "name": "Coors Field",
        "amenity": "Baseball Stadium",
        "popupContent": "This is where the Rockies play!"
    },
    "geometry": {
        "type": "Point",
        "coordinates": [-104.99404, 39.75621]
    }
};
```

2. GeoJSON 图层

GeoJSON 对象是通过一个 GeoJSON 图层添加到地图中的。要创建它，并将其添加到地图上，可以使用如下代码：

```
L.geoJson(geojsonFeature).addTo(map);
```

另外，可以创建一个空的 GeoJSON 图层，并将其赋值给一个变量，这样我们随后就可以添加更多的要素到该图层了。

```
var myLayer = L.geoJson().addTo(map);
myLayer.addData(geojsonFeature);
```

3. GeoJSON 选项

(1) 样式(Style)

样式选项中用于设计要素样式的方法有两种。第一种，我们可以传递一个简单对象，这样设计的所有样式(多折线和多边形)的途径都是相同的。

```
var myLines = [{
    "type": "LineString",
    "coordinates": [[-100, 40], [-105, 45], [-110, 55]]
}, {
    "type": "LineString",
    "coordinates": [[-105, 40], [-110, 45], [-115, 55]]
}];
```

```
var myStyle = {
    "color": "#ff7800",
    "weight": 5,
    "opacity": 0.65
};
L.geoJson(myLines, {
    style: myStyle
}).addTo(map);
```

第二种方法是，我们可以传递一个函数，根据每个要素的属性来设计它们的样式。在下面的例子中，我们选用了"party"属性，因此可以这样设计多边形：

```
var states = [{
    "type": "Feature",
    "properties": {"party": "Republican"},
    "geometry": {
        "type": "Polygon",
        "coordinates": [[
            [-104.05, 48.99],
            [-97.22, 48.98],
            [-96.58, 45.94],
            [-104.03, 45.94],
            [-104.05, 48.99]
        ]]
    }
}, {
    "type": "Feature",
    "properties": {"party": "Democrat"},
    "geometry": {
        "type": "Polygon",
        "coordinates": [[
            [-109.05, 41.00],
            [-102.06, 40.99],
            [-102.03, 36.99],
            [-109.04, 36.99],
            [-109.05, 41.00]
        ]]
    }
}];
```

```
L.geoJson(states, {
    style: function(feature) {
        switch (feature.properties.party) {
            case'Republican': return {color: "#ff0000"};
            case'Democrat':     return {color: "#0000ff"};
        }
    }
}).addTo(map);
```

(2) pointToLayer 函数

点的处理方式与折线和多边形的处理方式不同。默认情况下，简单的注记可以绘制 GeoJSON 点。当创建 GeoJSON 图层时，可以通过一个在 GeoJSON 选项对象中的 pointToLayer 函数来改变这个点。在这种情况下，这个函数可以传递一个经纬度，并且应该返回一个 ILayer 实例，可能是一个注记或圆注记。

下面，我们使用 pointToLayer 选项来创建一个圆注记，具体代码如下：

```
var geojsonMarkerOptions = {
    radius: 8,
    fillColor: "#ff7800",
    color: "#000",
    weight: 1,
    opacity: 1,
    fillOpacity: 0.8
};
L.geoJson(someGeojsonFeature, {
    pointToLayer: function (feature, latlng) {
        return L.circleMarker(latlng, geojsonMarkerOptions);
    }
}).addTo(map);
```

在这个例子中，同样可以设置样式的属性。LeafLet 是可以用来显示 GeoJSON 中的点要素的，比如在创建了一个矢量图层中，使用 pointToLayer 函数中的圆等。

(3) onEachFeature 选项

onEachFeature 选项是在添加要素到一个 GeoJSON 图层前获取每个要素的回调函数。当点击这些要素时，可以附加一个弹窗，是选择使用这个选项的主要原因。

```
function onEachFeature(feature, layer) {
    if (feature.properties && feature.properties.popupContent) {
        layer.bindPopup(feature.properties.popupContent);
```

```
        }
    }
    var geojsonFeature = {
        "type": "Feature",
        "properties": {
            "name": "Coors Field",
            "amenity": "Baseball Stadium",
            "popupContent": "This is where the Rockies play!"
        },
        "geometry": {
            "type": "Point",
            "coordinates": [-104.99404, 39.75621]
        }
    };
    L.geoJson(geojsonFeature, {
        onEachFeature: onEachFeature
    }).addTo(map);
```

(4) filter 选项

filter 选项可以用于控制可见的 GeoJSON 要素。为了做到这点，我们可以传递一个函数作为 filter 选项。这个函数可获得 GeoJSON 图层每个要素的回调，并且传递要素和图层。然后，可以通过利用这些要素属性值来返回 true 或者 false，从而控制其可见性。

在下面要素中，名为“Busch Field”要素将不会在地图中显示。

```
    var someFeatures = [{
        "type": "Feature",
        "properties": {
            "name": "Coors Field",
            "show_on_map": true
        },
        "geometry": {
            "type": "Point",
            "coordinates": [-104.99404, 39.75621]
        }
    }, {
        "type": "Feature",
        "properties": {
            "name": "Busch Field",
            "show_on_map": false
```

```
        },
        "geometry": {
            "type": "Point",
            "coordinates": [-104.98404, 39.74621]
        }
    }];
    L.geoJson(someFeatures, {
        filter: function(feature, layer) {
            return feature.properties.show_on_map;
        }
    }).addTo(map);
```

具体的实现效果图如图 6.11 所示。

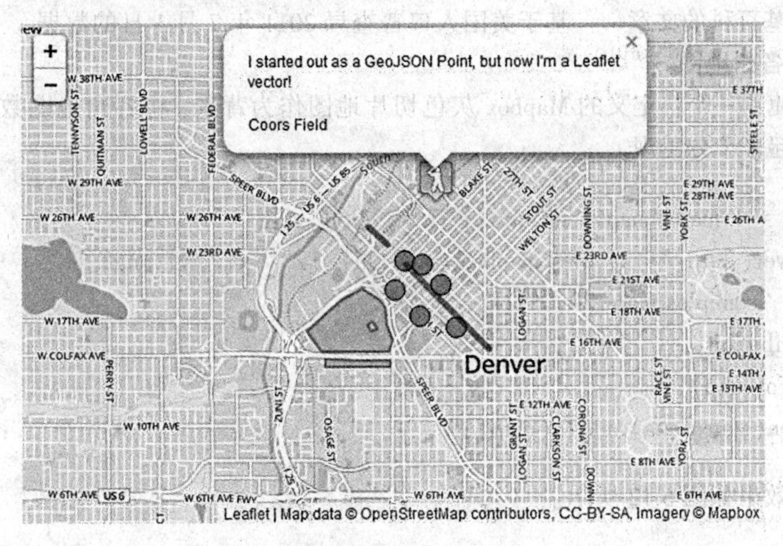

图 6.11 GeoJSON 图层

编写完上述代码，我们就实现了使用 GeoJSON 数据在 LeafLet 平台上开发的实例。主要实现了将 GeoJSON 数据作为矢量图层，添加 GeoJSON 数据的点线面要素，以及相应要素的弹窗。

6.2.5 交互专题图

下面实例是使用 GeoJSON 数据和一些自定义的控件来创建一个丰富多彩的美国人口密度的交互专题图。

本例子的灵感来自于得州论坛的美国参议院径流结果图，由 Ryan Murphy 创建。

1. 数据源

实例将创建一个美国各州人口密度的可视化地图。州的形状以及各州的密度值的数据量并不是很大，最方便快捷的方法是使用 GeoJSON 数据来存储和显示。

所有的 GeoJSON 数据要素形式如下所示：

```
{
    "type": "Feature",
    "properties": {
        "name": "Alabama",
        "density": 94.65
    },
    "geometry": ...
    ...
}
```

美国各州形状的 GeoJSON 数据是由著名的 D3 公司的 Mike Bostock 分享的，另外密度数据来自维基百科的文章——基于美国人口普查局 2011 年 7 月 1 日的数据。

2. 基于各州地图

下面，使用一个自定义的 Mapbox 灰色切片地图作为背景，将各州地图数据显示在上面，这样看起来十分美观。

```
var map = L.map('map').setView([37.8, -96], 4);
L.tileLayer('http://{s}.tiles.mapbox.com/{id}/{z}/{x}/{y}.png', {
    id: 'examples.map-20v6611k',
    attribution: ...
}).addTo(map);
L.geoJson(statesData).addTo(map);
```

其具体效果如图 6.12 所示。

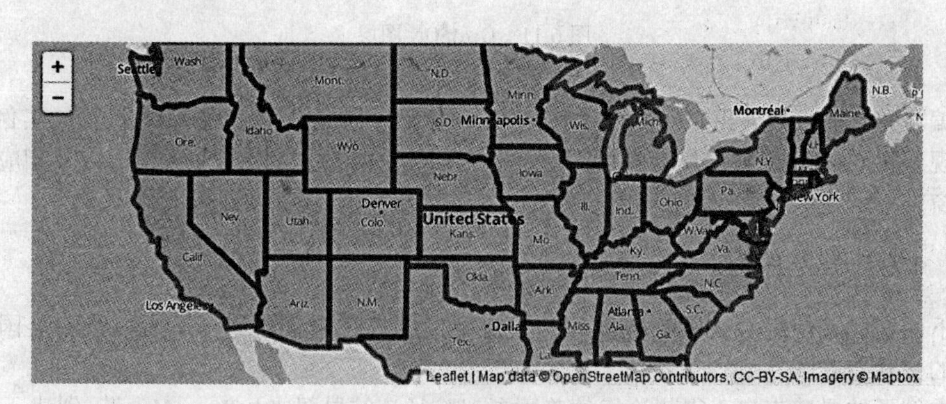

图 6.12　添加 GeoJSON 数据图层

3. 添加一些颜色

现在，根据各州的人口密度来给这些州进行着色。选择好的颜色给地图着色是十分棘手的，但是有 ColorBrewer 这个工具可以帮助我们。使用从 ColorBrewer 中获取的值，可以创建一个函数来返回基于人口密度的颜色。在 ColorBrewer 中，设置每个等级的值后，可以编写如下代码：

```
functiongetColor(d) {
    return d >1000 ?'#800026' :
        d >500  ?'#BD0026' :
        d >200  ?'#E31A1C' :
        d >100  ?'#FC4E2A' :
        d >50   ?'#FD8D3C' :
        d >20   ?'#FEB24C' :
        d >10   ?'#FED976' :
        '#FFEDA0';
}
```

接下来，定义一个样式函数用于 GeoJSON 图层，以至于可以根据要素属性来填充颜色。根据密度属性，可调整一下各州外观，在各州边界之间添加一个很好的衔接虚线。具体代码如下：

```
functionstyle(feature) {
    return {
        fillColor: getColor(feature.properties.density),
        weight: 2,
        opacity: 1,
        color: 'white',
        dashArray: '3',
        fillOpacity: 0.7
    };
}
L.geoJson(statesData, {style: style}).addTo(map);
```

效果如图 6.13 所示。

4. 添加交互

下面，实现以下功能：当鼠标在某一个州上方徘徊时，使该州高亮显示。首先，定义一个事件的侦听器，用于侦听图层的 mouseover 事件。

```
function highlightFeature(e) {
    var layer = e.target;
```

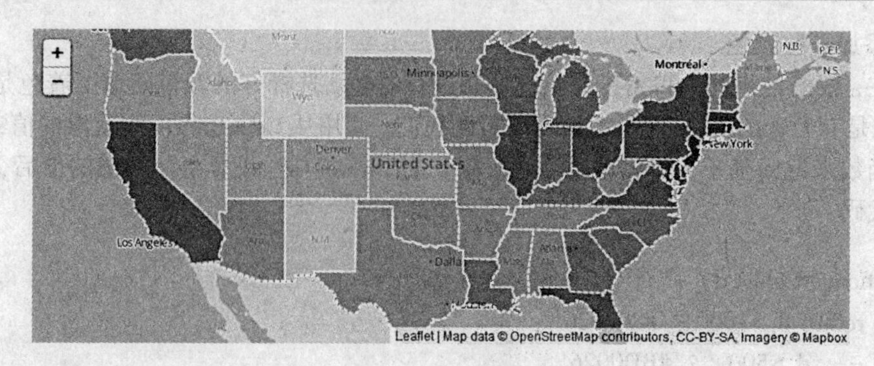

图 6.13 专题图

```
    layer.setStyle( {
        weight: 5,
        color: '#666',
        dashArray: '3',
        fillOpacity: 0.7
    } );
    if ( ! L.Browser.ie && ! L.Browser.opera) {
        layer.bringToFront( );
    }
}
```

在这里，要访问鼠标所徘徊要素的图层，为了突出高亮显示效果，设置了一个厚厚的灰色边框。同时，将其放在所有图层的前面，这样不会与其邻近的国家发生冲突(此功能并不适用于 IE 和 Opera，因为它们在处理 mouseover 事件的 bringToFront 方法上有问题)。

接下来，需要定义发生在 mouseout 的响应事件。

```
function resetHighlight( e) {
    geojson.resetStyle( e.target) ;
}
```

通过定义的样式函数，方便快捷的 geojson.resetStyle 方法将会重置图层的样式为默认状态。这项工作，在我们侦听器之前，可以通过定义的 geojson 变量确保我们访问 GeoJSON 图层，随后将指定的变量给相应的图层。

```
var geojson;
// ...our listeners
geojson = L.geoJson(...);
```

作为另外的感触，定义一个点击监听器，可以放大监听到的州填满整个地图容器。

```
functionzoomToFeature(e) {
    map.fitBounds(e.target.getBounds());
}
```

现在，将使用 onEachFeature 选项来添加各州图层的监听器。

```
function onEachFeature(feature, layer) {
    layer.on({
        mouseover: highlightFeature,
        mouseout: resetHighlight,
        click: zoomToFeature
    });
}
geojson = L.geoJson(statesData, {
    style: style,
    onEachFeature: onEachFeature
}).addTo(map);
```

这样，当鼠标悬停在州的上面时，该州可以很好地高亮显示，并且使得我们可以在监听器中添加其他的交互处理。

5. 自定义信息控件

当点击不同的州时，可以使用常用的弹窗来显示其相关信息，但是这里选择了不同的方法，显示相关信息在一个自定义的控件中。代码如下：

```
var info = L.control();
info.onAdd = function (map) {
    this._div = L.DomUtil.create('div', 'info'); // create a div with a class "info"
        this.update();
    returnthis._div;
};
info.update = function (props) {
    this._div.innerHTML = '<h4>US Population Density</h4>' + (props ? '<b>' +
        props.name + '</b><br />' + props.density + ' people / mi<sup>2</sup>'
        : 'Hover over a state');
};
info.addTo(map);
```

当用户离开了悬停的州时，需要更新控件，因此需要修改监听器，代码如下：

```
function highlightFeature(e) {
```

```
    ...
    info.update(layer.feature.properties);
}
function resetHighlight(e) {
    ...
    info.update();
}
```

可以使用 CSS 样式使控件更加漂亮：

```
.info{
    padding: 6px 8px;
    font: 14px/16px Arial, Helvetica, sans-serif;
    background: white;
    background: rgba(255,255,255,0.8);
    box-shadow: 0015px rgba(0,0,0,0.2);
    border-radius: 5px;
}
.infoh4{
    margin: 005px;
    color: #777;
}
```

6. 自定义图例控件

创建一个图例控件是十分简单的，因为它是静态的，并且不会因悬停州的不同而变化。JavaScript 代码如下：

```
var legend = L.control({position: 'bottomright'});
legend.onAdd = function (map) {
    var div = L.DomUtil.create('div', 'info legend'),
    grades = [0, 10, 20, 50, 100, 200, 500, 1000],
    labels = [];
    for (var i = 0; i < grades.length; i++) {
        div.innerHTML +='<i style="background:' + getColor(grades[i] + 1) + '">
        </i>' +grades[i] + (grades[i + 1] ?'&ndash;' + grades[i + 1] + '<br>' :
            '+');
    }
    return div;
};
```

```
legend.addTo(map);
```

设计控件的 CSS 样式，这里重复使用先前定义的信息类。

```
.legend{
    line-height: 18px;
    color: #555;
}
.legendi{
    width: 18px;
    height: 18px;
    float: left;
    margin-right: 8px;
    opacity: 0.7;
}
```

完成以上的编码，实现的具体效果如图 6.14 所示。

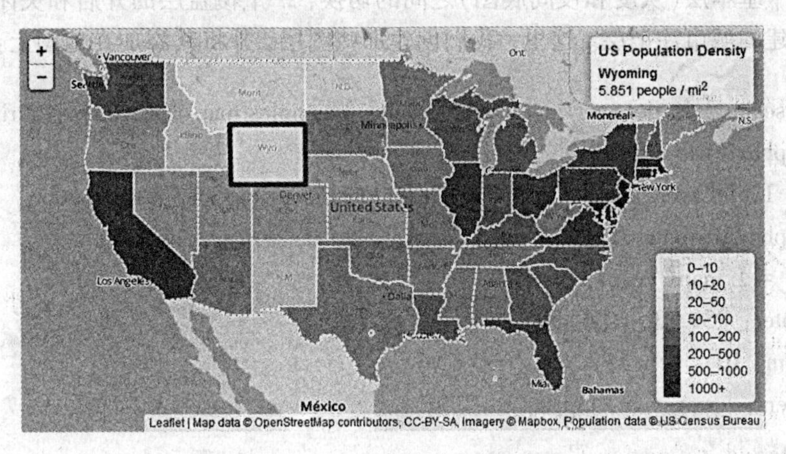

图 6.14　交互功能专题图

通过完成以上代码，实现了具有交互功能的专题图。本例是按照各州的面积设置的等级，在地图的右上角显示了选中州的面积信息，在地图的右下角显示的是等级图的图例。

6.2.6　图层集合和图层控件

本书介绍如何将若干图层合为一个集合，以及如何使用图层控件，允许用户轻松地在地图上转换不同的图层。

1. 图层集合

假设现在有一组图层，需要将其合并成一个集合，作为整体来处理它们，代码如下：

```
var littleton = L.marker([39.61, -105.02]).bindPopup('This is Littleton, CO.'),
    denver = L.marker([39.74, -104.99]).bindPopup('This is Denver, CO.'),
    aurora = L.marker([39.73, -104.8]).bindPopup('This is Aurora, CO.'),
    golden = L.marker([39.77, -105.23]).bindPopup('This is Golden, CO.');
```

我们不直接添加它们到地图上，而是按照以下方法来做，使用 LayerGroup 类实现。具体代码如下：

```
varcities = L.layerGroup([littleton, denver, aurora, golden]);
```

这是很容易的。现在，已经有了一个城市图层，它将城市注记合并到了一个图层，可以一次性在地图上添加和移除它们。

2. 图层控件

LeafLet 有一个好的小控件，可以让用户控制自己想要在地图上显示的图层。为了了解如何使用它，下面将介绍另外一个比较好用的图层集合。

有两种类型的图层——基本层和覆盖层。基本层是相互排斥的，只有一个可以显示在地图上，例如切片地图。覆盖层是所有其他的东西都可以覆盖在基本层。在下面例子中，我们实现两个基本层(灰度和夜间底图)之间的切换，一个覆盖层的开启和关闭。覆盖层是我们先前创建的城市注记层。这里，我们创建那些图层，并将其添加在地图上：

```
var grayscale = L.tileLayer(mapboxUrl, {id: 'examples.map-20v6611k', attribution:
    mapboxAttribution}),
streets= L.tileLayer(mapboxUrl, {id: 'examples.map-i86knfo3', attribution:
    mapboxAttribution});
var map = L.map('map', {
    center: [39.73, -104.99],
    zoom: 10,
    layers: [grayscale, cities]
});
```

接下来，创建两个对象。一个包含基本层，另一个包含覆盖层。这些都是有键/值的简单对象。关键是如何在图层控件中设置文本(如“Streets”图层)，相应的值对应相关的图层。

```
var baseMaps = {
    "Grayscale": grayscale,
    "Streets": streets
};
var overlayMaps = {
```

```
    "Cities": cities
};
```

现在，剩下需要做的事情是创建一个图层控件，并将其添加到地图上。当创建图层控件时，第一个参数传递的是基本层对象，第二个参数传递的是覆盖层对象。两个参数是可以选择的，例如，可以省略第二个参数，仅仅传递一个基本层对象，或者通过传递控制作为第一个参数，只传递一个覆盖层对象。

```
L.control.layers(baseMaps, overlayMaps).addTo(map);
```

注意，我们在地图上添加了灰度、高速公路和城市图层，但是没有添加街道图层。图层控件有相应的 checkboxes 和 radioboxes，可以很好地探测到已经添加的图层。

另外，当使用多个基本层时，只有其中的一个图层可以被作为实例添加到地图上，但是当创建图层控件时，所有的图层都要在基本层对象中展现。

实现的具体效果如图 6.15 所示。

图 6.15 图层控件

完成以上功能，就实现了地图图层的控制，可以随意地控制想要显示和关闭的图层。

6.2.7 插件功能

在 LeafLet 中有很多插件，包括图层和覆盖图层，服务、提供者和格式，地理编码（地址查询），路线和线路查询，控件和交互，其他插件和类库。下面以 ArcGIS Online 发布的地图数据为例，并结合 Esri-LeafLet 插件中的 DynamicMapLayer 类在客户端实现地图数据加载。Esri-LeafLet 结构如图 6.16 所示。

LeafLet 插件用于 ArcGIS Services。当前的 Esri-LeafLet 支持 Esri 的 Feature Services 和 Basemaps，同样也支持切片地图和 dynamic 地图服务。Esri-LeafLet 的目标不是取代 ArcGIS API 的 JS 类库，而是提供一些允许开发者使用 LeafLet 建立地图应用的内容。

在实现的过程中，利用了 DynamicMapLayer 类接口和 Map 类中的 AddTo 方法，在浏览器请求该页面时，将数据转化为 Image 格式，并将请求转换为相应的 URL，通过应用服务器调用响应的数据，最后将其可视化地显示出来。

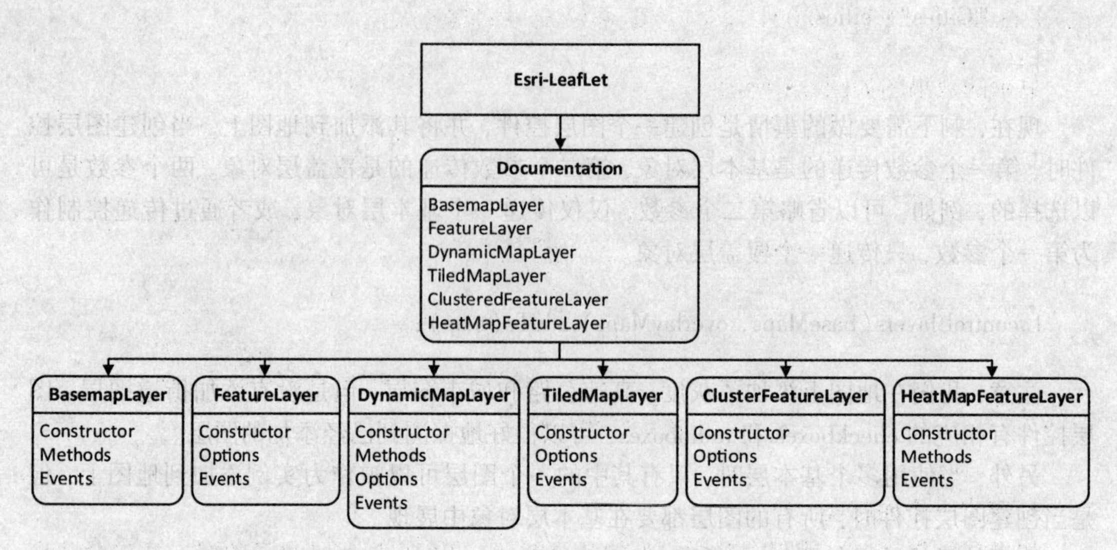

图 6.16　Esri-LeafLet 结构图

DynamicMapLayer 类是 L.ImageOverlay 的扩展。其接受 L.ImageOverlay 的所有选项和事件。DynamicMapLayer 主要的结构、接口如表 6.11～表 6.14 所示。

表 6.11　**DynamicMapLayer 结构**

结构	描　述
new L.esri.DynamicMapLayer(url,options)	URL 必须是发布地图服务的图层

表 6.12　**DynamicMapLayer 选项**

选项	类型	默认值	描　述
format	String	Png24	输出图片格式
Transparent	Boolean	True	允许服务产生透明图片
f	String	Image	输出类型
bboxSR	Integer	4326	生成图片的边界容器的空间相关性。如果不知道，就不要修改默认值
imageSR		3875	输出图片的空间相关性。如果不知道，就不要修改默认值
Layers	String or Array		图层 ID 数组
layerDefs	String Object		在显示渲染的图片前运行一系列的请求服务
Opacity	Integer	1	图层的透明度。值在 0～1 之间
Position	String	Front	图层相对其他图层的位置
token	String	null	如果设置了一个标记选项，则它将包括所有的请求服务

表 6.13 **DynamicMapLayer 方法**

方法	返回值	描述
identify(Latlng,[options](#identifyoptions),callback)	null	确定要素所在的位置。第一个参数是 L.Latlng 对象。如果对象设置了多种选项，最后第二个参数返回值会报错

表 6.14 **DynamicMapLayer 事件**

事件	数据	描述
Metadata	Metadata	在创造了一个新的图层后，通过元数据事件来进行一个对数据描述的服务请求
Authenticationrequired	Authentication	一个请求失败将会被遗弃，并需要证实

其具体开发代码、流程与 LeafLet 类似。首先，调用 LeafLet.CSS、LeafLet.JS、Esri-LeafLet.JS 文件，然后，使用 div 元素设置地图的位置；其次，使用 CSS 样式设计地图的大小等样式；最后是基于 Esri-leaflet 提供的接口，在地图上实现需求功能。

建立地图代码如下：

```
var map = L.map('map').setView([38.24788726821097,-85.71807861328125],13);
L.esri.dynamicMapLayer("http://sampleserver1.arcgisonline.com/ArcGIS/rest/services/
    PublicSafety/PublicSafety HazardsandRisks/MapServer",{
    opacity:0.25
}).addTo(map);
```

其具体代码详见附书代码第六章文件夹下的代码。

6.2.8 总结

通过上述的所有介绍，可以了解 LeafLet 的体系结构，学会如何基于 LeafLet 进行实例开发，主要实现地图的视图显示，添加注记、圆、多边形、折线等，专题图、用户交互等基本 WebGIS 功能。本书所给的例子只是简单的入门例子，可以根据自己的需要将其组合，或基于例子深入地开发研究。本书中只介绍了部分的 LeafLet 的 API，更多的 API、插件和实例可在官网上查询下载。

6.3 用 LeafLet 开发一个校园地图服务

6.3.1 数据准备

通过上一节，我们简单介绍了一些基于 LeafLet 的开发的基本功能。本节，我们基于上述基本功能开发一个简单的校园地图服务。制作一个地图，首先需要的是数据和数据格式，常用的数据格式有 Shapefile、XML、GeoJSON、OSM(OpenStreetMap)等。本节通过 6.2.1

节介绍的 LeafLet 接口来调用 GeoJSON 格式数据制作武汉大学信息学部地图。

OSM 格式数据是目前应用比较广泛，而且开放，容易下载到的数据。首先，打开网站 http://www.openstreetmap.org/，点击导出按钮，如图 6.17 所示。

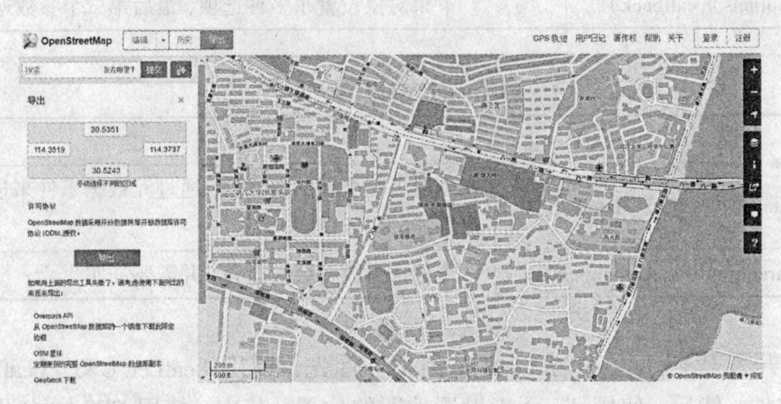

图 6.17　OpenStreetMap 网站页面

选择手动选择不同的区域，地图区域会出现一个方框，方框外的地图会变暗，通过移动方框的 4 个角来选择需要框选的区域，如图 6.18 所示。

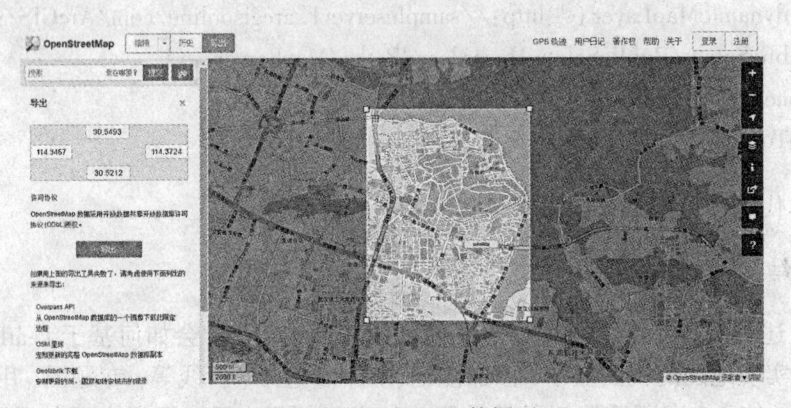

图 6.18　框选导出 OSM 数据页面

导出的数据文件名为 map.osm。由于数据格式为 OSM，需要将其转换为 GeoJSON 数据。在此，我们使用开源软件 QGIS，来进行编辑和转换刚才下载的数据。QGIS 的软件操作界面如图 6.19 所示。

在菜单栏 Plugins 中选择“Manage and Install Plugins”，添加 QuickOSM 插件，如图 6.20 所示。

添加 OSM 到 QGIS 中，在下载的插件中进行一系列的操作，就可以将刚才下载的数据可视化。然后将线状、面状数据分别保存为 Road.geojson 和 House.geojson。由于数据是框选导出的，其中包含大量的冗余数据和缺失信息，可以使用 QGIS 对数据进行编辑，进行必要的删除和添加数据的属性信息，最后保存。

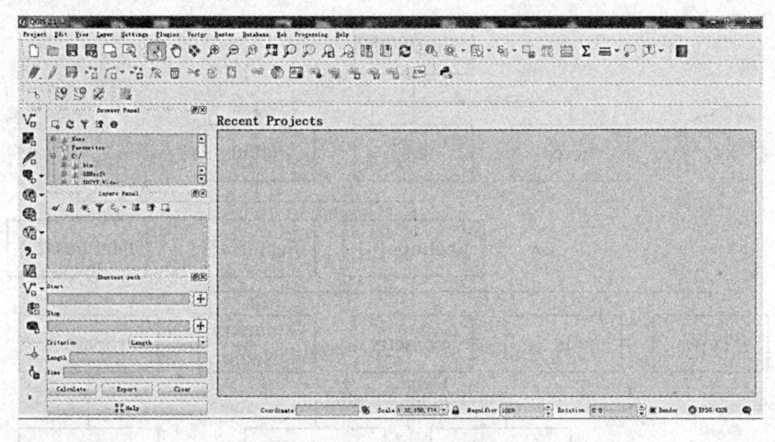

图 6.19 QGIS 主界面

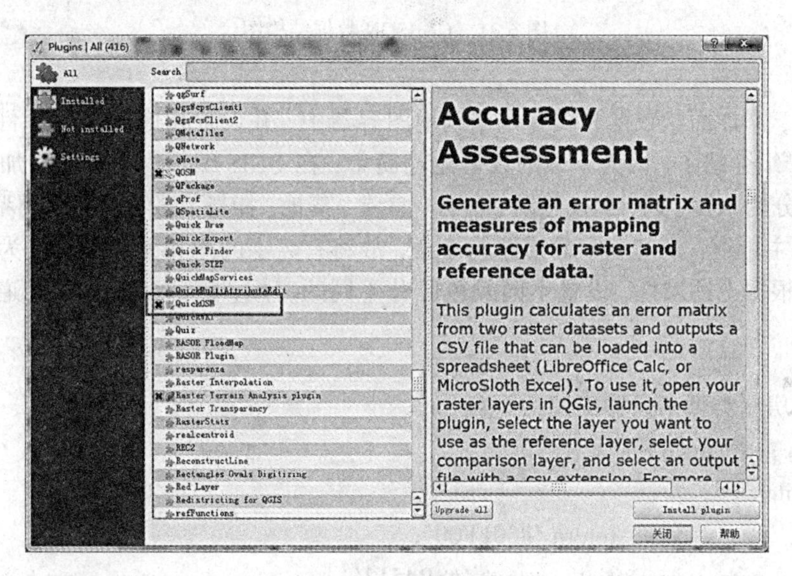

图 6.20 QGIS 添加插件页面

6.3.2 数据可视化

通过上述一系列的操作，可获得准确的地理信息数据。下一步就是将其进行可视化。在 6.2.4 节中，介绍了关于显示 GeoJSON 数据的 API。

GeoJSON 是 JavaScript 原生支持的数据格式，浏览器通过 JavaScript 可以快速准确地对 GeoJSON 文件进行解析，得到如图 6.21 所示的结构，使用者可以通过脚本访问该树状图每个节点信息，例如，获取当前图层最大范围（bbox）、坐标系统（crs）、要素坐标位置（coordinates）、要素属性（cellroadid）等。

第一步，添加对 leaflet.js 和 leaflet.css 文件的引用，设置地图的大小，并初始化地图。此步在 6.2.1 节中已详细介绍，就不在此赘述。

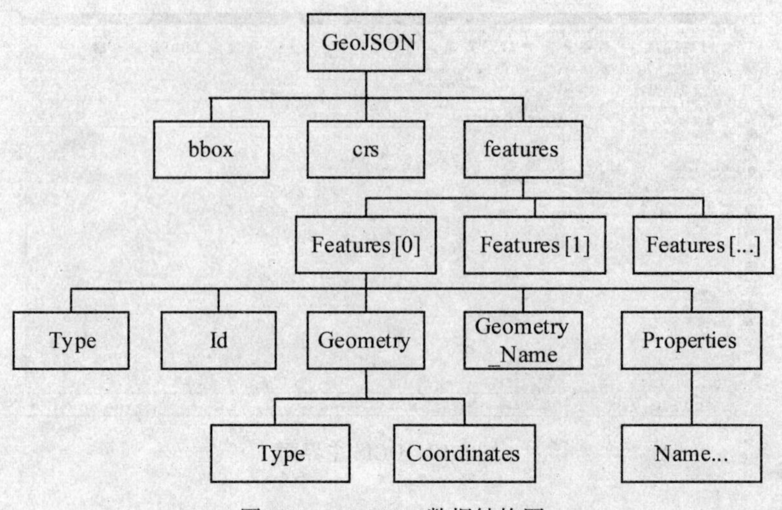

图 6.21　GeoJSON 数据结构图

第二步，添加面状数据和线状数据到地图容器中，并设置相应的响应事件，该步骤在 6.2.4 节中详细介绍了。因为下载的数据比较简单，在 QGIS 编辑时，我们添加了房屋类型属性，主要分为未知、湖、学校建筑、宿舍、食堂、草地、操场、商场等不同类型。一般有名字的道路为主干道，没有名字的道路为小道，故将有名字的路和无名路设置为不同的属性类型。于是根据上述属性，设置不同颜色区分不同的房屋，粗细区分不同的道路。具体代码如下：

```
//根据房屋类型来设置房屋的颜色
function getColor(d) {
    switch (d) {
        case 'sport': return '#00FF00';
        case 'commercial': return '#8B4513';
        case 'school': return '#0000ff';
        case 'null': return '#CD853F';
        case 'dormitory': return '#F4A460';
        case 'grass': return '#006400';
        case 'hospital': return '#800000';
        case 'restaurant': return '#800000';
        case 'lake': return '#4169E1';
    }
}
//根据类型来设置线数据的粗细
function getWeight(d) {
```

```
    switch (d) {
        case '2': return '10';
        case '1': return '5';
    }
}
```

其效果如图 6.22 所示，根据不同的类型，房屋的颜色不一样，道路粗细也可以明显区分主干道和小道。

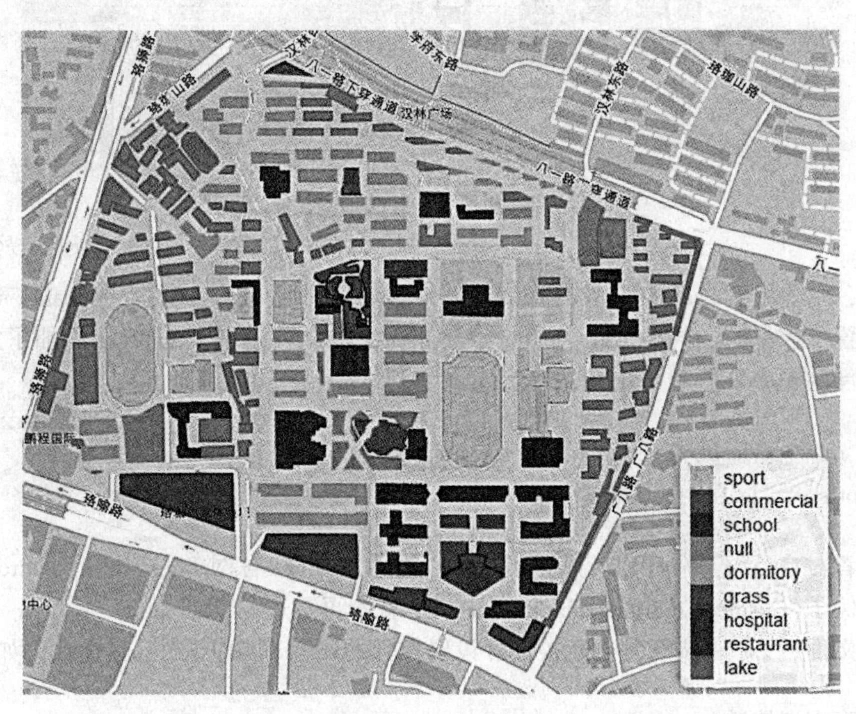

图 6.22 校园专题图

第三步，设置交互功能。点击房屋数据时，会弹出房屋的名称，若无名称，数据则不弹出，同时添加了房屋的图例。道路使用了 6.2.5 节中描述的交互功能，当鼠标移动到道路上会高亮显示，并且在右上角会显示道路的名字，没有名字的道路则不会显示名字；鼠标点击高亮的道路，会居中放大显示；鼠标移开高亮道路，道路高亮消失。

其效果如图 6.23 所示，点击操场弹出武汉大学信息学部操场，鼠标在求是一路上时，道路高亮显示，右上角显示校园道路的名称。通过以上描述，一个简单的地图就做成了。

6.3.3 添加查询插件

上述制作的地图只是一个简单的地图，或者可以称为一个简单的专题图，并没有一些复杂的功能。LeafLet 具有强大社区，可提供很多的基于其开发的插件。下面，就将在我们的校园地图中添加一个由 Stefano Cudini 设计的查询控件。

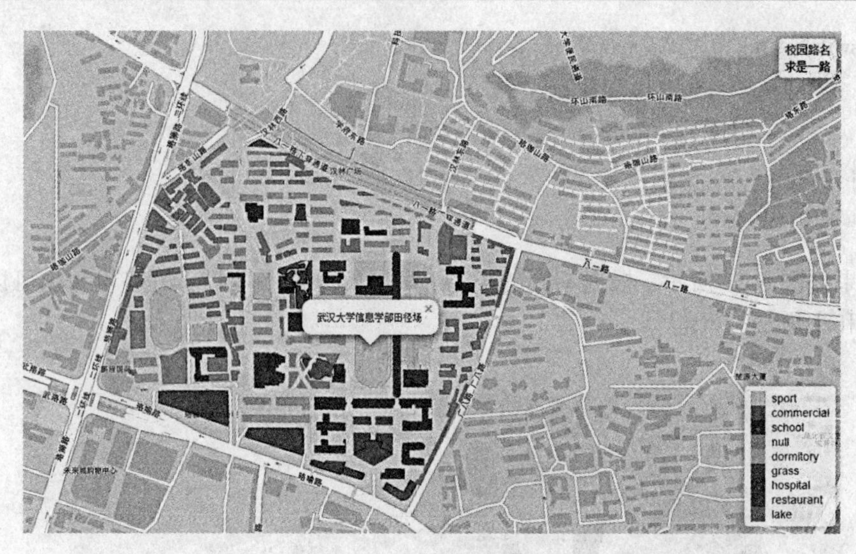

图 6.23　交互校园地图

首先，引用基于 LeafLet 开发的查询控件的 JavaScript 和 CSS 文件。在 leaflet-search.css 文件中设置了控件的样式和属性。leaflet-search.js 文件主要是基于 LeafLet 添加了空间，并设置了控件的响应事件等。引用如下所示：

```
<link rel="stylesheet" href="leaflet-search.css" />
<script src="leaflet-search.js"></script>
```

若读者对自己编写插件比较感兴趣，可以查看 LeafLet 官网 Docs 中的 IControl 类的自定义控件例子(Custom Control Example)。在此，就不再赘述。

引用文件后，下一步就是创建控件并设置控件的属性、响应事件，具体代码如下所示：

```
//创建查询控件
var searchControl = new L.Control.Search({
    layer: geojson,//图层为 GeoJSON
    propertyName: 'name',//根据名字来查询
    circleLocation: false,//查询圆圈
    //移动到查询对象位置
    moveToLocation: function(latlng, title, map) {
        var zoom = map.getBoundsZoom(latlng.layer.getBounds());
        map.setView(latlng, zoom); // 居中放大
    }
});
//查询控件响应事件，查询结果的样式设计
searchControl.on('search_locationfound', function(e) {
```

```
        e.layer.setStyle({fillColor: '#66FFFF', color: '#0f0'});
        if(e.layer._popup)
            e.layer.openPopup();//弹出对象的名称
    }).on('search_collapsed', function(e){
        geojson.eachLayer(function(layer){//修正要素颜色
            geojson.resetStyle(layer);
        });
    });
    map.addControl( searchControl);  //添加查询控件到地图容器中
```

其结果如图 6.24 所示，通过查询信息学部二食堂，其被居中显示，并且用红色的圆圈，以及二食堂要素变为青色来显示，并弹出信息学部二食堂的弹窗。至此，我们的插件就添加成功了。

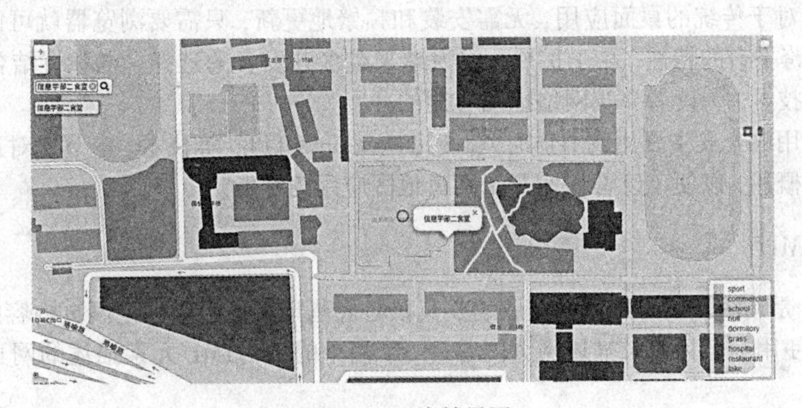

图 6.24　查询结果图

第七章　基于 HTML5 的网络地图开发

7.1　概述

近几年来网络应用开发发展迅猛，现代浏览器不再仅仅用于浏览简单的网页，它们大多内置了强大的浏览器引擎，可以快速地解析脚本语言和渲染 CSS 效果，这为网络应用的发展提供了便利。网络地图、网页游戏、社交应用等各式应用极大地丰富了公众的生活。网络应用相对于传统的桌面应用，无需安装和频繁地更新，只需要浏览器就可以方便地使用，且具有跨平台的特性，易于扩展，成为越来越多开发者的选择。本章将结合网络应用开发和 GIS 技术，为读者介绍网络地图应用的开发。

网页应用的开发主要用到 HTML、CSS、JavaScript 和 Php 等技术。本节先对这些技术做一些简单的概述，以便于读者快速开始网页地图应用的开发。

7.1.1　HTML5

HTML5 是新一代的万维网标记语言，其核心规范定义了用以标记网页内容的元素，简而言之，它使用标记标签来描述网页内容。一个简单的由 HTML 元素描述的网页如代码清单 7-1 所示。

代码清单 7-1

```
<! DOCTYPE html>
<html>
<head>
    <meta charset="utf-8">
    <title>First Page</title>
</head>
<body>
    <h1>简单的搜索框</h1>
    <input type="text">
    <input type="submit" value="搜索">
</body>
</html>
```

将代码清单 7-1 的内容保存为一个 HTML 文件，在浏览器中打开，可以看到图 7.1 所示的界面。

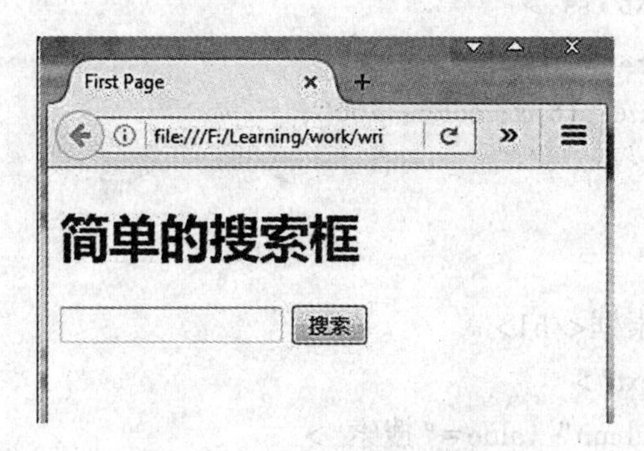

图 7.1 简单的 HTML 网页

可以看到，典型的 HTML 元素由开始标签、内容和结束标签构成，如图 7.2 所示。

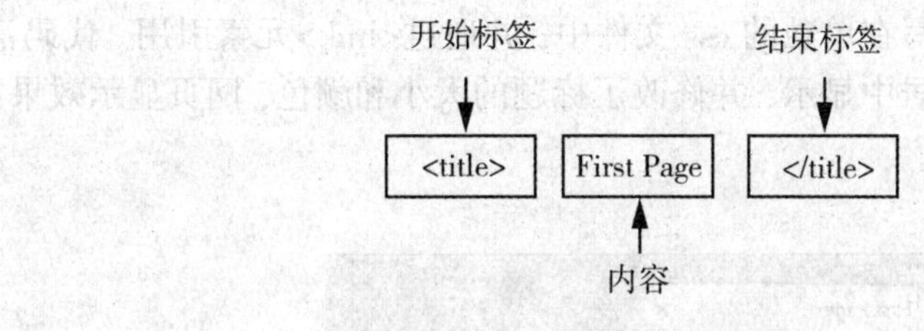

图 7.2 HTML 元素

也有如<! DOCTYPE html>的文档声明，如<input>的虚元素，它们没有结束标签。

HTML5 定义了各式各样的元素，它们在 HTML 文档中起着各不相同的作用。如<head>元素定义了 HTML 文档的头部，其中一般包含表示文档元数据的<meta>元素、表示文档标题的<title>元素、引用样式表的<link>元素等。<body>元素定义了 HTML 文档的主体部分，其中一般包含表示网页结构和内容的元素，如代码清单 7-1 中表示文档标题的<h1>元素、表示输入控件的<input>元素。一般为了网页呈现速度的考量，引用脚本文件的<script>元素也放在<body>元素中。

7.1.2 CSS

CSS 用于控制标记内容呈现在用户面前的样式。代码清单 7-2 展示了如何使用 CSS 为网页添加一些简单的样式。

代码清单 7-2

```
<! DOCTYPE html>
<html>
<head>
    <meta charset = " utf-8" >
```

```
        <title>First Page</title>
        <style type="text/css">
            body { text-align: center; }
            h1 { font-size: 18px; color: #666; }
        </style>
    </head>
    <body>
        <h1>简单的搜索框</h1>
        <input type="text">
        <input type="submit" value="搜索">
    </body>
</html>
```

简便起见，代码清单 7-2 中使用<style>标签插入了内嵌的 CSS 样式，实际中为了代码维护的方便一般将 CSS 代码写在单独的 css 文件中，并通过<link>元素引用。代码清单 7-2 中的 CSS 样式使得网页内容居中显示，并修改了标题的大小和颜色，网页显示效果如图7.3所示。

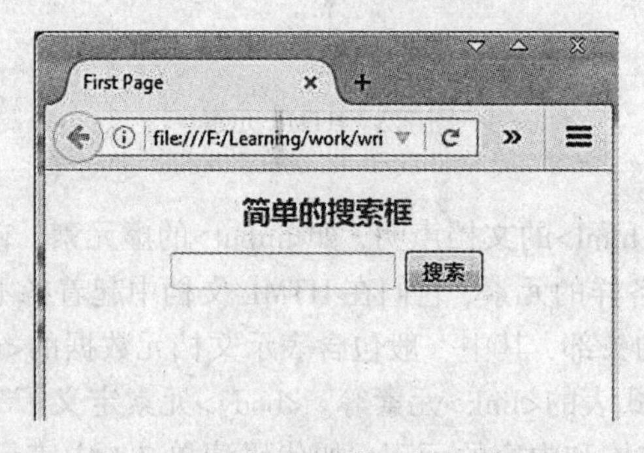

图 7.3　应用了 CSS 样式的简单网页

可以看到，CSS 样式由一个 CSS 选择器开头，在一个大括号中由一条或多条以分号隔开的组成样式声明，每条声明包含一个 CSS 属性和对应的属性值。CSS 选择器用于匹配 HTML 元素，代码清单 7-2 中仅用到了元素选择器，分别设定了 body 和 h1 元素的样式。CSS 中还有各种各样的选择器，利用它们可以方便地选择 HTML 元素。

7.1.3　JavaScript

JavaScript 是一种轻量级的脚本语言，可以用来操纵 HTML 文档的内容，以及响应用户的操作。关于 JavaScript 的内容这里仅罗列一些基础的知识点，以便于读者理解后面几节的内容。

1. 使用 JavaScript 脚本

类似 CSS，在 HTML 文档中使用 JavaScript 的方式有两种。可以直接将代码写在

<script>元素中或者通过<script>元素引用外部 js 文件。

2. JavaScript 变量

JavaScript 是一种弱类型编程语言，变量通过 var 关键字声明，变量中存储的数据类型可以在程序运行的过程中改变，JavaScript 引擎会自动确定变量类型。

JavaScript 变量基本类型包括字符串类型（string）、数值类型（number）、布尔类型（boolean）、Undefined 和 Null。Undefined 类型只有一个值，即特殊的 undefined。在使用 var 声明变量但未对其加以初始化时，这个变量的值就是 undefined。Null 类型也只有一个值 null，表示一个空对象指针。

还有一种复杂数据类型——Object，用于表示对象，其本质上是一组数据和功能的集合。对象可以通过 new 操作符后跟要创建的对象类型来创建，并可以为其添加属性和方法。在 JavaScript 中常用对象字面量的方式创建对象，这种方式更为简洁。代码清单 7-3 展示了这两种方法，它们都创建了同样的 person 对象。

代码清单 7-3

```
var person = new Object();
person.name = Wang;
person.age = 21;

var person = {
    name: Wang,
    age: 21
};
```

3. JavaScript 函数

JavaScript 函数使用 function 关键字声明。在 JavaScript 中，函数是一等公民，即函数也是对象，可以赋值给变量，作为另一个函数的返回值返回等。代码清单 7-4 展示了定义函数的两种方式。

代码清单 7-4

```
//使用函数声明定义函数
function sum ( num1, num2) {
    return num1 + num2;
}
//使用函数表达式定义函数
var sum = function ( num1, num2) {
    return num1 + num2;
};
```

第二种方式中声明的函数也叫匿名函数，即 function 关键字后不带名称的函数。

4. JavaScript 作用域和闭包

简而言之，作用域定义了在什么地方能够访问变量。JavaScript 中的作用域与传统的 C++、Java 等语言中的作用域不同，JavaScript 中嵌套的函数有各自的作用域，内部函数能访问父级作用域乃至全局作用域。能够访问另一个函数作用域的函数称为闭包，如代码清单 7-5 所示，内部的匿名函数就是一个能够访问 getCounter 函数作用域的闭包。

代码清单 7-5

```
function getCounter () {
    var counter = 0;
    return function () {
        return counter++;
    };
}
```

5. JavaScript 闭包与模块化

在开发应用的过程中，代码的数量和复杂度都会不断增长。为使代码便于理解，降低代码的复杂度，常常需要隐藏代码的实现细节。在 JavaScript 中，封装代码的实现细节常常使用模块模式。代码清单 7-6 展示了典型的 JavaScript 模块模式。

代码清单 7-6

```
var api = (function () {
    //私有变量
    var local = 0;

    //公共接口
    var publicInterface = {
        getLocal: function () {
            return local;
        }
    }

    return publicInterface;
}());

//使用公共接口
api.getLocal();
```

如代码清单 7-6 所示，首先使用形如：

```
(function () {
    //生成的新作用域
```

```
})();
```

立即执行函数表达式(声明后立即调用的函数)生成了一个新的作用域，然后在这个作用域中声明模块的私有变量，并返回公共的接口。返回的公共接口即是一个可以访问模块作用域的闭包，除此之外没有别的方法访问该作用域了，这样模块内部的实现细节就被隐藏起来，用户只需要利用公共的接口访问模块的功能。在7.3节的实例中，我们将采用这样的模块模式组织JavaScript代码，以保持代码的可读性和可维护性。

以上三种技术主要用于浏览器端，即通常所说的Web前端，而PHP主要用于服务器端，可以动态生成HTML网页。

7.1.4 OpenLayers

OpenLayers是一个开源的JavaScript类库，可以用于开发可交互的地图应用。其使用简单，功能强大，已经发展成为一个成熟的、受到广泛欢迎的框架。许多有热情的开发者参与到项目中来，同时互助社区也日益完善。

本章将以OpenLayers为例，介绍网络地图应用的开发。OpenLayers源代码托管在github上，可以从https://github.com/openlayers/ol3/releases获取需要的版本。

7.2 开始第一个网络地图应用开发

网页应用的开发涉及多种类型的文件，开始编写代码前需要组织好文件结构。示例代码的文件结构如图7.4所示。

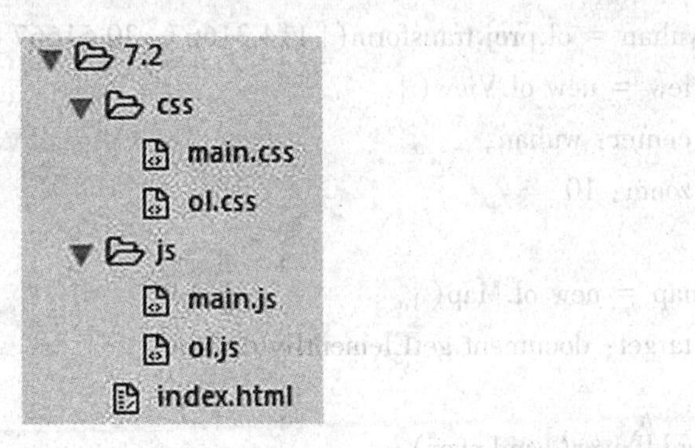

图7.4　文件结构

项目根目录下的index.html文件是应用的主页，ol.js和ol.css是OpenLayers库文件，main.js和main.css是我们将要编写的文件。

首先在index.html文件中定义应用的结构，这里只是简单地添加一个用于显示地图的<div>元素，并指定其id为“map”，便于在CSS和JavaScript代码中选取该元素。在index.html文件中还要把所有用到的css和js文件的引用添加进来。如代码清单7-7所示。

代码清单 7-7

```
<! DOCTYPE html>
<html>
<head>
    <meta charset="utf-8">
    <title>First Map Application</title>
    <link rel="stylesheet" type="text/css" href="css/ol.css">
    <link rel="stylesheet" type="text/css" href="css/main.css">
</head>
<body>
    <div id="map"></div>
    <script type="text/javascript" src="js/ol.js"></script>
    <script type="text/javascript" src="js/main.js"></script>
</body>
</html>
```

接下来在 main.js 文件中编写创建地图的代码。如代码清单 7-8 所示。

代码清单 7-8

```
var osmLayer = new ol.layer.Tile({
    source: new ol.source.OSM()
});
var wuhan = ol.proj.transform([114.31667, 30.51667], 'EPSG:4326', 'EPSG:3857');
var view = new ol.View({
    center: wuhan,
    zoom: 10
});
var map = new ol.Map({
    target: document.getElementById('map')
});
map.addLayer(osmLayer);
map.setView(view);
```

代码的前三行首先创建了一个 osmLayer 变量，它是 ol.layer.Tile 类的实例。ol.layer.Tile 类在 OpenLayers 中一般用于加载瓦片地图图层，其构造函数可以接收一个 options 对象作为参数，这里 options 对象只有一个 source 属性，它指定了图层所用的资源。source 属性的值是一个 ol.source.OSM 类的实例，这里使用了默认的 OSM 地图资源。

接下来的两行，我们使用 ol.proj.transform 方法将武汉的经纬度转换为墨卡托投影坐标，EPSG3857 是 OpenLayers 默认使用的坐标系。

接下来的 4 行创建了一个 ol.View 类的实例，通过这个实例我们可以指定地图的显示中心、缩放级别、显示范围等信息。这里的 options 对象的两个属性 center 和 zoom 分别指定了地图显示中心和缩放级别。

我们已经定义好了地图所需要用到的图层和初始的显示信息，接下来声明一个 ol.Map 类的示例来创建一个地图。target 属性设置地图在 HTML 文档中呈现的位置，这里通过 id 值获取到了之前在 index.html 文件中定义的 div 元素。地图创建好后通过 addLayer 和 setView 方法将之前定义的图层和视图应用到地图上。

打开浏览器可以看到如图 7.5 所示的界面。

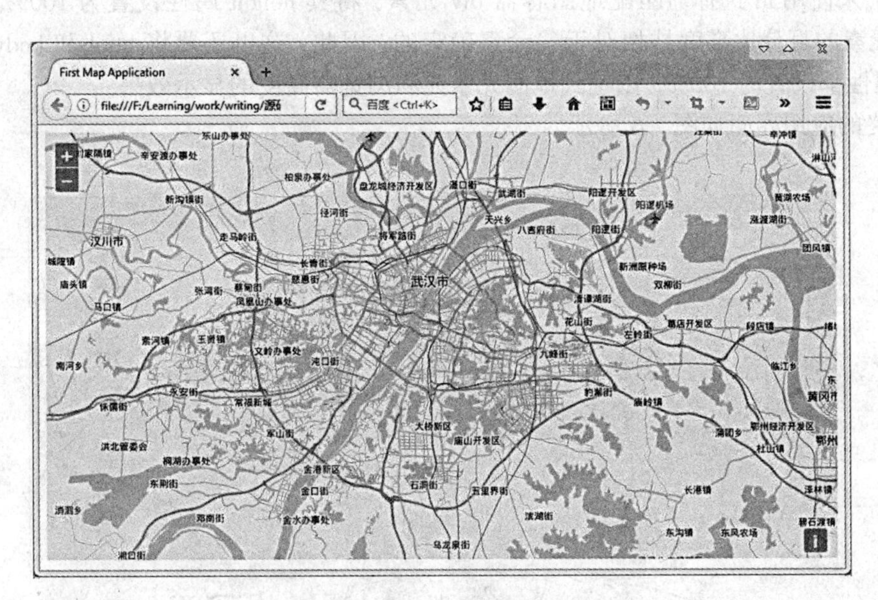

图 7.5 浏览器中的应用界面

OpenLayers 默认的地图区域的高度是 400 像素，因此界面的下部还有大量的空白。可以通过设置几个 CSS 样式来解决这个问题。在 main.css 文件中添加样式，如代码清单 7-9 所示。

代码清单 7-9

```
* {
    margin: 0;
    padding: 0;
}

html, body {
    height: 100%;
}
```

```
#map {
    height: 100%;
}
```

首先，使用 * 选择符匹配了所有元素，并将它们的内外边距都重置为 0，这是编写 css 时常见的操作，目的是重置浏览器的默认样式，使这两个重要的布局样式能够完全按照开发者的想法显示，并在各类浏览器中保持一致。本例中如果没有这个声明，由于默认的 body 元素外边距，在很多浏览器中会始终看到一个侧边的上下滑块。

接下来使用 id 选择器匹配地图容器 div 元素，将其 height 属性设置为 100%。在 CSS 中，子元素的百分比高度是相对于父元素确定的，因此，这里还要将 html 和 body 元素的 height 属性都设置为 100%，以达到地图元素充满浏览器高度的显示效果。

最终的应用界面如图 7.6 所示。

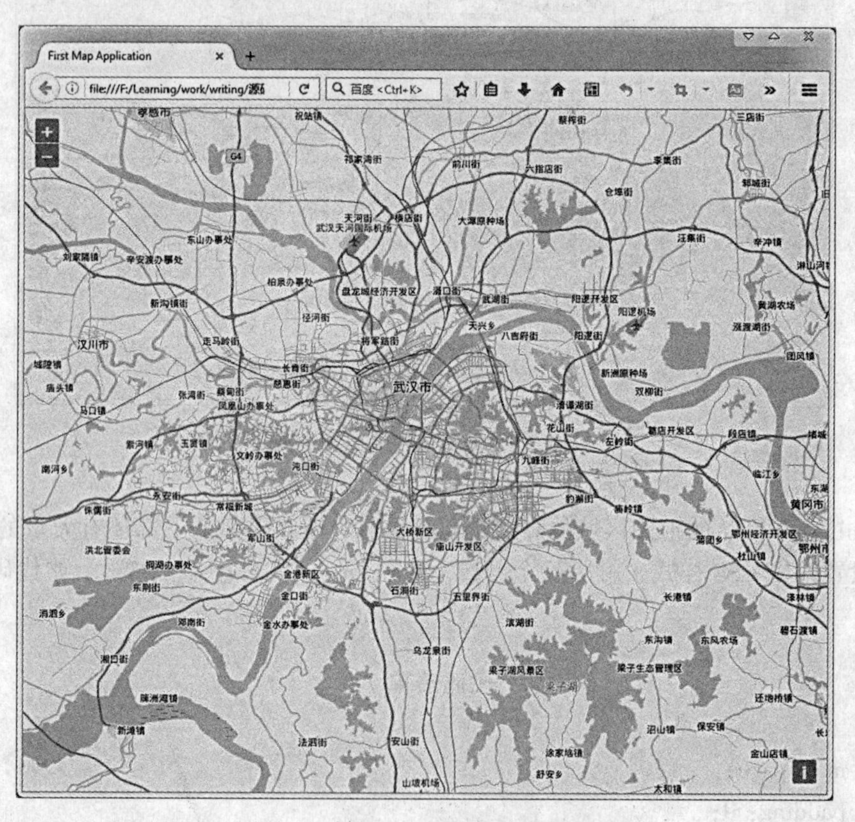

图 7.6　充满浏览器高度的应用界面

OpenLayers 默认的 Map 类型已经具备了许多基本的地图功能，如响应鼠标滚轮的缩放，鼠标左键的拖曳，Shift 加鼠标左键的快捷缩放，左上角的缩放按钮和右下角的详细信息等。这也是 OpenLayers 功能强大的一个体现。开发者还能够通过 OpenLayers 提供的各种类定制地图功能。下一节将对这些类做进一步的阐述。

7.3 理解 OpenLayers 关键概念

OpenLayers 是一个基于面向对象设计模式的类库，这意味着它包含了许多用于封装行为、标准化对象间通信等功能的类。在这众多类中，有一些构建起了 OpenLayers 框架的基础的核心类，本节将通过具体的例子介绍这些核心组件。

我们将从 ol.Map 类开始，Map 类的实例是每一个 OpenLayers 应用的核心，它通过使用其他各类的实例来构建一个可交互的地图应用：一个 Map 实例通过 view 类型的实例来设置地图的视图；包含一个或几个 layer 类型实例用于存放图层；通过 control 类型实例来为地图添加与用户交互的控件；通过 overlay 类型实例来为地图添加放置在特定地理坐标上的控件，与 control 随屏幕移动的特性不同，overlay 只会固定在地图当中；通过 interaction 类型实例来为地图添加交互事件。

接下来通过一个示例来具体说明各个组件：

（1）首先，创建与 7.2 节相同的文件结构。接下来的工作将在 main.js 文件中完成。

（2）创建一个 OSM 图层，这个图层将被添加到地图的 layers 属性中，添加如下代码：

```
var layer = new ol.layer.Tile({
    source: new ol.source.OSM()
});
```

（3）创建一个 DoubleClickZoom 实例：

```
var interaction = new ol.interaction.DoubleClickZoom ();
```

（4）创建一个 OverviewMap 实例：

```
var control = new ol.control.OverviewMap();
```

（5）再创建一个 overlay，这需要在 index.html 中添加放置它的 HTML 元素和设置相关的样式（最佳实践应当是将元素样式放置在独立的 css 文件中，此处为方便演示实例）。在包含地图的 div 元素后添加：

```
<div id="overlay" style="background-color: yellow; width: 20px; height: 20px; border-
    radius: 10px;">
```

（6）现在可以添加 overlay 的代码：

```
var center = ol.proj.transform([114.31667, 30.51667], 'EPSG:4326', 'EPSG:3857');
var overlay = new ol.Overlay({
    position: center,
    element: document.getElementById('overlay')
```

```
});
```

（7）创建地图之前还需添加一个 view 实例，这里使用与 overlay 中一样的 center 属性：

```
var view = new ol.View({
    center: center,
    zoom: 6
});
```

（8）创建地图并使用所有之前创建的组件：

```
var map = new ol.Map({
    target: 'map',
    layers: [layer],
    interactions: [interaction],
    controls: [control],
    overlays: [overlay],
    view: view
});
```

（9）在浏览器中打开应用，可以看到如图 7.7 所示的界面。

图 7.7　应用界面

在以上步骤中，我们通过分别创建各个组件并将它们传递给 Map 类的构造函数构建了一个可交互的地图应用。现在，屏幕中央有了一个高亮的 overlay，可以通过双击屏幕来缩放地图，还可以点击应用左下角的按钮来切换缩略图的显示，这是使用了自定义的各个组件之后的效果。然而，地图默认的缩放按钮和移动、旋转功能被自定义的功能覆盖了，为避免出现这种情况，可以使用 OpenLayers 提供的 extend 方法或 Map 的 add 类方法将自定义的组件添加到地图中，而不是覆盖它们，比如：

```
var control = new ol.control.OverviewMap();
varcontrols = ol.control.defaults().extend([control]);
$scope.map = new ol.Map({
    controls: controls,
});
```

或者：

```
var control = new ol.control.OverviewMap();
$scope.map.addControl(control);
```

通过以上示例，可以看到 OpenLayers 地图的功能与几个核心组件息息相关。ol.View 控制地图的视图，每个地图都需要一个 view，否则不会有地图数据显示出来。而一个 view 可以被多个 map 使用，这使得让多个不同内容的地图显示同一块区域变得十分容易，由此可以开发出如缩略图这样的地图功能。

ol.layer 和 ol.overlay 用于显示地图的内容，一个 layer 可以提供一种地理数据资源，OpenLayers 支持各种格式的数据图层，如瓦片图层、矢量图层、图片图层，这些都是通过 layer 来加载到地图中的。而 overlay 可以在特定的地理位置显示 overlay 中的内容，这对于添加一些自定义的地图要素很有用，同时也方便实现地图弹框等之类的交互功能。

ol.interaction 允许用户通过鼠标等输入设备与地图交互，OpenLayers 中地图默认的 interaction 包括有双击鼠标缩放、拖曳移动视图、键盘“+”“-”号缩放地图、鼠标滚轮缩放等，在触屏设备上，还可以通过双指动作进行缩放和旋转。

ol.control 允许用户通过可见的按钮控件等与地图交互，可以看到，默认的 control 有缩放按钮、旋转按钮(地图旋转过之后才会显示，可以恢复到默认角度)、地图属性按钮。

本节介绍了 OpenLayers 应用的关键组件，Map 类是所有内容的核心，而其他组件 view、layer、overlay、interaction 和 control 由 Map 使用并最终整合成一个可交互的地图应用。

7.4 使用 OpenLayers 开发一个室内地图应用

如前所述，OpenLayers 提供了各种创建地图的组件，使得开发者可以方便地定制地图应用，本节我们将使用 OpenLayers 开发一个室内地图应用。OpenLayers 本身并没有与室内地图相关的类，但可以通过它提供的强大的绘制要素等功能实现一个可交互的室内地图应用。

本节所用到的代码数量和复杂度都有所增加，因而采用模块化的方式组织 JavaScript 代码。应用的整体架构如图 7.8 所示。

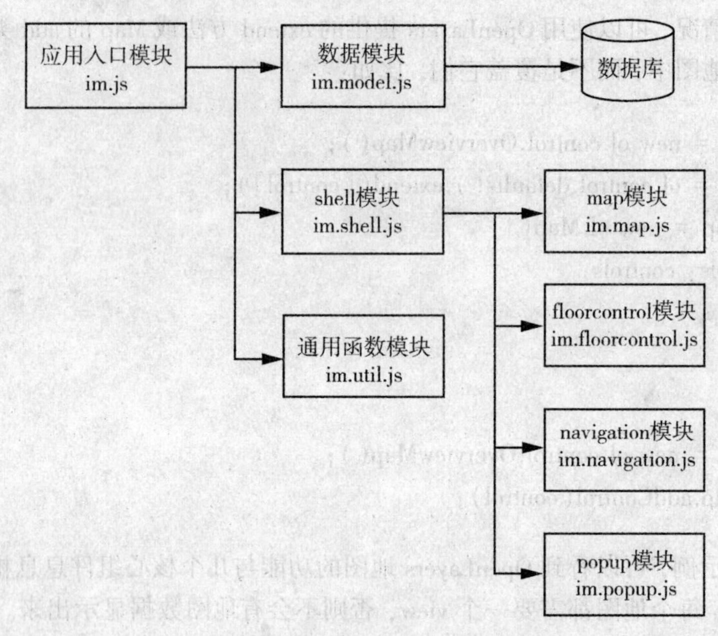

图 7.8　应用的整体架构

可以看到，所有模块都在命名空间 im 中。其中，im 模块是应用的主要模块，它负责初始化 model 模块和 shell 模块。model 模块负责管理应用的数据模型，shell 模块负责应用界面的渲染工作。对于更加细化的界面组件，还有 map、floorcontrol、navigation、popup 等具体的模块负责渲染和用户交互的工作，shell 起到协调这些具体模块的作用。util 模块则负责一些通用的 JavaScript 函数的管理工作。

代码的具体实现细节这里不作过多的讨论，读者可以参阅随书源码，下面对涉及室内地图应用的关键部分作一些说明。

应用核心的 ol.Map 类实例作为数据模型在 model 模块中声明，室内地图的每一个楼层作为地图的一个图层，为方便楼层的管理，给 ol.Map 类添加几个相关的接口，如代码清单 7-10 所示。

代码清单 7-10

```
//添加楼层管理的接口
//获取楼层数量
ol.Map.prototype.getFloorNum = function () {
    return this.getLayers().getLength() - 1;
};
//获取楼层在地图图层数组中对应的索引值
```

```
ol.Map.prototype.getFloorIndexes = function ( ) {
    var
        layername,
        indexes = [ ];
    for ( layername in stateMap.layerIndexMap ) {
        if ( stateMap.layerIndexMap.hasOwnProperty( layername ) ) {
            indexes.push( stateMap.layerIndexMap[ layername ] );
        }
    }
    return indexes;
};
//根据楼层索引获取楼层名称
ol.Map.prototype.getFloorName = function ( index ) {
    var layername;
    for ( layername in stateMap.layerIndexMap ) {
        if ( stateMap.layerIndexMap.hasOwnProperty( layername ) ) {
            if ( stateMap.layerIndexMap[ layername ] === index ) {
                return layername;
            }
        }
    }
    return false;
};
//获取当前显示的楼层
ol.Map.prototype.getCurrentFloor = function ( ) {
    return stateMap.currentFloor;
};
//设置当前显示的楼层
ol.Map.prototype.setCurrentFloor = function ( index ) {
    var
        settableIndexes = this.getFloorIndexes( ),
        formalIndex = stateMap.currentFloor,
        layers;
    //如果层在地图中就显示，并把当前的层设为隐藏
    //另外触发全局事件 'currentFloorChange'
    if ( settableIndexes.indexOf( index ) !== -1 ) {
        if ( formalIndex === index ) {
            return;
        }
```

```
        layers = this.getLayers();
        //设置当前层时，之前的索引还是未定义
        if ( formalIndex ! = = undefined ) {
            layers.item( formalIndex ).setVisible( false );
        }
        layers.item( index ).setVisible( true );
        stateMap.currentFloor = index;
        //用单独的命名空间，以便层控制模块能将初始事件视为离线事件
        //更多查看层控制模块
        im.util.gevent.create( 'toFloorControl' )
        .trigger( 'currentFloorChange', formalIndex, index );
        //其他模块不用初始事件，仅将层变化事件放在默认命名空间中
        im.util.gevent.trigger( 'currentFloorChange', formalIndex, index );
    }
    //抛出错误
    else {
        throw im.util.makeError( 'setCurrentFloorError',
            'The floor indented is not settable' );
    }
};
```

model 模块只负责地图数据的管理，地图显示的工作由 map 模块负责。map 模块中的 setFloorStyle 和 renderMap 函数分别用于设置楼层显示的样式和渲染地图，在模块初始化时调用，地图的显示效果如图 7.9 所示。

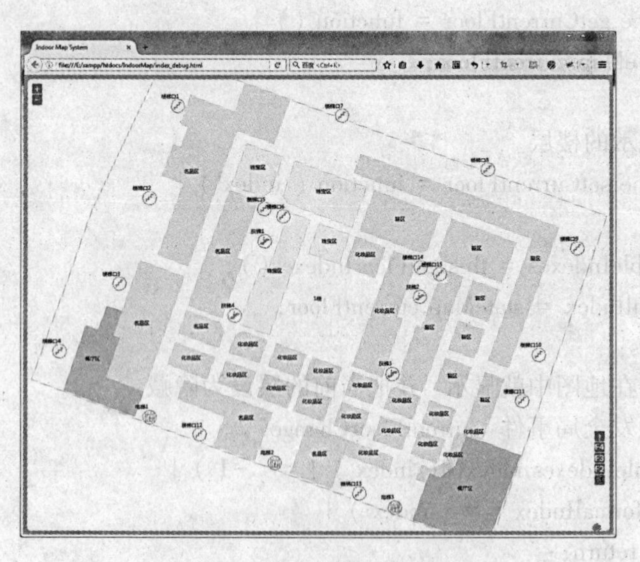

图 7.9　室内地图显示界面

地图交互的功能包括要素的选取、楼层切换和导航功能等。其中要素选取由 map 模块完成。如代码清单 7-11 所示，给地图实例添加鼠标单击事件，若选中了要素，则高亮该要素，将视图中心移动到单击位置，并发布一个要素选中的全局事件。

代码清单 7-11

```
onClickMap = function ( event ) {
    var feature = getFeatureAtPixel( event.pixel );

    if ( feature ) {
        highlightFeature( feature );
        panToCoordinate( event.coordinate );
        im.util.gevent.trigger( 'featureChosen', event.coordinate, feature );
    } else {
        im.util.gevent.trigger( 'nosenseClick' );
    }
};
```

要素选中后弹出一个弹出层，弹出层相关的功能由 popup 模块负责。popup 模块监听要素选中事件，根据单击位置设定弹出层的位置，并更新弹出层内容为要素信息。如代码清单 7-12 所示。

代码清单 7-12

```
onChooseFeature = function ( coordinate, feature ) {
    var info = feature.get( 'name' );

    jqueryMap. $popupContent.html( info );
    stateMap.popup.setPosition( coordinate );
};
```

楼层切换涉及楼层切换按钮，由 floorcontrol 模块具体负责。floorcontrol 模块初始化时根据楼层数量生成相应数量的楼层按钮和上下楼按钮，并绑定相应的事件处理函数，具体代码可以参看 createControl 函数。楼层切换处理函数使用 model 模块提供的接口设定当前显示的楼层。和 map 模块一样，floorcontrol 模块也要监听楼层切换事件，并将相应楼层的按钮高亮显示，如代码清单 7-13 所示。这里通过给楼层按钮切换相应的 CSS 类实现样式的切换。

代码清单 7-13

```
onCurrentFloorChange = function ( formalIndex, nowIndex ) {
    var indexes = configMap.mapModel.getFloorIndexes( );

    //初始化地图时，formal Index 是未定义的
```

```
    if ( formalIndex !== undefined ) {
        jqueryMap.$switchesMap[ formalIndex ].removeClass( 'current-floor' );
    }
    jqueryMap.$switchesMap[ nowIndex ].addClass( 'current-floor' );

    //在最高层时设置向上的楼梯为不可点击
    //无法点击
    if ( nowIndex === Math.max.apply( null, indexes ) ) {
        jqueryMap.$upstairs.addClass( 'unclickable' );
    } else {
        jqueryMap.$upstairs.removeClass( 'unclickable' );
    }

    if ( nowIndex === Math.min.apply( null, indexes ) ) {
        jqueryMap.$downstairs.addClass( 'unclickable' );
    } else {
        jqueryMap.$downstairs.removeClass( 'unclickable' );
    }
};
```

应用的另一个功能导航的交互和显示部分由 navigation 模块负责，导航路线作为数据由 model 模块管理。navigation 模块在初始化时将导航按钮添加到弹出层上，并添加一个新图层用于显示导航路线，如代码清单 7-14 所示。

代码清单 7-14

```
initModule = function ( $container ) {
    stateMap.$container = $container;
    $container.append( $( configMap.mainHTML ) );
    setJqueryMap();

    //在地图中添加一个图层用于显示导航路径
    stateMap.navLayer = new ol.layer.Vector( {
        source: new ol.source.Vector(),
        style: setRouteStyle
    } );
    configMap.mapModel.addLayer( stateMap.navLayer );

    jqueryMap.$start.click( onStartNav );
    jqueryMap.$end.click( onEndNav );
```

```
    //监听 Route Ready 事件
    im.util.gevent.listen( 'routeGenerated', onRouteReady );

    return true;
};
```

model 模块提供设置起点和终点两个接口供 navigation 模块调用。navigation 模块响应用户操作，使用这两个接口设定好起点和终点后，model 模块从服务器获取导航路径，并发送全局事件，告知 navigation 模块获取到了导航路径。navigation 模块接收到事件，将随事件一起发送的路径数据转换为线要素，添加到导航图层中显示。整个流程如图 7.10 所示。

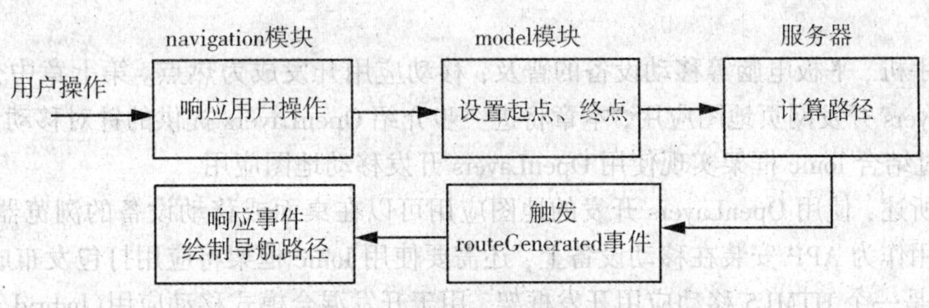

图 7.10　路径导航处理流程

为简单起见，服务器端的代码使用 php 编写，主要功能是提供地图数据和计算导航路径，这里不做详述，读者可以参阅随书代码。图 7.11 演示了应用的导航功能。

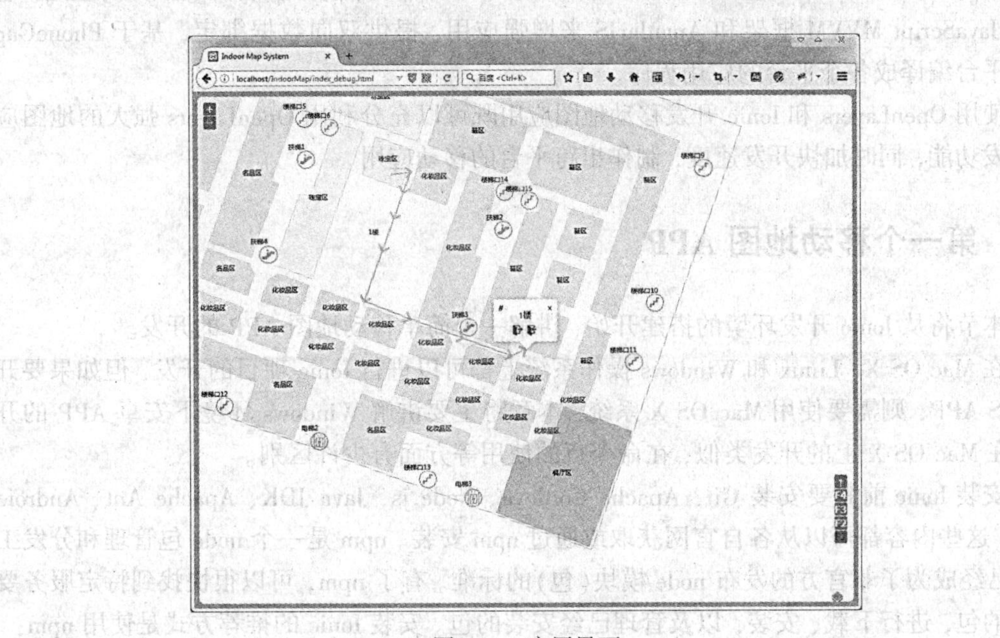

图 7.11　应用界面

第八章　用 OpenLayers 与 Ionic 开发移动地图应用

8.1　概述

随着手机、平板电脑等移动设备的普及，移动应用开发成为热点。第七章中介绍了使用 OpenLayers 开发网页地图应用，本章将进一步介绍 OpenLayers 提供的针对移动设备的功能，并通过结合 Ionic 框架实现使用 OpenLayers 开发移动地图应用。

如前所述，使用 OpenLayers 开发的地图应用可以在桌面或移动设备的浏览器中使用，想要将应用作为 APP 安装在移动设备上，还需要使用 Ionic 框架将应用打包发布成 APP。

Ionic 是一个 HTML5 移动应用开发框架，用于开发混合模式移动应用(hybrid app)。混合模式移动应用本质上来说是运行在应用内部的浏览器外壳中的小型网站，介于 web-app 和 native-app 这两者之间，兼具 native-app 良好的用户交互体验的优势和 web-app 跨平台开发的优势，是移动开发目前的一个热门方向。

Ionic 通过 SASS 构建应用程序，提供了很多 UI 组件来帮助开发者开发强大的应用。它使用 JavaScript MVVM 框架和 AngularJS 来增强应用，提供双向数据绑定，基于 PhoneGap 编译平台编译成各个平台的应用程序。

使用 OpenLayers 和 Ionic 开发移动地图应用既可以充分利用 OpenLayers 强大的地图应用开发功能，同时加快开发速度，制作出跨平台的移动应用。

8.2　第一个移动地图 APP

本节将从 Ionic 开发环境的搭建开始，讲解一个简单移动地图 APP 的开发。

在 Mac OS X、Linux 和 Windows 操作系统上都可以进行 Ionic 项目的开发，但如果要开发 IOS APP，则需要使用 Mac OS X 系统，本章将主要讲解 Windows 环境下安卓 APP 的开发，在 Mac OS X 上的开发类似，在命令行的使用等方面有少许区别。

安装 Ionic 前需要安装 Git，Apache Cordova、Node.js，Java JDK、Apache Ant、Android SDK，这些内容都可以从各自官网获取或通过 npm 安装。npm 是一个 node 包管理和分发工具，已经成为了非官方的发布 node 模块(包)的标准。有了 npm，可以很快找到特定服务要使用的包，进行下载、安装，以及管理已经安装的包。安装 Ionic 的推荐方式是使用 npm：

```
npm install-g ionic
```

安装完成后使用如下命令行创建一个新的名为 Starter 的空 Ionic 项目：

Ionic start Starter blank

Ionic 将自动搭建好文件目录和创建必要的文件，运行

cd MapTest && ls

可以看到文件结构如下：

```
├── bower.json       // bower 依赖项
├── config.xml       // cordova 配置文件
├── gulpfile.js      // gulp 任务项
    ├── hooks        //编译 cordova 时自定义的脚本命令
commands
├── ionic.project    // ionic 配置文件
├── package.json     // node 依赖项
├── platforms        // iOS 或者 Android 特定的 build 存放目录
    ├── plugins      // cordova/ionic 插件安装目录
├── scss             // scss 代码,将生成的 css 输出到 www/css/目录下
    └── www// 应用主目录，放置 JS 代码、类库、CSS 文件、图片等
```

我们的移动地图应用开发主要在 www 目录下进行。

首先，打开 index.html 文件，观察一下 Ionic 自动构建的空白应用的 html 结构，如图8.1所示。

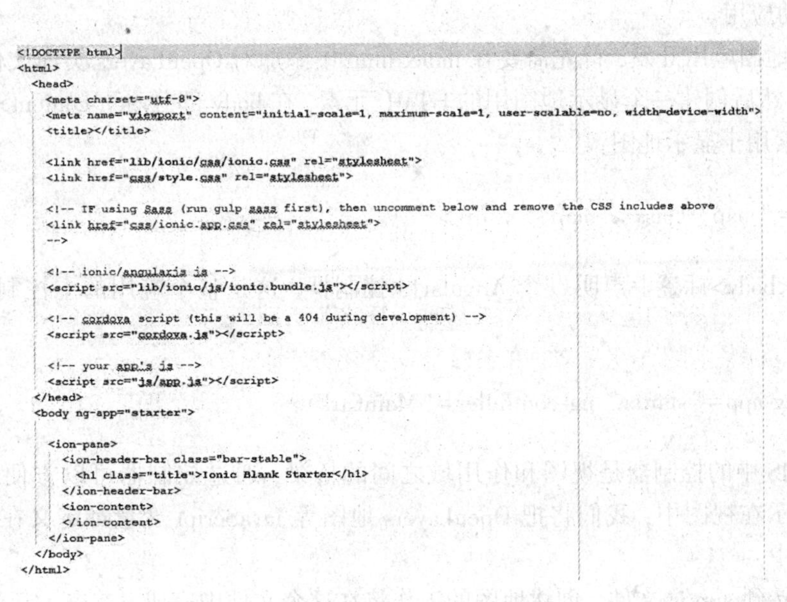

```
<!DOCTYPE html>
<html>
  <head>
    <meta charset="utf-8">
    <meta name="viewport" content="initial-scale=1, maximum-scale=1, user-scalable=no, width=device-width">
    <title></title>

    <link href="lib/ionic/css/ionic.css" rel="stylesheet">
    <link href="css/style.css" rel="stylesheet">

    <!-- IF using Sass (run gulp sass first), then uncomment below and remove the CSS includes above
    <link href="css/ionic.app.css" rel="stylesheet">
    -->

    <!-- ionic/angularjs js -->
    <script src="lib/ionic/js/ionic.bundle.js"></script>

    <!-- cordova script (this will be a 404 during development) -->
    <script src="cordova.js"></script>

    <!-- your app's js -->
    <script src="js/app.js"></script>
  </head>
  <body ng-app="starter">

    <ion-pane>
      <ion-header-bar class="bar-stable">
        <h1 class="title">Ionic Blank Starter</h1>
      </ion-header-bar>
      <ion-content>
      </ion-content>
    </ion-pane>
  </body>
</html>
```

图 8.1　Ionic 自动生成的 index.html

Ionic 在 html 的 head 部分首先用一个<meta>元素声明了默认的应用视图设置，然后自动添加了几个必需的 JS 库文件。在 body 部分，首先给<body>元素添加了一个 ng-app 属性，这是一个 AngularJS 指令，标注一个 AngularJS 应用的开始(关于 AngularJS 的基础内容请参阅相关文档和书籍)。接下来是一个<ion-pane>标签，这是一个基本的 Ionic 自适应内容的界面容器，其子元素<ion-header-bar>和<ion-content>分别是界面的标题和内容部分。

www 目录下的 app.js 文件是开发过程中另一个重要的文件，图 8.2 是 Ionic 自动生成的 app.js 文件。

```
// Ionic Starter App

// angular.module is a global place for creating, registering and retrieving Angular modules
// 'starter' is the name of this angular module example (also set in a <body> attribute in index.html)
// the 2nd parameter is an array of 'requires'
angular.module('starter', ['ionic'])

.run(function($ionicPlatform) {
  $ionicPlatform.ready(function() {
    if(window.cordova && window.cordova.plugins.Keyboard) {
      // Hide the accessory bar by default (remove this to show the accessory bar above the keyboard
      // for form inputs)
      cordova.plugins.Keyboard.hideKeyboardAccessoryBar(true);

      // Don't remove this line unless you know what you are doing. It stops the viewport
      // from snapping when text inputs are focused. Ionic handles this internally for
      // a much nicer keyboard experience.
      cordova.plugins.Keyboard.disableScroll(true);
    }
    if(window.StatusBar) {
      StatusBar.styleDefault();
    }
  });
})
```

图 8.2　Ionic 自动生成的 app.js

Ionic 首先为我们的应用声明了一个 AngularJS 模块，并加载了 Ionic 模块，然后调用 run 方法启动应用。

要开始地图应用开发，首先需要在 index.html 中添加对 OpenLayers 类库文件 ol.js 和 ol.css 的引用。然后创建一个显示地图用的 HTML 元素，在 body 部分<ion-content>标签内添加一个 div 元素用于显示地图：

```
<div id="map" class="map"></div>
```

最后在<body>标签上声明一个 AngularJS 控制器，这是整个应用的主控制器，命名为 MainCtrl：

```
<body ng-app="starter" ng-controller="MainCtrl">
```

AngularJS 中的控制器是视图和作用域之间的桥梁，通过控制器可以方便地将作用域中的数据显示在视图中，我们将把 OpenLayers 地图等 JavaScript 变量都定义在这个主控制器的作用域中。

接下来转到 app.js 文件，创建地图的工作将在这个文件中完成。首先，定义主控制器，由于 run 方法的返回值是我们的 app，直接在 run 方法的调用后面继续调用 controller 方法定义主控制器：

```
.controller('MainCtrl', function( $scope) {})
```

在函数内部添加如下代码：

```
var osmLayer = new ol.layer.Tile({
    source: new ol.source.OSM()
});
var wuhan = ol.proj.transform([114.31667, 30.51667], 'EPSG:4326', 'EPSG:3857');
var view = new ol.View({
    center:wuhan,
    zoom:10
});
$scope.map = new ol.Map({
    target:document.getElementById('map')
});
$scope.map.addLayer(osmLayer);
$scope.map.setView(view);
```

这几段代码与第六章中相似，创建了一个简单的地图。注意，我们将 map 定义在了主控制器的作用域 $scope 中，这样在主控制器的子控制器中还可以对 map 进行操作，而为创建地图而声明的 osmLayer 等变量定义成了当前函数的私有变量，我们不能也无需再访问它们了。同样，为解决地图没有充满屏幕的问题，打开 www/css 下的 style.css 文件，这是 Ionic 提供的供开发者自定义样式的文件，在其中添加：

```
html, body {
    height: 100%;
}

#map {
    height: 100%;
}
```

这样，地图在应用中就能够全屏显示在移动设备中了。

运行以下命令将应用作为安卓 APP 进行测试：

```
ionic platform add android
ionic build android
ionic emulate android
```

可以看到如图 8.3 所示的应用界面。

运行了 build 命令后，在 platforms/android/build/outputs/apk 文件夹下可以找到相应的

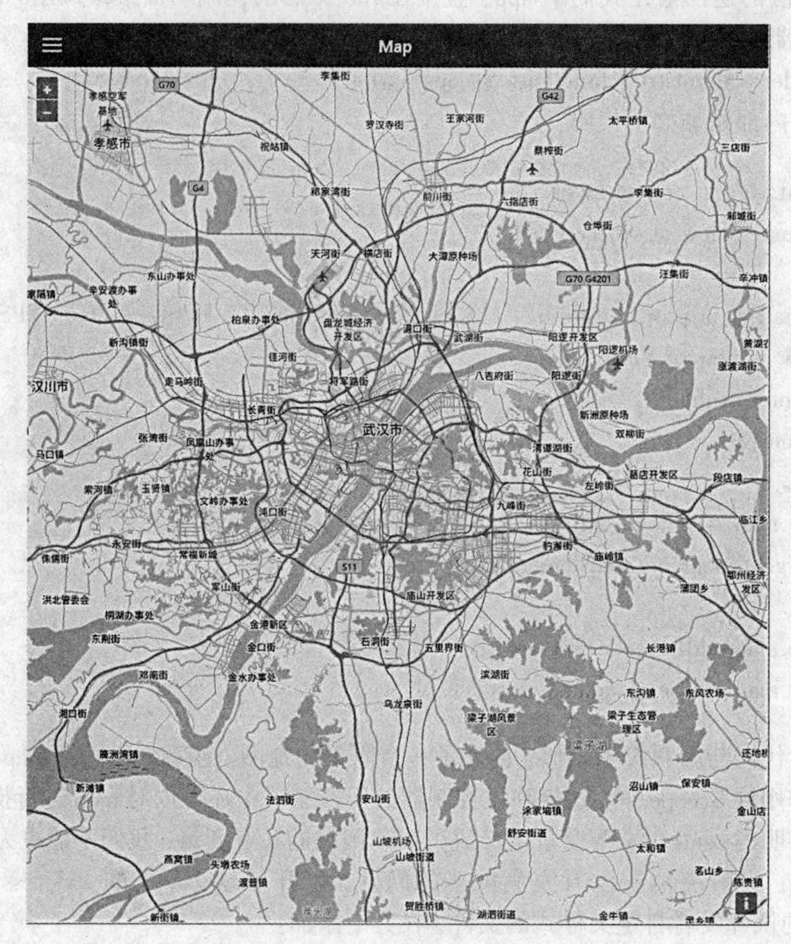

图 8.3　第一个移动地图 APP 界面

apk 文件，可以使用这个 apk 文件在真机上调试。

8.3　使用 Ionic 设计应用界面

使用 Ionic 可以方便地设计出各种样式的 UI 界面，Ionic 提供了许多 AngularJS 指令和服务用于支持 UI 界面的部署。比如对于应用中常用到的列表，Ionic 提供了 ion-list 和 ion-item 两个指令用于构建基本的列表，一个简单的例子如下：

```
<ion-list>
    <ion-item ng-repeat="item in items">
        Hello, {{item}}!
    </ion-item>
</ion-list>
```

这段代码可以构建出一个简单的列表，通过在相应控制器作用域的 items 对象中添加元素，列表将列出形如“Hello,”+“items 中的每一个元素内容”的列表项。

在本节中，我们将给地图应用添加一个 Settings 侧边栏，用户可以在其中对应用进行相关设置。

首先，将 ion-pane 元素和其子元素替换成一个 ion-side-menus 元素，这是 Ionic 提供的侧边栏指令，它至少需要 ion-side-menu-content 和 ion-side-menu 两部分，前者是应用的中央界面内容，后者是侧边栏内容，html 代码如下：

```
<ion-side-menus>
    <!-- 中央内容 -->
    <ion-side-menu-content>
        <ion-header-bar class="bar-dark">
            <button menu-toggle="left"  class="button button-icon icon ion-navicon">
                </button>
            <h1 class="title">Map</h1>
        </ion-header-bar>
        <ion-content>
            <div id="map"  class="map"></div>
        </ion-content>
    </ion-side-menu-content>
    <!-- 左边栏内容 -->
    <ion-side-menu side="left">
        <ion-header-bar class="bar-dark">
            <h1 class="title">Settings</h1>
        </ion-header-bar>
    </ion-side-menu>
</ion-side-menus>
```

在<ion-header-bar>中，我们添加了一个用于打开设置栏的按钮，并将应用标题设为“Map”。在<ion-content>中，我们添加一个显示地图用的<div>。通过将<ion-side-menu>元素的 side 属性设为 left 声明这是一个从应用左侧弹出的侧边栏，并为它添加“Settings”标题，在设置栏中暂时还没有添加任何选项。

对应用进行测试，应用界面如图 8.4 所示。

点击标题栏中的按钮或者向右拖动应用界面可以弹出左边的设置栏。对于地图应用来说，向右拖动弹出左边栏并不是一个好的设计，用户向右拖动的目的可能只是调整地图的显示范围，为此，需要禁用侧边栏布局的默认行为，通过给<ion-side-menu-content>添加一个值为“false”的 drag-content 的属性可以做到这一点。现在，左边的设置栏只会通过点击按钮显示出来。接下来几节将逐步在 Settings 中添加设置功能。

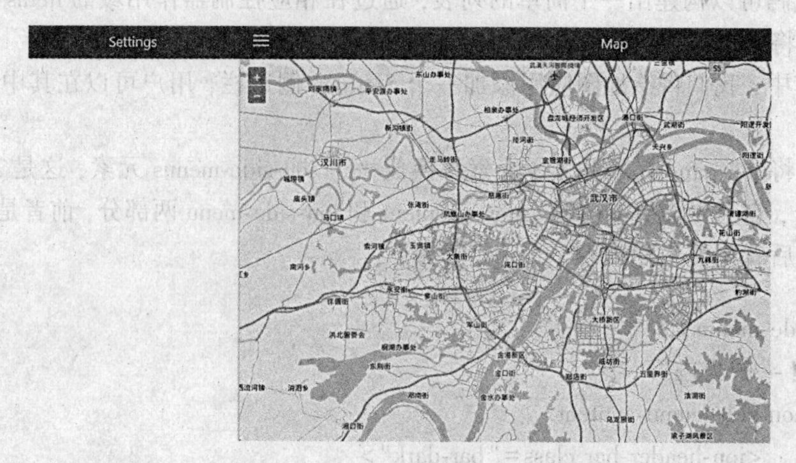

图 8.4　带有 Settings 侧边栏的应用界面

8.4　使用各类地图资源

在 OpenLayers 中，可以通过使用不同的 ol.layer 子类加载不同类型的地图数据，如瓦片、图片、矢量等。图 8.5 展示了不同 ol.layer 类的继承关系。

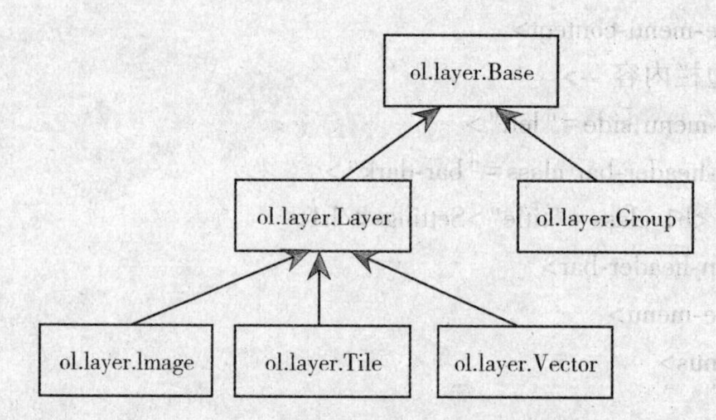

图 8.5　不同 ol.layer 类的继承关系

ol.layer.Base 类中定义了各类图层共有的行为。ol.layer.Group 用来合并一组图层，从而可以将它们视为一个图层进行操作。ol.layer.Layer 类中定义了许多各类图层都有的属性，如 brightness、contrast、opacity、visible、source、minResolution、maxResolution 等。每个属性都有相应的 get 和 set 方法。ol.layer.Tile、ol.layer.Image 分别用来存放瓦片和非瓦片栅格地图数据，而 ol.layer.Vector 用来存放矢量数据。

layer 类中一个重要的属性是 source，其值是 ol.source.Source 类子类的实例，通过使用不同的 ol.source.Source 子类可以实现加载各类地图资源，常用的如 ol.source.OSM 用于加载 OpenStreetMap，ol.source.TileJSON 用于加载 TileJSON 格式地图资源，ol.source.TiledWMS 用

于符合 OGC 标准的瓦片地图服务等。

在前面几节中我们使用的是 OSM 资源，下面的例子将在 Settings 侧边栏中提供切换地图源的功能。

(1) 首先，在 index.html 中添加单选列表项的框架，在<ion-side-menu>标签下的<ion-content>中添加下列代码：

```
<div class="list" ng-controller="SourceCtrl">
<div class="item item-divider"> Map Sources</div>
    <ion-radio ng-repeat="source in sourceList"
        ng-value="source.value"
        ng-model="data.sourceChosen"
        ng-change="sourceChange(data.sourceChosen)">
        {{ source.text }}
    </ion-radio>
</div>
```

我们声明了一个负责处理地图源切换功能的控制器，然后构建了一个单选项地图源列表，其中的选项来自于作用域中的 sourceList 变量，单选项的值是 source 对象的 value 属性，用户选择的值将反映在 data.sourceChosen 变量中，当选项改变时，会调用 sourceChange 函数。同时单选项的说明文本设为 source 对象的 text 属性。

(2) 接下来，在 app.js 的主控制器中创建供选择的图层：

```
var osmLayer = new ol.layer.Tile({
    source: new ol.source.OSM()
});
var MapQuestLayer = new ol.layer.Tile({
    source: new ol.source.MapQuest({ layer: 'osm' }),
    visible: false
});
var MapQuestSatLayer = new ol.layer.Tile({
    source: new ol.source.MapQuest({ layer: 'sat' }),
    visible: false
});
```

注意只要默认的 OSM 地图设为可见，并将它们都添加到 map 中：

```
$scope.map = new ol.Map({
    target: document.getElementById('map'),
    layers: [osmLayer, MapQuestLayer, MapQuestSatLayer],
    view: view
```

```
});
```

(3) 定义处理地图切换的控制器：

```
.controller('SourceCtrl', function($scope) {
```

在创建控制器的函数中首先把供选择的列表项列出：

```
$scope.sourceList = [
    { value: 0, text: "OSM" },
    { value: 1, text: "MapQuest" },
    { value: 2, text: "MapQuest Satellite" }
];
```

各项的 value 值与 map.layers 数组相应图层的索引保持一致。

(4) 定义 data 对象用于存放用户所选的选项：

```
$scope.data = {
    sourceChosen: 0
};
```

默认为 OSM 地图。

(5) 定义选项改变时的响应函数，只把所选的图层设为可见：

```
$scope.sourceChange = function(sourceValue) {
    switchSource (sourceValue);
};
```

switchSource 函数的具体代码如下：

```
function switchSource(sourceValue) {
    var layers = $scope.map.getLayers();
    $scope.sourceList.forEach(function(source) {
        layers.item(source.value).setVisible(false);
    });
    layers.item(sourceValue).setVisible(true);
};
```

首先，获取所有图层，这里访问了父作用域中的 map 对象，调用其 getLayers 方法获取地图中的所有图层。然后，使用数组的 forEach 方法对每一个地图源图层调用 setVisible 方法将所有图层设为不可见，最后，将选中的图层设为可见的。

(6) 启动测试，现在可以在 Settings 侧边栏中切换地图源了。

上述例子展示了如何使用 ol.layer 和 ol.source 类型加载瓦片地图数据，在实际应用中，非瓦片的栅格数据和矢量数据的应用也非常广泛，关于前者可以参考 OpenLayers 官网提供的示例，后者在 OpenLayers 中的实现主要是由 ol.layer.Vector 类和与其密切相关的 source、format、feature、geometry、style 等类完成的。

ol.source.Vector 类及其子类用于加载各类矢量数据，常用的如 ol.source.Cluster 用于加载一组要素，该类会自动将距离相近的要素合并；ol.source.GeoJSON 用于加载以 GeoJSON 格式存储的要素；ol.source.OSMXML 用于加载 Open Street Map XML 模式的数据。ol.source.Vector 类提供了以下重要的方法：

addFeatures(feature)：参数是 ol.Feature 类型实例，将一个单一的要素加载到矢量数据中。

addFeatures(features)：参数是 ol.Feature 类型实例的数组，一次性加载一组要素。

clear()：清除 source 中的所有要素。

forEachFeature(callback, scope)：这个方法对资源中的每一个要素调用 callback 函数，并将该要素作为 callback 的唯一参数。scope 是可选的，用于设置 callback 函数内部的 this 值。

forEachFeatureInExtent(extent, callback, scope)：与 forEachFeature 方法作用类似，只不过使用了一个 ol.extent 作为参数选取范围内的要素。

getClosestFeatureToCoordinate(coordinate)：和名字的含义一样，返回离给定坐标最近的要素。

getExtent()：获取当前所有要素所在的范围，返回值是一个 ol.extent 实例。

getFeatureById(id)：返回 id 值为给定 id 的要素。

getFeatureAtCoordinate(coordinate)：返回一个要素数组，要素的范围包含了给定坐标。

removeFeature(feature)：从资源中移除给定的要素。

要素是矢量资源的基本组成部分，上面的方法也大量用到了 ol.Feature 类型。一个 OpenLayers 要素包含几何和属性两方面的信息，其几何信息是由 ol.geom 及其子类来表示的，包括 Circle、LineString、Point、Polygon 等，如

new ol.geom.Polygon([[[0.0, 0.0], [0.0, 1.0], [1.0, 0.0], [0.0, -1.0]]])

构造了一个简单的多边形。一个要素还可以有 id、name、style 和其他自定义的属性。其中 style 属性定义了要素的显示方式，它的值是一个 ol.style 类型的实例。下一节，我们将使用矢量图层完善地图应用的功能。

8.5 与地图应用交互

与 OpenLayers 地图应用进行交互主要依赖于前面所述的 ol.interaction 和 ol.control 两个类以及 OpenLayers 的事件机制。

事件是 OpenLayers 中的一个基本部分，知道何时发生了什么事件并如何做出反应是非常重要的。一类典型的事件是用户事件，比如鼠标点击或者手指触屏。另一类事件则是内部的，比如地图被移动了，这将触发 OpenLayers 的其他部分更新用户界面或者加载更多数据。

OpenLayers 中 ol.Obervable 类中定义了许多事件相关的方法，而常用的类型如 ol.Map、ol.Layer、ol.View 等都间接继承自这个类，这意味着可以在地图、图层、视图等应用的各部分组件上使用继承自这个类的方法来对事件进行监听并做出反应。ol.Obervable 类中定义了以下与事件有关的方法：

on(type, listener, scope)：这个方法注册一个监听函数，当 type 类型的事件发生时，listener 函数将被调用，scope 参数是可选的，用于设置 listener 函数内部的 this 值。其返回值是一个该监听函数的唯一标识，可以作为 unByKey 方法的参数来移除一个监听函数。listener 函数被调用时会传入一个 event 对象作为参数，一般来说，event 对象包括事件类型和目标属性等信息。

once(type, listener, scope)：这个方法与 on 方法类似，只不过 listener 函数将只被触发一次，之后会被自动移除。

un(type, listener, scope)：这个方法移除用 on 方法注册的监听函数，需要与 on 方法完全相同的参数，因而如果打算使用此方法移除监听函数，则在 on 方法中不能使用匿名函数。

unByKey(key)：这个方法通过 on 或 once 方法返回的标识值移除监听函数。

以下代码使用 on 方法在 map 上注册了一个地图移动的监听函数：

```
map.on('moveend', function() {
    console.log('move end event!');
});
```

通过 unByKey 方法可以移除：

```
var key = map.on('moveend', function() {
    console.log('move end event!');
});
map.unByKey(key);
```

或者不使用匿名函数，通过 un 方法移除：

```
function onMoveEnd(event) {
    console.log('moveend event 2');
}
map.on('moveend', onMoveEnd);
map.un('moveend', onMoveEnd);
```

接下来运用这几个方法，结合 8.5 节介绍的矢量图层，给地图应用添加一些交互功能。我们的目标是给应用添加简单的测量功能，用户能够在地图上画线或区域，得到相应的长度或面积信息。

(1) 首先，为地图应用添加一个矢量图层，用户在这个图层上进行要素的绘制：

```
var vectorLayer = new ol.layer.Vector({
    source: new ol.source.Vector(),
    style: new ol.style.Style({
        fill: new ol.style.Fill({
```

```
                color: 'rgba(255, 255, 255, 0.2)'
            }),
            stroke: new ol.style.Stroke({
                color: 'red',
                width: 2
            })
        })
    });
```

这里使用 style 属性指定了图层上要素的默认样式，包括填充和边框，实际效果是，绘制出的线条将是红色的，多边形内将填充较淡的白色。在 map 的 layers 属性中添加这个图层：

```
$scope.map = new ol.Map({
    target: document.getElementById('map'),
    layers: [osmLayer, MapQuestLayer, MapQuestSatLayer, vectorLayer],
    view: view
});
```

（2）在 Settings 面板中新增一个按钮，用于打开测量功能，html 元素如下：

```
<div class="toggle" ng-controller="MeasureCtrl">
    <div class="item item-divider">
        Measure Switch
    </div>
    <ion-toggle ng-model="data.measureMode"
        toggle-class="toggle-calm"
        ng-change="modeChange(data.measureMode)">
        Measure Mode
    </ion-toggle>
</div>
```

Ionic 按钮由 ion-toggle 指令标识，与 ion-radio 类似，使用 ng-model 命令指定存放其值的数据模型，ng-change 指定其值变化时的响应函数。

因为测量模式有两种，长度和面积，在</ion-toggle>后还需添加两个单选项：

```
<ion-radio ng-repeat="mode in modes"
    ng-value="mode.value"
    ng-model="data.modeChosen"
    ng-change="modeTypeChange(data.modeChosen)"
```

```
        ng-show="data.measureMode"
        name="mode">
        {{ mode.text }}
    </ion-radio>
```

通过使用 ng-show 指令使这两个选项的显示与否与测量模式的打开关闭相关联，添加一个 name 属性使其与地图源切换的单选项区分。

接下来，在 app.js 中定义 MeasureCtrl 控制器：

```
.controller('MeasureCtrl', function($scope) {
    $scope.modes = [
        { value: 0, text: "length" },
        { value: 1, text: "area" }
    ];
    $scope.data = {
        measureMode : false,
        modeChosen: 0
    };
    $scope.modeChange = function (measureMode) {
        if (measureMode) {

        } else {

        }
    };
    $scope.modeTypeChange = function (modeType) {

    };
})
```

首先添加两种测量模式，data 中存放测量模式开关的标识和选取的测量选项。然后添加两个响应函数，modeChange 函数处理测量模式开关时的响应，modeTypeChange 函数处理切换测量选项的响应。后面将完善这两个函数。

（3）打开测量模式后，允许用户绘制测量要素。首先在创建控制器的函数内定义一个 ol.interaction.Draw 类的实例 draw：

```
var draw;
```

将其定义成创建函数的私有变量而不是在 modeChange 函数内定义是考虑到之后还需在 modeTypeChange 函数中移除它。modeChange 和 modeTypeChange 函数都是控制器创建函数的闭包，因而都可以访问到 draw 变量。draw 先不必在此初始化，当启动测量模式后初始化即可。

出于同样的考虑，再定义以下几个在多个函数内都将需要的变量：

```
/**
    * 当前绘制的要素.
    * @type {ol.Feature}
 */
var sketch;
/**
    * 显示测量结果的 HTML 元素.
    * @type {Element}
 */
var measureTooltipElement;
/**
    * 显示测量结果的 overlay.
    * @type {ol.Overlay}
 */
var measureTooltip;
/**
    * 把上述 overlay 都存放在一个数组内，这样可以在测量模式关闭之后移除它们
    * @type {Array{ol.overlay}}
 */
var measureTooltips = [];
```

接下来可以定义启动绘制的函数了：

```
function enableDraw() {}
```

在函数内部，首先通过 modeChosen 来确定绘制线段或者多边形。然后在地图上添加一个 ol.interaction.Draw 类交互，其 source 属性设为矢量图层的 source，指示将在矢量图层上进行绘制。再定义一个 ol.style.Style 实例控制绘制样式，实际效果是绘制时有一个圆用来选点，画出的线段是黑色虚线。

```
var type = $scope.data.modeChosen == 0 ?'LineString' : 'Polygon';
var layers = $scope.map.getLayers();
draw = new ol.interaction.Draw({
    source: layers.item(layers.getLength() - 1).getSource(),
    type: /** @type {ol.geom.GeometryType} */ (type),
    style: new ol.style.Style({
        fill: new ol.style.Fill({
            color: 'rgba(255, 255, 255, 0.2)'
```

```
            }),
            stroke: new ol.style.Stroke({
                color: 'rgba(0, 0, 0, 0.5)',
                lineDash: [10, 10],
                width: 2
            }),
                image: new ol.style.Circle({
                radius: 5,
                stroke: new ol.style.Stroke({
                    color: 'rgba(0, 0, 0, 0.7)'
                }),
                fill: new ol.style.Fill({
                    color: 'rgba(255, 255, 255, 0.2)'
                })
            })
        })
});
$scope.map.addInteraction(draw);
```

（4）接下来，需要定义返回测量结果的两个函数：formatLength 和 formatArea，它们分别返回格式化的测量长度和面积。

```
var formatLength = function(line) {
    var length = 0;
    var wgs84Sphere = new ol.Sphere(6378137);
    var coordinates = line.getCoordinates();
    var sourceProj = $scope.map.getView().getProjection();
    for (var i = 0, ii = coordinates.length - 1; i < ii; ++i) {
        var c1 = ol.proj.transform(coordinates[i], sourceProj, 'EPSG:4326');
        var c2 = ol.proj.transform(coordinates[i + 1], sourceProj, 'EPSG:4326');
        length += wgs84Sphere.haversineDistance(c1, c2);
    }
    var output;
    if (length > 100) {
        output = (Math.round(length / 1000 * 100) / 100) +' ' + 'km';
    } else {
        output = (Math.round(length * 100) / 100) +' ' + 'm';
    }
```

```
    return output;
};
```

formatLength 函数以一个 ol.geom.LineString 类实例作为参数，首先定义一个半径等于 WGS-84 椭球长半轴的球体，OpenLayers 提供了球体类型用于计算球面上的距离。在计算线段总长度时，把线段端点坐标都由当前的投影转换到 EPSG:4326 下，这是与 WGS-84 椭球对应的投影，然后调用 ol.Sphere 的 haversineDistance 方法计算端点间的距离并求出总和。求得的 length 是以米为单位的，最后根据 length 值的大小适时将其转换为千米为单位并返回，这里使用 Math.round 方法进行四舍五入，先乘以 100 舍入再除以 100 以保留两位小数。

formatArea 函数与此类似，使用 ol.Sphere.geodesicArea 方法计算面积：

```
var formatArea = function(polygon) {
    var area;
    var wgs84Sphere = new ol.Sphere(6378137);
    var sourceProj = $scope.map.getView().getProjection();
    var geom = /**@type {ol.geom.Polygon} */(polygon.clone().transform(
        sourceProj, 'EPSG:4326'));
    var coordinates = geom.getLinearRing(0).getCoordinates();
    area = Math.abs(wgs84Sphere.geodesicArea(coordinates));
    var output;
    if (area > 10000) {
        output = (Math.round(area / 1000000 * 100) / 100) +
            ' ' + 'km<sup>2</sup>';
    } else {
        output = (Math.round(area * 100) / 100) +' ' + 'm<sup>2</sup>';
    }
    return output;
};
```

(5) 有了量测用的两个函数后，还需要一个 overlay 类型在地图上显示量测结果，overlay 类型需要相应的 HTML 元素作为容器，并在同一个函数里创建它们：

```
function createMeasureTooltip() {
    if (measureTooltipElement) {
        measureTooltipElement.parentNode.removeChild(measureTooltipElement);
    }
    measureTooltipElement = document.createElement('div');
    measureTooltipElement.className = 'tooltip tooltip-measure';
    measureTooltip = new ol.Overlay({
        element: measureTooltipElement,
```

```
        offset：[0, -15],
        positioning：'bottom-center'
    });
    measureTooltips.push(measureTooltip);
    $scope.map.addOverlay(measureTooltip);
}
```

这个 overlay 和相应容器都是需要在测量模式关闭时移除的，因而将它们定义在该函数的外部，我们在第(3)步中已经定义了这两个变量：measureTooltip 和 measureTooltipElement。在函数内部创建它们，给 measureTooltipElement 设置两个 class 属性以使用 CSS 定义它的样式，measureTooltip 创建好后把它添加到 measureTooltips 和 map 中。

(6) 现在我们已经有了量测用的函数和显示量测结果的 overlay，可以回到 enableDraw 函数中使用这两个部分完成量测功能了。在 $scope.map.addInteraction(draw);后继续添加代码：

首先，创建显示量测结果的 overlay 和相应 HTML 容器：

```
createMeasureTooltip();
```

然后，为了实时地显示量测结果，在 draw 交互上使用 on 方法添加一个 drawstart 事件。

```
var listener;
draw.on('drawstart',function(evt) {
    // set sketch
    sketch = evt.feature;
    /** @type {ol.Coordinate|undefined} */
    var tooltipCoord = evt.coordinate;

    listener = sketch.getGeometry().on('change', function(evt) {
        var geom = evt.target;
        var output;
        if (geom instanceof ol.geom.Polygon) {
            output = formatArea(geom);
            tooltipCoord = geom.getInteriorPoint().getCoordinates();
        } else if (geom instanceof ol.geom.LineString) {
            output = formatLength(geom);
            tooltipCoord = geom.getLastCoordinate();
        }
        measureTooltipElement.innerHTML = output;
        measureTooltip.setPosition(tooltipCoord);
```

```
    });
}, this);
```

如前所述，为事件添加的监听函数可以使用一个 event 对象作为参数，该对象包含有目标属性等信息。首先，使用 sketch 变量存放当前绘制的要素，在事件监听函数外部设置一个 listener 变量，存放 sketch 的 geometry 属性改变时的响应函数，以便在 draw 结束时将其移除。在 sketch 的 geometry 属性上定义的这个响应函数，将在当前绘制要素改变时触发，在其内部调用之前定义的 formatArea 或 formatLength 函数计算量测结果，这样就实现了绘制要素时实时地返回量测结果。量测结果显示的位置是通过当前绘制要素的 geometry 属性的方法获取的，getInteriorPoint 方法返回多边形的一个内部点，getLastCoordinate 方法返回线段的上一个端点。通过 measureTooltipElement 的 innerHTML 属性方便地在元素内部添加文本节点显示量测结果，调用 measureTooltip 的 setPosition 方法设置结果显示位置。

接下来，定义 draw 交互结束时的响应函数：

```
draw.on('drawend',function() {
    measureTooltipElement.className = 'tooltip tooltip-static';
    // unset sketch
    sketch = null;
    // unset tooltip so that a new one can be created
    measureTooltipElement = null;
    createMeasureTooltip();
    ol.Observable.unByKey(listener);
}, this);
```

用户绘制完要素后，把 measureTooltipElement 的 class 属性改为 tooltip-static，以显示和绘制时不同的样式。然后把存放当前绘制要素的 sketch 清空和显示结果的 measureTooltipElement 变量重新生成，以准备下一次的绘制，还要把 listener 事件移除。

至此，enableDraw 函数就完成了。

（7）在 modeChange 函数中，当打开测量模式时，就可以调用 enableMeasure 函数开启测量模式了，而关闭测量模式时，除了清除已经绘制的要素，显示在地图上的 overlay 也要一并清除，draw 交互也要从地图中移除，可以将这几个操作写在 disableMeasure 函数中：

```
function disableMeasure() {
    var layers,
    len,
    overlays;
    //remove existing features
    layers = $scope.map.getLayers(),
    len = layers.getLength();
    layers.item(len-1).getSource().clear();
```

```
    //remove draw interaction
    $scope.map.removeInteraction(draw);
    //remove all measureTooltip
    measureTooltips.forEach(function(tip) {
    $scope.map.removeOverlay(tip);
    });
}
```

这样，modeChange 函数的最终代码可以这样写：

```
$scope.modeChange = function (measureMode) {
    if (measureMode) {
        enableMeasure();
    } else {
        disableMeasure();
    }
};
```

而 modeTypeChange 函数如下：

```
$scope.modeTypeChange = function (modeType) {
    $scope.map.removeInteraction(draw);
    enableMeasure();
};
```

切换测量模式时，只需先把 draw 移除，然后调用 enableMeasure 函数重新生成另一种类型的 draw 交互。

（8）启动应用的测试，现在可以使用量测功能了。如图 8.6 所示。

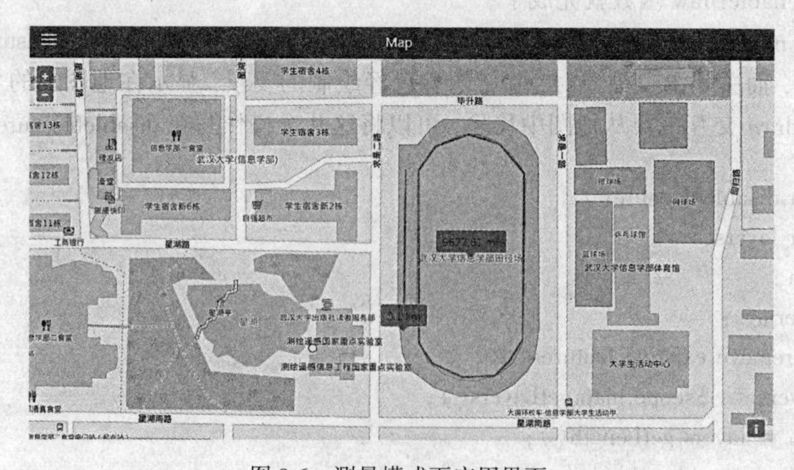

图 8.6　测量模式下应用界面

8.6 丰富移动应用功能

我们可以针对移动设备本身具有的便携性，为地图应用添加更多具有移动应用特色的功能。

OpenLayers 提供了 ol.Geolocation 类型用于支持定位功能。它有 accuracy，altitude，position，heading，speed，tracking 等丰富的有关用户位置的属性。ol.DeviceOrientation 类型用于支持设备方向感应功能，它有 alpha、beta、gamma 三个表示设备方向角的属性，以及一个表示设备前方的 heading 属性。接下来，我们使用这两个类来给地图应用添加定位、方向感知、绘制移动轨迹功能。

（1）首先在 Settings 面板中添加定位相关功能的开关按钮：

```
<div class="toggle" ng-controller="LocationCtrl">
    <div class="item item-divider">
        Location Switch
    </div>
    <ion-toggle ng-model="data.location"
        toggle-class="toggle-calm"
        ng-change="locationSwitch(data.location)">
        Location
    </ion-toggle>
    <ion-toggle ng-model="data.direction"
        toggle-class="toggle-calm"
        ng-change="directionSwitch(data.direction)">
        Direction
    </ion-toggle>
    <ion-toggle ng-model="data.track"
        toggle-class="toggle-calm"
        ng-change="trackSwitch(data.track)">
        Track
    </ion-toggle>
</div>
```

针对每个功能定义了一个按钮，三个按钮的值（true 或者 false）分别存放在 data 的三个属性中，并分别定义了开关切换时的响应函数。

（2）定义 LocationCtrl 控制器：

```
controller('LocationCtrl', function( $scope) {
    $scope.data = {
```

```
        location: false,
        direction: false,
        track: false
    };
    $scope.locationSwitch = function (location) {
        if (location) {
            enableLocation();
        } else {
            disableLocation();
        }
    }
    $scope.directionSwitch = function (direction) {
    if (direction) {
        if (! $scope.data.location) {
            enableLocation();
            $scope.data.location = true;
        }
        enableDirection();
        } else {
            disableDirection();
        }
    }
    $scope.trackSwitch = function (track) {
        if (track) {
            if (! $scope.data.location) {
                enableLocation();
                $scope.data.location = true;
            }
            enableTrack();
        } else {
            disableTrack();
        }
    }
}
```

首先定义 data 对象存放三个开关的状态，然后是三个响应函数，其中方向感知功能和绘制轨迹功能都要求先打开定位功能，如果用户没有打开，则打开这两个功能前先把定位功能打开。

(3) 接下来先定义定位功能的两个函数 enableLocation 和 disableLocation。与之前定义测量功能开关的两个函数时类似，需要定义几个控制器内部的"全局变量"，使得在这两个函数中都能访问它们：

```
/**
     * For location
     * @type {ol.Geolocation}
 */
var geolocation;
/**
     * geolocation accuracyGeometry
     * @type {ol.geom}
 */
var accuracyFeature;
/**
     * geolocation positionGeometry
     * @type {ol.geom}
 */
var positionFeature;
/**
     * layer to display location
     * @type {ol.layer.Vector}
 */
var locationLayer;
/**
     * location accuracy change event
     * @type {ol.event.Key}
 */
var geoAccuracyChangeEvent;
/**
     * location position change event
     * @type {ol.event.Key}
 */
var geoPositionChangeEvent;
```

enableLocation 函数的代码如下：

```
function enableLocation() {
    geolocation = new ol.Geolocation({
```

```
            projection: $scope.map.getView().getProjection(),
            tracking: true
        });
        accuracyFeature = new ol.Feature();
        geoAccuracyChangeEvent = geolocation.on('change:accuracyGeometry', function() {
            accuracyFeature.setGeometry(geolocation.getAccuracyGeometry());
        });
        positionFeature = new ol.Feature();
        positionFeature.setStyle(new ol.style.Style({
            image: new ol.style.Icon({
                src: 'img/direction_arrow.png'
            })
        }));
        geoPositionChangeEvent = geolocation.on('change:position', function() {
            var coordinates = geolocation.getPosition();
            positionFeature.setGeometry(coordinates ?
                new ol.geom.Point(coordinates) : null);
            $scope.map.getView().setCenter(coordinates);
        });
        locationLayer = new ol.layer.Vector({
            source: new ol.source.Vector({
                features: [accuracyFeature, positionFeature]
            })
        });
        $scope.map.addLayer(locationLayer);
    }
```

首先，创建一个 ol.Geolocation 实例，将它的投影设为与地图一致，并把 tracking 属性设为 true，开始定位。Geolocation 中有一个表示定位误差范围的 geom 类型，使用 getAccuracyGeometry 方法获取它并以要素形式 accuracyFeature 显示在地图上。还需要一个 positionFeature 用于显示当前位置，通过 getPosition 方法获取当前定位坐标。分别给 geolocation 的 accuracyGeometry 和 position 属性添加监听函数，以实时地绘制这两个要素。最后，将这个要素添加到 locationLayer 中，并把图层加到地图中。

disableLocation 函数负责关闭定位功能时把地图上的显示内容移除，两个事件监听函数也要移除，并把用到的几个变量设为空值，以便再次打开定位功能时使用，其代码如下：

```
function disableLocation() {
    $scope.map.removeLayer(locationLayer);
    geolocation.unByKey(geoAccuracyChangeEvent);
    geolocation.unByKey(geoPositionChangeEvent);
    geolocation = null;
    accuracyFeature = null;
    positionFeature = null;
    locationLayer = null;
    geoAccuracyChangeEvent = null;
    geoPositionChangeEvent = null;
}
```

(4) 再完善方向感应的两个函数。同样需要两个“全局变量”：

```
/**
    * device orientation
    * @type {ol.DeviceOrientation}
 */
var deviceOrientation;
/**
    * device orientation change event
    * @type {ol.event.Key}
 */
var directionChangeEvent;
```

enableDirection 函数使用 ol.DeviceOrientation 实例获取设备方向信息，并给 heading 属性添加监听函数，实现实时地跟随设备朝向旋转地图：

```
function enableDirection() {
    deviceOrientation = new ol.DeviceOrientation({
        tracking: true
    });
    directionChangeEvent = deviceOrientation.on('change:heading', function(evt) {
        var heading = evt.target.getHeading();
        $scope.map.getView().setRotation(heading);
    });
}
```

disableDirection 函数完成功能关闭后的清理工作：

```
function disableDirection() {
    deviceOrientation.unByKey(directionChangeEvent);
    deviceOrientation = null;
    directionChangeEvent = null;
    $scope.map.getView().setRotation(0);
}
```

（5）接下来完成绘制轨迹功能，用到的两个变量：

```
/**
    * show the track route
    * @type {ol.Feature}
 */
var trackFeature;
/**
    * when location change, append route to trackFeature
    * @type {ol.event.Key}
 */
var trackEvent;
```

enableTrack 函数：

```
function enableTrack() {
    trackFeature = new ol.Feature({
        geometry: new ol.geom.LineString([])
    });
    locationLayer.getSource().addFeature(trackFeature);

    trackEvent = geolocation.on('change:position', function() {
        var coordinate = geolocation.getPosition();
        trackFeature.getGeometry().appendCoordinate(coordinate);
    });
}
```

首先初始化 trackFeature 为一个线类型要素，并把它添加到 locationLayer 图层中。然后再为 geolocation 的 position 属性添加一个监听函数，位置变化时实时地往 trackFeature 中添加坐标。

相应的 disableTrack 函数同样完成清理工作：

```
function disableTrack() {
    geolocation.unByKey(trackEvent);
    locationLayer.getSource().removeFeature(trackFeature);
    trackFeature = null;
    trackEvent = null;
}
```

(6) 这时最好使用移动设备进行测试，可以试用应用的三个新功能。

8.7 结合 Cesium 构建三维地图

传统的二维地图可以精确地表达地图要素的平面坐标信息，但要素缺乏高程信息，在某些应用中信息不够丰富。一些商业地图软件如百度地图目前已经有对三维地图部分功能的支持。OpenLayers 目前还没有对 2.5D 或者 3D 地图的支持，不过已经有开发者结合三维地图引擎 Cesium 开发了 Ol3-Cesium 类库，其源代码托管在 github 上：https://github.com/openlayers/ol3-cesium。接下来，我们使用这个类库给地图应用添加二、三维显示模式切换的功能：

(1) 首先需要从 github 仓库中下载 Ol3-Cesium 的 release 版本代码，解压后将 ol3cesium.js 和 Cesium 文件夹都拷贝到地图应用下 lib 目录中，并在 index.html 中添加对 ol3cesium.js 和 Cesium.js 文件的引用。

(2) 与前几节类似，添加按钮和相应的控制器 StereoCtrl、状态变量 data.stereo、响应函数 stereoSwitch。

(3) 在控制器中定义一个 olcs.OLCesium 类型的变量，将二维的 OpenLayers 地图转换为可在 Cesium 中浏览的三维地图：

```
var ol3d = new olcs.OLCesium({map: $scope.map});
```

在 enableStereo 函数中，使用

```
ol3d.setEnabled(true);
```

打开三维显示模式。

在 disableStereo 函数中关闭三维模式并将地图的旋转角度重置为 0：

```
ol3d.setEnabled(false);
$scope.map.getView().setRotation(0);
```

现在可以切换地图的二、三维显示模式了，在三维模式中，地图可以进行三维的旋转了。

接下来进一步了解 Cesium 中一些关键概念。

Cesium API 分为两类，一类是抽象层次较高的 Entity API，它把一系列包含几何和属性信息的对象展现成一个称为 Entity 的数据结构，其目的是让开发者专注于数据的显示而不是底层的可视化实现。另一类是较底层的 Primitive API，只提供很小程度的抽象，需要开发者对 WebGL 有一定了解，它的功能更为强大和灵活，效率也更高，是我们关注的重点。关于这两者的具体差异可以参阅 Cesium 的官方文档。

在 Primitive API 中，最核心的类是 Cesium.Scene 类，它包含所有可视化的 3D 对象及其状态。其 primitives 属性是一个 Cesium.Primitive 类型的数组，每一个 primitive 代表一要素。一个 Cesium.Primitive 类实例可以由一个 Cesium.Appearance 和一个 Cesium.GeometryInstance 类实例分别定义其显示方式和几何信息。

比如，以下代码为地图应用添加了一座具有三维坐标的建筑：

```
scene = ol3d.getCesiumScene();
var instance = new Cesium.GeometryInstance({
    geometry : new Cesium.BoxGeometry.fromDimensions({
        vertexFormat: Cesium.PerInstanceColorAppearance.VERTEX_FORMAT,
        dimensions: new Cesium.Cartesian3(85.5746, 18.5121, 20)
    }),
    modelMatrix: Cesium.Matrix4.multiplyByTranslation(
        Cesium.Transforms.eastNorthUpToFixedFrame(Cesium.Cartesian3.fromDegrees
            (114.3546, 30.5283)), new Cesium.Cartesian3(0.0, 0.0, 0),
            new Cesium.Matrix4()),
    attributes : {
        color :
            Cesium.ColorGeometryInstanceAttribute.fromColor(Cesium.Color.RED.
                withAlpha(0.5))
    }
});
scene.primitives.add(new Cesium.Primitive({
    geometryInstances : instance,
    appearance : new Cesium.PerInstanceColorAppearance()
}));
```

这段代码中，以一个 BoxGeometry 实例表示建筑的几何形状，模型矩阵是 WebGL 中的概念，将建筑的本地坐标变换到世界坐标中，这里使用模型矩阵将建筑放置在经纬度为(114.3546, 30.5283)的地点上。实际显示效果如图 8.7 所示。

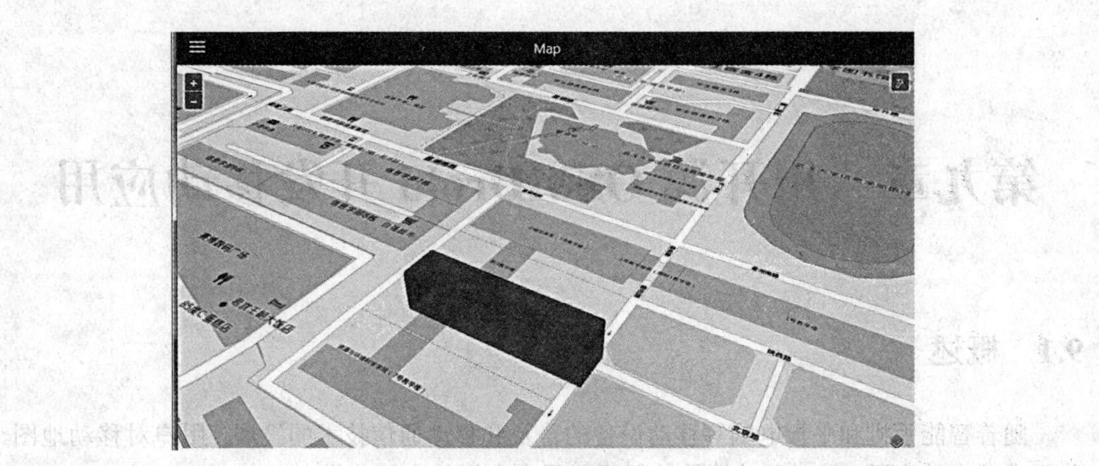

图 8.7　三维建筑

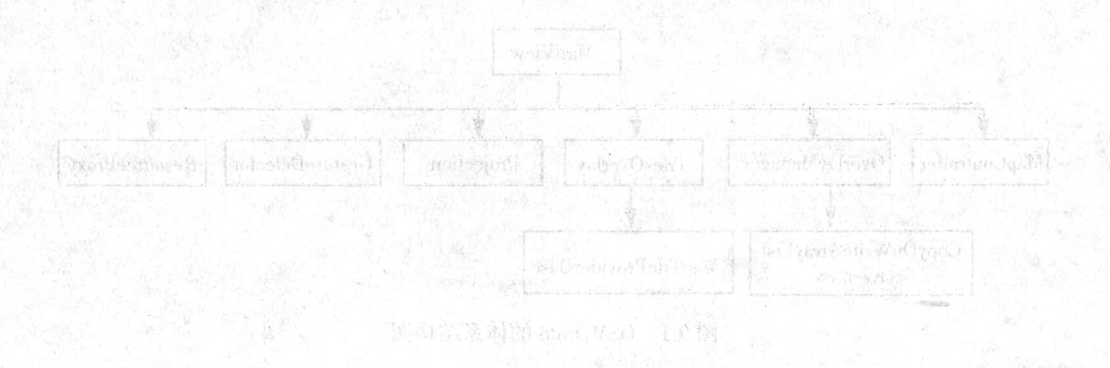

第九章　用开源 OSMDroid 开发移动应用

9.1　概述

随着智能手机和平板电脑等移动设备的普及和移动通信技术的发展，用户对移动地图的需求越来越广泛，针对移动端的地图服务具有广阔的应用前景。

OSMDroid 是一款开源的 Android 端地图引擎，可以实现添加要素、路径规划、POI 查询等常用功能。其源代码托管在 GitHub 上，主要由 kurtzmarc、neiboyd 完成。OSMDroid 主要用于 Android 移动端地图类应用的开发，效果与商业地图如百度地图、高德地图等应用类似，具有良好的实用价值。其主要特点包括可加载在线地图与离线地图，支持旋转地图，支持指南针与鹰眼地图，支持标注图标、基本图形的绘制，支持自定义图层，支持大量的在线地图数据源，支持自定义地图数据源。

在 OSMDroid(4.3 版本)中，其 API 的核心部分是加载数据、创建地图、显示地图并响应用户操作。其体系结构如图 9.1 所示。

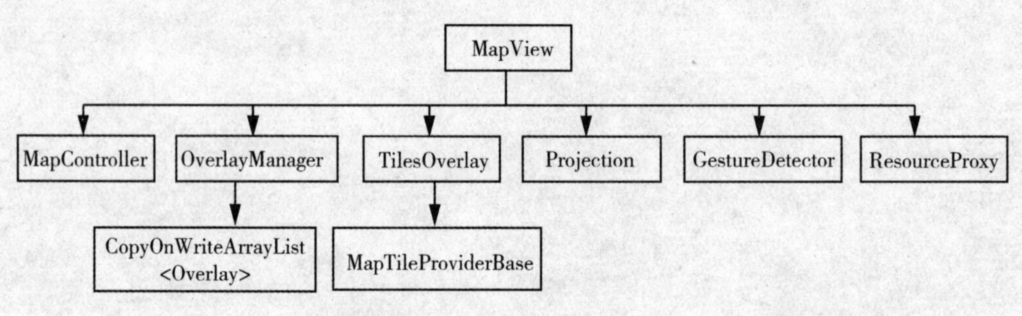

图 9.1　OSMDroid 的体系结构图

下面结合源代码及其结构介绍 OSMDroid 的核心类功能。

1. MapView 类

MapView 类是加载地图数据、显示地图、交互用户操作的基础。MapView 类中主要包含地图控制器 MapController、图层管理器 OverlayManager、瓦片图层 TilesOverlay、地图坐标转换类 Projection、手势管理器 GestureDetector、资源管理器 ResourceProxy。每一个应用只创建一个 MapView 对象，加载各种来源、不同类型的数据，以图层的形式管理包含底图在内的所有底图数据并在移动端显示，响应用户的手势。它的主要接口包括：

- getController：获取地图控制器。

- getProjection：获取地图的坐标转换对象。
- setMapCenter：设置地图的中心。
- setMapOrientation：设置地图的旋转角度。
- setMax(Min)ZoomLevel：设置最大(最小)缩放级别。
- setMultiTouchControls：设置是否支持多点触控。
- setScrollableAreaLimit：设置地图的平移范围。
- setTileSource：设置瓦片地图的数据源。
- setUseDataConnection：设置是否用网络连接。true 为在线地图模式，false 则为离线地图模式。
- setZoomLevel：设置地图的缩放级别。

这些函数在应用的扩展开发过程中十分重要，涵盖了对地图的基本操作，能够完成各种场景的初始化设置以及对用户操作的响应。

2. MapController 类

MapController 是地图的控制器，里面包含一个 ReplayController 和几个动画对象。ReplayController 可以用来回放动画。它继承了 IMapController，也可以控制地图的平移、缩放等操作。

3. OverlayManager 类

OverlayManager 是图层管理器，功能包括两个方面。第一个是管理自定义图层，包括针对图层的新增、更新、删除和获取；第二个是管理屏幕消息，将用户操作地图产生的各种屏幕时间传递给 Overlay 进行详细处理。图层管理的主要接口包括：

- get：通过图层的索引号获取对应的图层。
- size：返回自定义图层的数量。
- add：将新图层以指定的序号插入到图层序列中。
- remove：删除指定的图层。
- set：更新指定的图层。
- getTilesOverlay：获取程序的瓦片图层。
- setTilesOverlay：设置程序的瓦片图层。
- onDraw：重绘函数，当自定义图层重写之后，分发屏幕的重绘消息给子图层。

图层管理器中还包含一个 mTilesOverlay 对象，是存储程序的瓦片底图对象，可以与自定义的图层分开管理。它的屏幕消息管理接口涵盖了移动端所有的手势操作，常用的有 onSingleTapUp(单击)、onDoubleTap(双击)、onLongPress(长按)等。

4. Overlay 类

Overlay 类是图层的基本对象，主要定义了屏幕手势事件的响应函数与 draw 函数。自定义图层继承 Overlay 重写 draw 可以实现对于各种不同要素的绘制，重写手势事件可以实现用户对于图层的操作响应。图层的概念是 GIS 应用的核心，熟练使用 Overlay 可以丰富系统功能的多样性。

5. TilesOverlay 类

TilesOverlay 类是瓦片地图图层，用来加载瓦片的数据然后绘制瓦片以显示地图。它包含 MapTileProviderBase 以存储瓦片数据源，其他一些对象(如投影对象、视图窗口、边界点等)可以进行地图的绘制。

6. MapTileProviderBase 类

MapTileProviderBase 类主要用来管理瓦片地图的数据源。它里面包含一个 ITileSource 对象和一个 MapTileCache 对象以存储并管理数据，还实现了请求瓦片数据的返回事件(成功、失败)。

7. TileSourceFactory 类

TileSourceFactory 类是瓦片数据工厂静态类。它定义了几个固定的瓦片数据源，最新版 4.3 中包括 MAPNIK、CYCLEMAP、PUBLIC_TRANSPORT、MAPQUESTOSM、MAPQUESTAERIAL，在国内的网络环境中，MAPQUESTOSM 是一个稳定的地图源。仿照这些静态对象，可以将自己的数据发布成服务，定义对象来实现移动客户端的访问。

8. Projection 类

Projection 类是坐标转换类。定义了从经纬度坐标、墨卡托投影坐标、屏幕坐标系之间的转换，是 OSMDroid 加载处理数据、处理用户交互操作的核心功能类。下面是其中几个非常重要的坐标转换接口，在开发过程中有着非常高的使用频次。

- fromPixels：屏幕坐标转经纬度。
- toPixels：经纬度转屏幕坐标。
- toPixelsFromProjected：投影坐标系转屏幕坐标系(比较实用，在 4.0 版本中叫 toMapPixelsTranslated)。
- toProjectedPixels：经纬度转为投影坐标系(比较实用，在 4.0 版本中叫 toMapPixelsProjected)。

9. GestureDetector 类

GestureDetector 类是手势检测器，它是由 Android 的 SDK 提供的。当用户触摸手机屏幕时，会产生很多手势，一般情况下，程序的响应可以通过 onTouch 事件处理，但是这个处理过于简单，如果需要处理一些更复杂的手势，使用 GestureDetector 类就会比 onTouch 方便很多。通过这个类的 ontouchEvent 方法可以完成很多不同手势的识别，如单击、双击、长按、滑屏、拖动等，但是识别手势之后如何处理，是由程序员实现的。为了让程序员实现处理不同的手势，GestureDetector 类提供了两个接口：OnGestureListener 与 OnDoubleTapListener，以及一个内部类 SimpleOnGestureListener。

OnGestureListener 是用来检测普通的手势事件的，它包括了以下 6 个响应函数：

- onDown(MotionEvent e)：用户刚触摸屏幕时触发。
- onShowPress(MotionEvent e)：触摸的时间超过瞬间，亦即 down 事件已经触发，而且没有立刻离开屏幕或者滑动，执行这个函数。
- onSingleTapUp(MotionEvent e)：触摸屏幕之后，没有经过长时间按压屏幕，也没有滑动时触发该事件。
- onLongPress(MotionEvent e)：触摸事件经过长时间按压触摸屏后触发该事件。
- onScroll(MotionEvent e1,MotionEvent e2,float velocity,float velocity)：触摸之后拖动屏幕，无论是慢慢拖动，还是快速滑动，都会多次执行这个函数。

- onFling(MotionEvent e1,MotionEvent e2,float velocity,float velocity)：滑屏手势事件。当用户按下触摸屏，快速移动之后松开时触发。触发条件为x(或者y)轴的位移大于指定值FLING_MIN_DISTANCE(单位：像素)，且移动的速度大于指定速度指定值FLING_MIN_VELOCITY(单位：像素/秒)。

这些事件不是单独触发的，而且由多个事件接替触发的。比如当用户迅速点击了一下屏幕，触发函数onDown、onSingleTapUp、onSingleTapConfirmed(另一个接口中的函数，下面会讲到)；如果点击的时候稍微慢了一点，则会在onDown函数之后onSingleTapUp函数之前执行函数onShowPress。再比如，用户触动屏幕后，快速滑动然后松开，会先触发onDown事件，然后执行多次onScroll后执行onFling。程序员在重写这些函数时也可以控制消息的传递，在某一个函数设置返回值为true，则此次触摸屏幕生成的手势消息不会向接下去的函数或者图层内传递。

OnDoubleTapListener是用来检测类似于鼠标双击的手势的，它包括了三个响应函数：

- onSingleTapConfirmed(MotionEvent e)：单击事件，用来判断此次点击是单击还是双击。在手指第一次单击屏幕触发down事件之后，向Handler发送一个延迟指定时间(如500ms)的消息，如果在这段时间内触发了第二次单击的down事件则判定该次点击为双击；如果在等待这么长时间后没有收到第二次单击的消息则判定该次点击为单击，并触发onSingleTapConfirmed事件。它与onSingleTapUp的区别在于：每次触摸屏幕(不是长按和滑动)然后抬起都会执行函数onSingleTapUp，双击屏幕时不会执行onSingleTapConfirmed。
- onDoubleTap(MotionEvent e)：双击事件，当手指在极短时间内连续两次按压屏幕时触发。
- onDoubleTapEvent(MotionEvent e)：通知双击手势中的事件，即双击间隔中发生的动作，包括down、up和move。双击手势时产生的这些消息由该函数通知，在onDoubleTap事件触发之后触发。

SimpleOnGestureListener是GestureDetector提供给程序员的一个更方便的响应不同手势的类，它实现了上述两个接口的所有函数，但是函数体都是空的。所以程序员若使用OnGestureListener与OnDoubleTapListener，则要用到关键字implements，且接口中的所有函数都是强制必须重写的，即使用不到也要写一个空函数；不同的是，如果新建类继承SimpleOnGestureListener，则需要使用关键字extends，而且不必重写所有的函数，只需要实现自己需要的函数。

10. ResourceProxy 类

ResourceProxy类是资源管理类。它里面包含一些OSMDroid源码管理者在编写示例时使用的资源，主要是一些图标，可以用ResourceProxyImpl类进行初始化。需要注意的是，在使用jar包开发的过程中如果用到ResourceProxy，则要把官方的资源文件(drawable目录下所有的图片)拷贝至自己的程序目录下，否则会出现资源找不到的错误。这是因为作者在开发一些程序自带的功能时用到了这些资源文件。

本章将结合实例介绍使用上述OSMDroid关键类型开发移动地图应用。

9.2　开始第一个移动地图应用

OSMDroid 已经实现了几个简单的 GIS 功能，开发者只需要简单地调用就可以实现。掌握这些功能的使用，一方面可以帮助我们熟悉它的技术体系，另一方面也为我们开发更多基于 OSMDroid 的应用功能时提供了参考。本节将从 OSMDroid 开发环境的搭建开始，讲解利用这些功能开发一个简单的移动地图应用。

9.2.1　开发环境搭建

OSMDroid 的源代码在 GitHub 网站管理，里面包括了 OSMDroid 所有版本以及相关应用示例的源代码，网址是 https://github.com/osmdroid/osmdroid。其中 releases 标签里面的是历史稳定版本。

如果需要封装好的 jar 包与生成的示例安装包，GitHub 中是没有的，需要到它之前的代码托管网站中寻找，网址为 https://code.google.com/p/osmdroid/downloads/list。打开网站之后，在 Search 的下拉列表中选择 All downloads 然后搜索，搜索结果如图 9.2 所示，可以看到一些 jar 包与 apk。

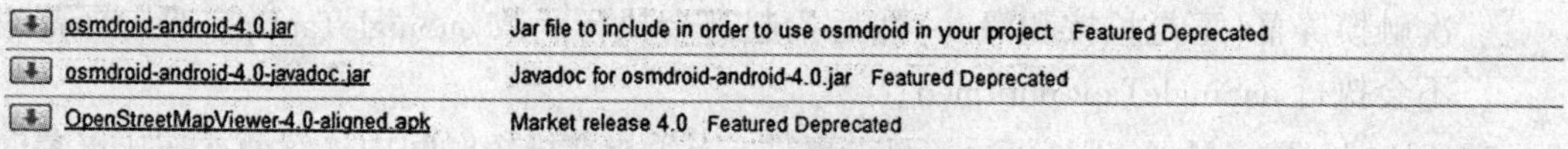

osmdroid-android-4.0.jar	Jar file to include in order to use osmdroid in your project　Featured Deprecated
osmdroid-android-4.0-javadoc.jar	Javadoc for osmdroid-android-4.0.jar　Featured Deprecated
OpenStreetMapViewer-4.0-aligned.apk	Market release 4.0　Featured Deprecated

图 9.2　托管网站搜索结果

Osmdroid-android-4.0.jar 就是可以引用的 jar 包，OpenStreetMapViewer-4.0-aligned.apk 是一个基于 osmdroid 的基本应用，里面包含一些基于地图的基本功能：旋转地图、指南针、更换数据源、切换在线与离线地图，以及简单例子：标注以及绘制红色区域。在开发相似功能的可以参考 OpenStreetMapViewer 的写法来实现功能。

Osmdroid 的开发依赖于第三方插件包 slf4j-api-1.7.2.jar，所以在使用的时候需要同时引用这两个 jar 包，如图 9.3 所示。

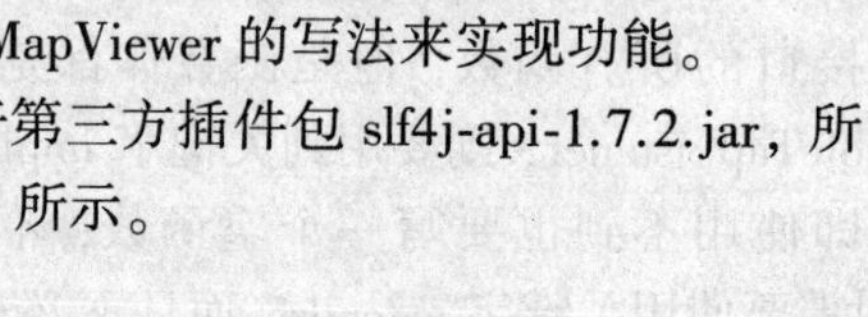

Android Private Libraries
- slf4j-api-1.7.2.jar - E:\Project\Ar
- android-support-v4.jar - E:\Proj
- org.osmdroid.jar - E:\Project\A

图 9.3　第三方插件包

9.2.2　加载在线地图

新建工程 MapDemo，然后一直选默认，生成新的工程。将 org.osmdroid.jar 和 slf4j-api-1.

7.2.jar 拷贝至工程的 libs 文件夹下。

在 res/layout 下的主窗体的 xml 文件中，增加 osmdroid 的 MapView 布局。然后在 java 文件中添加初始化代码(数据源要设置为 MAPQUESTOSM，其他的国内访问不到)。如代码清单 9-1 所示。需要注意的是设置地图中心要放在设置地图级别之后，因为坐标计算与投影的影响，缩放瓦片地图之后中心位置会发生偏移。

代码清单 9-1

```
<org.osmdroid.views.MapView
    android:id="@+id/mapview"
    android:layout_width="match_parent"
    android:layout_height="match_parent"
    tilesource="MapquestOSM"
    android:clickable="true"
    android:enabled="true" >
</org.osmdroid.views.MapView>
```

```
mMapView = (MapView) findViewById(R.id.mapview);
mMapController = (MapController)mMapView.getController();
mResourceProxy = new ResourceProxyImpl(this);

mMapView.setUseDataConnection(true);
mMapView.setTileSource(TileSourceFactory.MAPQUESTOSM);
mMapView.setBuiltInZoomControls(true);
mMapView.setMultiTouchControls(true);
GeoPoint center = new GeoPoint(39.901873, 116.326655);
mMapController.setZoom(14);
mMapController.setCenter(center);
```

此外，还需要在 AndroidMainfest.xml 文件中增加权限许可，否则无法下载地图数据显示地图。如代码清单 9-2 所示。

代码清单 9-2

```
<uses-permission android:name="android.permission.ACCESS_WIFI_STATE" />
<uses-permission android:name="android.permission.ACCESS_NETWORK_STATE" />
<uses-permission android:name="android.permission.READ_EXTERNAL_STORAGE" />
<uses-permission android:name="android.permission.INTERNET" />
<uses-permission android:name="android.permission.WRITE_EXTERNAL_STORAGE" />
```

测试应用，可以看到如图 9.4 所示的应用界面。

9.2.3 图形绘制

OSMDroid 提供了绘制精灵的对象 OverlayItem、鹰眼地图图层 MinimapOverlay、路线图层 PathOverlay、定位图层 SimpleLocationOverlay。将这些类初始化后并添加到地图中就可以显示，需要注意的是使用系统资源需要拷贝源码里面的资源文件。初始化时添加定位精灵

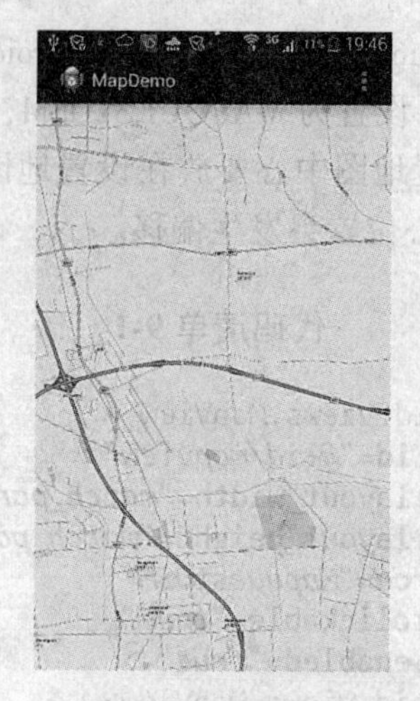

图 9.4　界面应用

图层的代码如代码清单 9-3 所示。

代码清单 9-3

```
Drawable drawable = this.getResources().getDrawable(
        R.drawable.ic_launcher);
ArrayList<OverlayItem> items = new ArrayList<OverlayItem>();
OverlayItem item = new OverlayItem("~title~", "I`m a marker,a subtitile", center);
item.setMarker(drawable);
items.add(item);

this.mLocationOverlay = new ItemizedOverlayWithFocus<OverlayItem>(
        items,
        new ItemizedIconOverlay.OnItemGestureListener<OverlayItem>() {
            @Override
            public boolean onItemSingleTapUp(final int index, final OverlayItem item) {
                Toast.makeText(
                        MainActivity.this,
                        "Item '" + item.getTitle() + "' (index=" + index
                                + ") got single tapped up", Toast.LENGTH_SHORT).show();
                return true; // We 'handled' this event.
            }

            @Override
            public boolean onItemLongPress(final int index, final OverlayItem item) {
                Toast.makeText(MainActivity.this,"Item  got long pressed", Toast.LENGTH_SHORT).show();
                return false;
            }
        }, mResourceProxy);
mMapView.getOverlays().add(mLocationOverlay);
```

在初始化时加上代码清单 9-4 所示代码，即可调用 osmdroid 封装好的鹰眼地图。

代码清单 9-4

```
MinimapOverlay mMinimapOverlayoverlay =new MinimapOverlay(this,
    mMapView.getTileRequestCompleteHandler());
mMapView.getOverlays().add(mMinimapOverlayoverlay);
```

绘制简单的线段和定位点只需使用 OSMDroid 内置的 PathOverlay 和 SimpleLocationOverlay，如代码清单 9-5 所示。

代码清单 9-5

```
//PathOverlay 路线Overlay
GeoPoint gp1 = new GeoPoint(40.067225, 116.369758);
GeoPoint gp2 = new GeoPoint(40.064808, 116.346362);
GeoPoint gp3 = new GeoPoint(40.058669, 116.336648);
GeoPoint gp4 = new GeoPoint(40.036685, 116.343619);
GeoPoint gp5 = new GeoPoint(40.036368, 116.327699);

PathOverlay line = new PathOverlay(Color.RED, this);
line.addPoint(gp1);
line.addPoint(gp2);
line.addPoint(gp3);
line.addPoint(gp4);
line.addPoint(gp5);
mMapView.getOverlays().add(line);
mMapController.setCenter(gp1);
//Simple图层
SimpleLocationOverlay simpleLocation = new SimpleLocationOverlay(this,mResourceProxy);
simpleLocation.setEnabled(true);
simpleLocation.setLocation(gp5);
mMapView.getOverlays().add(simpleLocation);
```

这部分应用的显示效果如图 9.5 所示。

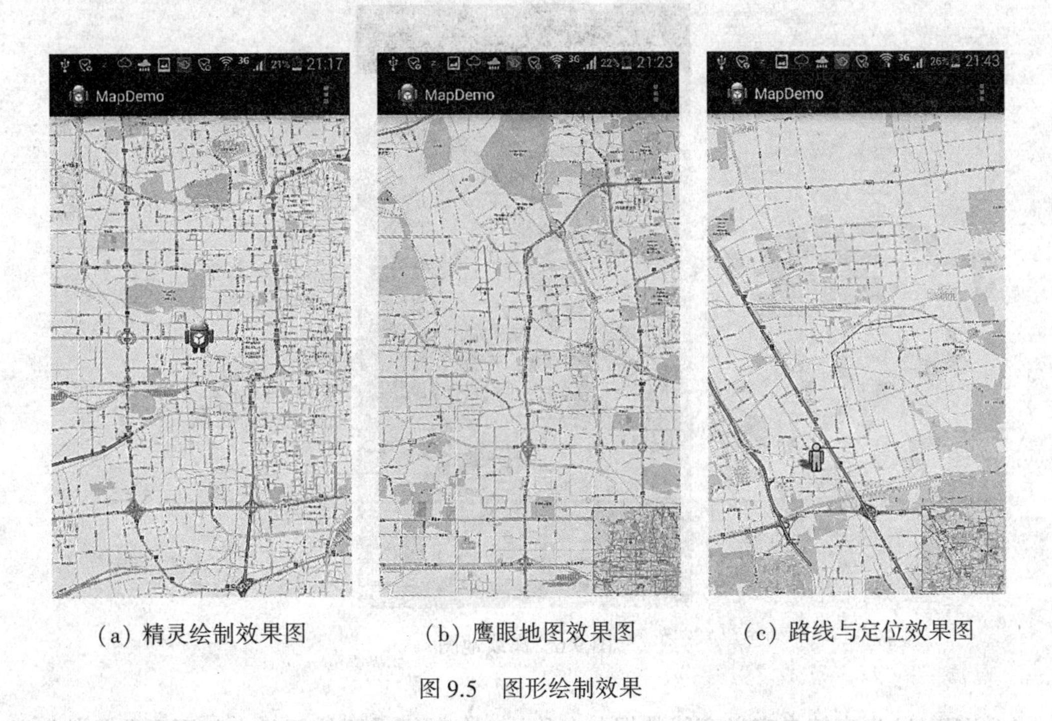

(a) 精灵绘制效果图　　(b) 鹰眼地图效果图　　(c) 路线与定位效果图

图 9.5　图形绘制效果

9.2.4　离线地图

OSMDroid 支持多种离线地图格式，其中包括 sqlite、mbtiles、zip、gemf 等格式，本书采用 zip 格式的离线地图数据包。制作它需要使用软件 MobileAtlasCreator，一个为各种手机软件创建离线地图数据的开源应用程序，它支持的数据源有很多，包括谷歌地图、Bing 地图、OpenStreetMap 等几十种数据源，从 v1.9 开始支持自定义数据源。它能使用户以最简单的方法把常用的数据源下载成指定格式的离线地图文件。并且在下载的时候使用了多线程，能够充分利用带宽，提高下载速度。

在软件中设置地图册类型为 Osmdroid ZIP，设置可用的数据源，选择待下载数据的区域和级别，设置图块格式为 png，然后开始下载数据。此时需要注意离线地图数据包名称与程序设置的地图源名称要保持一致。将下载的压缩包重命名为 Mapnik.zip，并把压缩包内最顶层文件夹重命名为 Mapnik，再将压缩包拷贝至手机存储中 osmdroid 文件夹里面。在程序中设置 MapView 不使用网络连接，并设置数据源为 MAPNIK，如代码清单 9-6 所示。

代码清单 9-6

```
mMapView.setUseDataConnection(false);
mMapView.setTileSource(TileSourceFactory.MAPNIK);
```

再设置地图中心与当前显示级别，使地图移动至离线地图数据范围内，即可显示离线地图。效果如图 9.6 所示。

图 9.6 离线地图

OSMDroid 也支持自定义离线数据包名称，这个时候需要使用具有相同名称的数据源，仿照 TileSourceFactory 的静态变量定义 XYTileSource 对象，并使其名称与数据包名称相同，然后设置地图数据源为自定义数据源，如代码清单 9-7 所示。

代码清单 9-7

```
OnlineTileSourceBase offlineMap = new XYTileSource("OffLineMap",
        ResourceProxy.string.base, 0, 18, 256, ".png", new String[] {});
mMapView.setUseDataConnection(false);
mMapView.setTileSource(offlineMap);
mMapView.setBuiltInZoomControls(true);
mMapView.setMultiTouchControls(true);
mMapController.setZoom(1);
```

9.2.5 自定义地图数据源

OSMDroid 支持自定义地图数据源，开发者可以在局域网内发布服务并访问。先通过 ArcGIS 发布一个切片地图服务，投影坐标系选择 WGS_1984_Web_Mercator。

离线模式需要使用 MobileAtlasCreator 制作数据包。首先通过配置 xml 文件使得 MobileAtlasCreator 可以访问已发布的地图。它在 v1.9 开始可以通过配置 xml 文件来增加其数据源。如代码清单 9-8 所示。

代码清单 9-8

```
<?xml version="1.0" encoding="UTF-8"?>
<customMapSource>
    <name>CustomMap</name>
    <minZoom>1</minZoom>
    <maxZoom>6</maxZoom>
    <tileType>PNG</tileType>
    <tileUpdate>None</tileUpdate>
    <url>http://localhost:6080/arcgis/rest/services/worldmap/MapServer/tile/{$z}/
        {$y}/{$x}</url>
</customMapSource>
```

其中，name 为地图源名称，minZoom 和 maxZoom 分别是最小、最大缩放级别，tileType 是图片的格式，url 指向下载图片的地址。值得注意的是，OSMDroid 中瓦片图片的 url 格式形如 http://localhost：6080/arcgis/rest/services/worldmap/MapServer/tile/{$z}/{$y}/{$x}，其中 z 为缩放级别，y 为 y 方向的图幅编号，x 为 x 方向的图幅编号，可以据此配置数据源的 url。

然后将配置文件放在 MobileAtlasCreator 的 mapsources 文件夹下，打开软件在地图源选择列表中就可以看到我们发布的地图，再按照制作离线地图的步骤就可以把自定义地图发布为离线地图。

在线模式需要定义数据源对象。由 ArcGIS 发布的地图其图幅编码顺序为 z/y/x，而 OSMDroid 源码中数据源对象 XYTileSource 支持的是 z/x/y。所以，我们需要继承 OnlineTileSourceBase 类，写一个数据源解析类，重写它的 getTileURLString 函数修改图幅编码的获取顺序，即 x、y 的获取顺序，如代码清单 9-9 所示。

代码清单 9-9

```
public class CustomTileSource extends OnlineTileSourceBase{
    public CustomTileSource(final String aName, final string aResourceId, final int aZoomMinLevel,
            final int aZoomMaxLevel, final int aTileSizePixels, final String aImageFilenameEnding,
            final String[] aBaseUrl) {
        super(aName, aResourceId, aZoomMinLevel, aZoomMaxLevel, aTileSizePixels,
                aImageFilenameEnding, aBaseUrl);
    }

    @Override
    public String getTileURLString(final MapTile aTile) {
        return getBaseUrl() + aTile.getZoomLevel() + "/" + aTile.getY() + "/" + aTile.getX() + mImageFilenameEnding;
    }
}
```

然后用自定义类的对象作为地图的数据源，即可实现自定义地图服务的在线访问，如代码清单 9-10 所示。

代码清单 9-10

```
final CustomTileSource customMap = new CustomTileSource("CustomMap",
        ResourceProxy.string.base, 1, 6, 256, ".png", new String[] {
        "http://192.168.137.1:6080/arcgis/rest/services/worldmap/MapServer/tile/"
});
mMapView.setUseDataConnection(true);
mMapView.setTileSource(customMap);
mMapView.setBuiltInZoomControls(true);
mMapView.setMultiTouchControls(true);
mMapController.setZoom(1);
```

使用本节示例数据，自定义的地图数据源显示效果如图 9.7 所示。

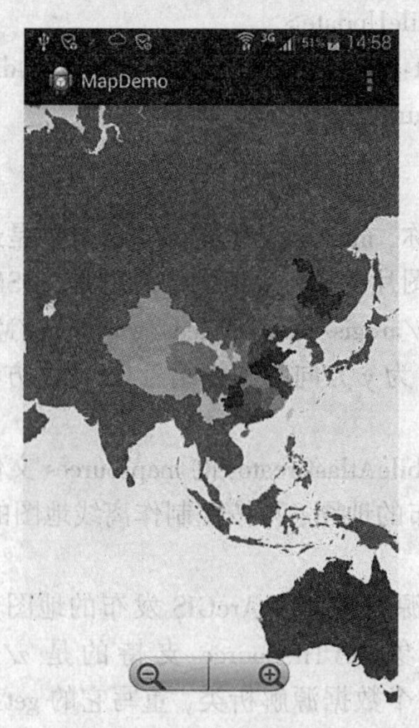

图 9.7 自定义数据源

9.3 使用 OSMDroid 开发室内地图应用

本节综合使用前面几节介绍的 OSMDroid 内容，使用 OSMDroid 强大的 API 开发一个室内地图应用。其主要功能包括：

（1）地图的显示，实现分楼层显示室内地图信息，如商铺、洗手间等具有区域特征的元素。

（2）楼层的切换，根据用户的选择实现地图数据的切换。

（3）信息的展示，用户选中某个元素，系统展示该区域的详细内容，包括名称、类别、店铺简介等。

（4）一些基本的地图应用功能，如路径规划、设施检索等。

本节以深圳深国投和宁波印象城两个商场的室内地图数据为例，采用 shp 格式存储。城市中有多个商场，一个商场中有多个楼层。我们把所有的数据以城市-商场-楼层的结构形成配置文件，其不仅包括三者之间的关联关系，还有楼层的详细信息，如楼层的层数、shp 与 dbf 文件分别对应的文件名。接下来把配置文件与地图数据基础文件一起放到服务器上，搭建简易数据文件服务器，读者可以参阅随书代码。

手机客户端运行时首先下载配置文件，从中解析服务器上拥有多少个城市的数据，每个城市分别有多少个商场，商场里面有多少个楼层以及其对应的文件名。再根据用户选择的城市商场与楼层，下载数据并加载至地图显示。应用界面如图 9.8 所示。

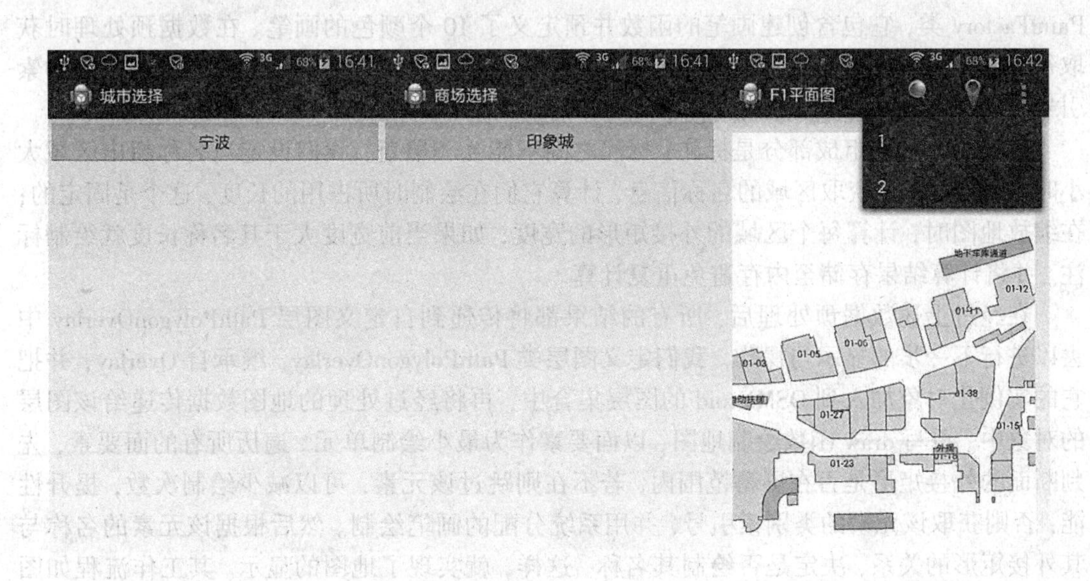

图 9.8 应用界面

9.3.1　地图显示模块

显示地图是室内地图应用的首要目标。由于室内地图范围比较小，所以在 osmdroid 中需要限定其平移范围与最大、最小缩放级别，示例程序中将缩放级别设置在 13~18 之间。如代码清单 9-11 所示。

代码清单 9-11

```
mMapView.setMaxZoomLevel(18);
mMapView.setMinZoomLevel(13);
mMapView.setScrollableAreaLimit(mLastBoundBox);
```

由于坐标系不一致，所以需要将地图的矢量数据进行坐标转换。我们地图的坐标系是局部的，单位是毫米。osmdroid 采用的坐标系是墨卡托投影坐标系，这可以将经纬度坐标作为中间坐标系。处理的基本思想是计算数据中的每个点到左上角的距离与角度，再以左上角点的经纬度为基准点，演算出相对的经纬度。Osmdroid 中定义了存储经纬度坐标的类 GeoPoint，它具有方法 ptStart.destinationPoint(dblen，(float)radian)，第一个参数为距离(单位：米)，第二个参数是角度(单位：度)，返回值为一个 GeoPoint 对象，即对应的经纬度点。以多边形为单位遍历数据文件中的所有点，计算出对应的经纬度，再调用 osmdroid 的函数 toMapPixelsProjected 转换为墨卡托投影坐标。

绘制地图时，为了室内地图的美观性，需要将其以专题图的形式绘制。定义 PaintFactory 类，它包含创建画笔的函数并预定义了 10 个颜色的画笔。在数据预处理时获取每个区域的类别信息，为不同类别的区域分配不同的画笔，将画笔的索引号与区域的索引号关联起来，以便在绘制时调用。

地图的另一大组成部分是标注，标注之间不能互相覆盖，我们设定当名称超出区域大小时不绘制。首先获取区域的名称信息，计算它们在绘制时所占用的长度，这个是固定的；在缩放地图时，计算每个区域的外接矩形的宽度，如果当前宽度大于其名称长度就绘制标注。并将计算结果存储至内存避免重复计算。

在经过上述数据预处理后，所有的结果都将传递到自定义图层 PathPolygonOverlay 中去以进行下一步的显示与操作。我们定义图层类 PathPolygonOverlay，继承自 Overlay，并把它的实例化对象加入到 OSMDroid 的图层集合中，再将经过处理的地图数据传递给该图层的对象中。重写 draw 函数绘制地图，以面要素作为最小绘制单元。遍历所有的面要素，先判断面的外接矩形是否在屏幕范围内，若不在则跳过该元素，可以减少绘制次数，提升性能；否则获取该元素的类别索引号，并用系统分配的画笔绘制。然后根据该元素的名称与其外接矩形的关系，决定是否绘制其名称。这样，就实现了地图的显示。其工作流程如图 9.9 所示。

9.3.2　地图操作模块

地图数据是作为 OSMDroid 中的一个图层显示的，OSMDroid 的 MapView 已经完成了对地图的平移与缩放操作。

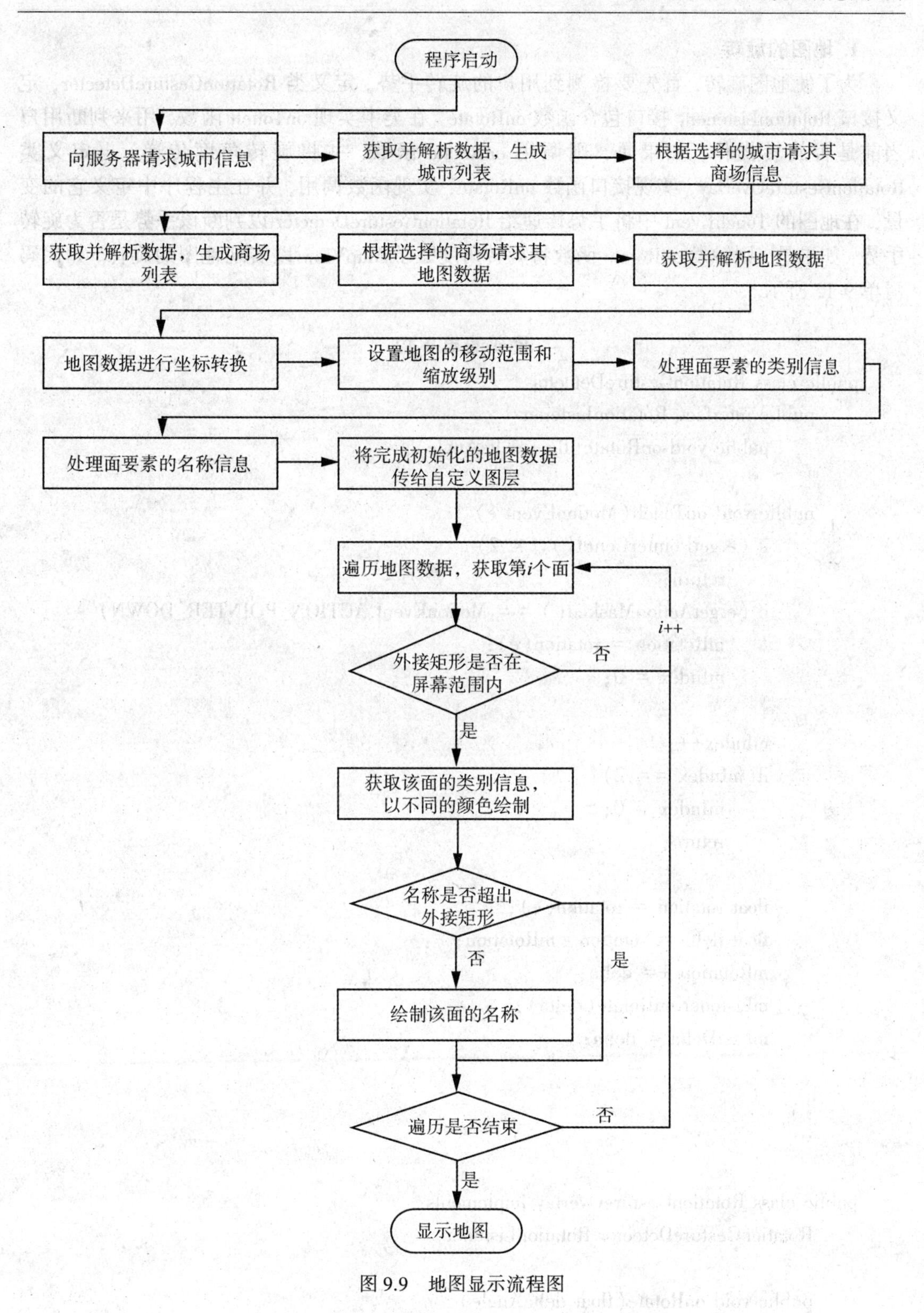
程序启动
向服务器请求城市信息
获取并解析数据，生成城市列表
根据选择的城市请求其商场信息
获取并解析数据，生成商场列表
根据选择的商场请求其地图数据
获取并解析地图数据
地图数据进行坐标转换
设置地图的移动范围和缩放级别
处理面要素的类别信息
处理面要素的名称信息
将完成初始化的地图数据传给自定义图层
遍历地图数据，获取第i个面
i++
外接矩形是否在屏幕范围内
否
是
获取该面的类别信息，以不同的颜色绘制
名称是否超出外接矩形
否
是
绘制该面的名称
遍历是否结束
否
是
显示地图

图 9.9　地图显示流程图

1. 地图的旋转

为了使地图旋转，首先要检测到用户的旋转手势。定义类 RotationGestureDetector，定义接口 RotationListener，接口包含函数 onRotate。在类中实现 onTouch 函数，用来判断用户当前是否旋转操作，如果是，则调用 onRotate 函数，并将旋转角度传递。再定义类 RotationGestureOverlay，实现接口函数 onRotate，实现函数调用，并在主程序中定义它的变量，在地图的 TouchEvent 中将手势传递给 RotationGestureDetector 以判断该手势是否为旋转手势，如果是，则触发 onRotate 函数将旋转角度赋予 MapView 以实现地图的旋转。如代码清单 9-12 所示。

代码清单 9-12

```
public class RotationGestureDetector {
    public interface RotationListener {
        public void onRotate(float deltaAngle);
    }
    public void onTouch(MotionEvent e) {
        if (e.getPointerCount() != 2)
            return;
        if (e.getActionMasked() == MotionEvent.ACTION_POINTER_DOWN) {
            mRotation = rotation(e);
            mIndex = 0;
        }
        mIndex++;
        if(mIndex == 2) {
            mIndex = 0;
            return;
        }
        float rotation = rotation(e);
        float delta = rotation - mRotation;
        mRotation += delta;
        mListener.onRotate(delta);
        mLastDelta = delta;
        …
    }
    …
}
public class RotationGestureOverlay implements
    RotationGestureDetector.RotationListener
{
    public void onRotate(float deltaAngle)
    {
```

```
        //if( Math.abs( deltaAngle) > Math.PI/3)
        {
            mMapView.setMapOrientation( mMapView.getMapOrientation( ) +deltaAngle);
        }
    }
    …
}
```

2. 面要素的选中

当用户手指触摸屏幕时，将触点位置由屏幕坐标转换到投影坐标系，接着使用垂线法判断该点是否在某一面要素内，如果是，则记录该面的索引号，在绘制时以高亮画笔显示。如代码清单 9-13 所示。

代码清单 9-13

```
//判断当前触点 e 是否在某一个多边形内。如果在，则更改 mSelectIndex 为其索引号
private void DealSelectEvent( final MotionEvent e, final MapView mapView) {
    Projection pj = mapView.getProjection( );
    Rect clipBounds = pj.fromPixelsToProjected( pj.getScreenRect( ) );
    mSelectIndex = -1;
    IGeoPoint gp = pj.fromPixels( e.getX( ), e.getY( ) );
    Point selectpt = new Point( gp.getLatitudeE6( ) ,gp.getLongitudeE6( ) );
    pj.toMapPixelsProjected( selectpt.x, selectpt.y, selectpt);
    int polygonsize = mMutiPolygon.size( );
    for( int k = 0; k < polygonsize; k++) {
        ArrayList<Point> points = mMutiPolygon.get( k);
        final int size = points.size( );
        if (size < 3) {
            continue;
        }
        Rect curRect = mMutiRect.get( k);
        if( ! Rect.intersects( curRect, clipBounds) ) {
            continue;
        }
        if( curRect.left > selectpt.x || curRect.right < selectpt.x
            || curRect.top > selectpt.y || curRect.bottom < selectpt.y) {
            continue;
        }
```

```
            if(InsidePolygonByLine(points,selectpt)){
                mSelectIndex = k;
                break;
            }
        }
        mapView.invalidate();
    }

    //单击事件响应函数
    public boolean onSingleTapUp(final MotionEvent e, final MapView mapView){
        if(!IsOn){
            return false;
        }
        DealSelectEvent(e,mapView);
        return true;
    }
```

9.3.3　楼层切换模块

在选择城市向服务器请求商场信息时，每一个商场都包含多条记录，每一条记录对应一个楼层。选择商场时默认显示该商场一楼的地图，但是在内存中已存储了该商场的楼层信息。程序读取内存中的楼层信息，生成楼层列表菜单，当用户点击楼层切换时出现该菜单。然后选择任意一个楼层，程序从内存中获得该楼层的 mallid，再以此为参数调用 getStore 接口，获得新楼层的地图数据。按照 9.3.1 节中显示地图的数据处理加载步骤，对新的地图数据进行处理，然后使用新的数据替换掉上一楼层的数据并刷新地图，完成楼层切换的功能。如代码清单 9-14 所示。

代码清单 9-14

```
private void OnChoiceLevel(MenuItem item){
    isdown = false;
    String title = item.getTitle().toString();
    try{
        int nLevel = Integer.valueOf(title);
        AddFeatureToOverlayOutWithLatLon(nLevel);
        this.getActivity().setTitle(GetLevelLabel(nLevel));
    }
    catch(Exception e){
        e.printStackTrace();
    }
}
```

9.3.4　路径规划模块

该功能模块的算法是在服务器端实现的，移动端负责与用户的交互。用户手指长按地图中的一块区域，弹出设置起止点界面，选择该区域是起点或者终点。当用户在选择起止点时，程序会记录该区域的 id 及其所在楼层的 id，选择完成后以起止点的信息作为参数，调用服务器的 getPath 接口，服务器会根据参数信息计算最短路径并返回。程序在接收到服务器返回的路径信息后，先将路径点的坐标依据规则转换至墨卡托投影坐标系，然后将点按照楼层存储在内存中。在地图绘制时，从中选择当前楼层的路径点，转换为屏幕坐标后绘制。具体代码可参阅随书代码中 mine.path 包。

路径导航模块运行界面如图 9.10 所示。

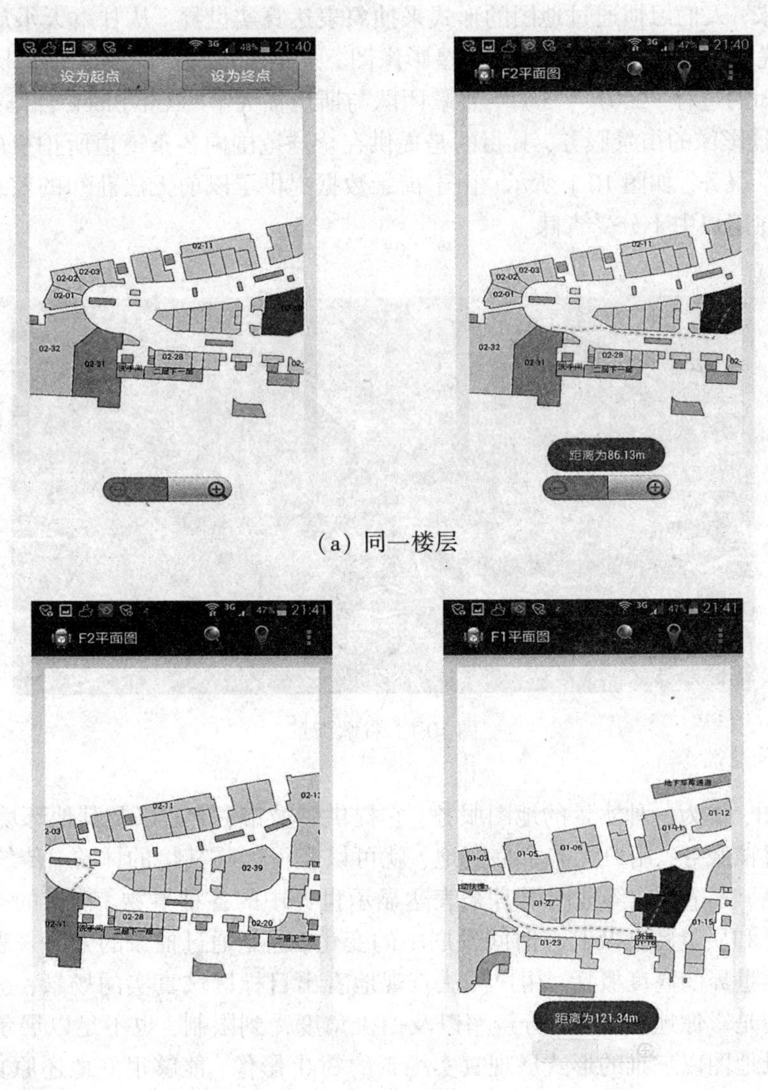

(a) 同一楼层

(b) 不同楼层

图 9.10　路径导航

第十章　街景地图应用开发

10.1　街景地图与街景地图服务

古往今来，人们习惯通过地图的形式来抽象表达真实世界。从甘肃天水放马滩的战国地图，到现代的类别繁多的专题图、卫星影像图，人类对地理空间的认知经历了定性的感知到定量认知的过程。2007 年 5 月，谷歌团队与斯坦福大学的 CityBlock 合作，首次推出了支持 360°全景影像的街景服务，其目的是提供在全球范围内各条街道所拍摄的建筑、道路的照片的街景服务。如图 10.1 所示，由于街景数据提供了以前无法获知的信息，其广泛的应用表明它在用户中十分受青睐。

图 10.1　谷歌街景

街景地图，作为一种实景的地图服务，它提供了城市、街道以及其他环境下的 360°全景图像，通过该服务，用户无需亲临实地，就可以获得如临其境的体验。传统的地图是运用符号、颜色、文字注记等地图语言来表达显示世界中的各种事物、现象的空间分布、联系、组合数量和质量特征及其在时间发展中的变化。它是通过抽象的方法来表达现实世界的，是对现实世界的高度概括，用户无法直观地看出目标区域真实的场景，这是传统地图的缺陷。即使是影像地图，由于分辨率以及拍摄角度受到限制，也不足以展示真实场景的信息。而街景地图以三维的形式展现真实场景的 360°影像，能够很好地还原真实场景，并且提供给用户良好的交互操作体验，用户可以从任意一个角度互动性地观察场景，体验到一种身临其境的感觉，这是传统地图无法做到的，并且很好地弥补了传统地图对真实场景表达的不足。近年来，国家测绘地理信息局大力推动智慧城市的发展，全景地图服务是智慧城市建设的任务之一，各省级测绘地理信息局也正在进行街景地图服务的建设，基于360°全景影像的街景地图是目前地图和位置服务发展的主流趋势之一。因此，基于360°全景影像的街景地图是目前地图和位置服务发展的主流趋势之一，是将成为地理信息系统不可或缺的构成要素。

在谷歌正式推出自己的街景地图服务之前，亚马逊旗下搜索引擎A9于2005年1月，在本地搜索服务中首先推出了街景查看功能。Google于2007年5月30日推出了Google地图街景查看工具(Google Maps Street View)，自2007年谷歌街景地图上线以来，街景服务开创了一种全新的地图阅读方式，也开启了一个实景地图体验的模式，在世界范围内掀起了一股街景应用的狂潮。而谷歌街景地图项目，最早要追溯到2001年和斯坦福大学的CityBlock项目，该项目由谷歌团队支持，并于2006年6月结束，这个项目，便是谷歌街景地图的雏形，之后发展并壮大，成为能够提供世界范围内多个国家和城市的街景地图的服务提供商。受到谷歌街景地图服务的启发，其他公司也纷纷推出了自己的街景地图服务，如微软的必应地图，在其原有的二维电子地图服务的基础上，也新增了街景地图功能。

同样，基于360°全景影像的街景地图服务也在国内兴起。国内最早的街景地图应用要追溯到2006年7月17号上海杰图软件公司推出的城市吧街景地图。值得注意的是，在2006年上线的时候，城市吧就申请了几个专利，其中与街景直接相关的就有2个发明专利，当2007年谷歌街景上线的时候，他们所运用的技术专利有很大一部分来自上海杰图。受到谷歌街景地图的启发，国内的互联网巨头们也纷纷加入街景服务提供商的队伍。腾讯SOSO地图于2011年12月26日推出了SOSO地图街景服务，成为国内互联网三巨头BAT中最早提供街景地图服务的公司。在2013年8月22日北京召开的百度世界大会上，百度宣布推出一个重磅级功能——全景地图，这意味着百度开始进军国内的街景地图服务市场，和腾讯的街景地图进行正面交锋。同年，高德地图PC街景版正式上线，这意味着，国内的互联网三巨头BAT正式完成了街景地图服务的部署。然而，由于业务调整，目前高德地图暂时终止了街景地图服务的业务。除此以外，由立得空间信息技术股份有限公司开发的以移动测量及实景地图技术打造的实景地图服务网站“我秀中国”，于2013年5月30日正式上线。并且，“我秀中国”与国家地理信息公共服务平台“天地图”签署了战略合作协议，双方将促进实景地图在智慧城市建设各领域的应用。

图10.2为百度地图街景和腾讯地图街景的展示效果。

目前，常见的街景地图服务模式如下：

1. 城市实景服务

城市实景服务是所有街景地图服务网站中最基本的一种地图服务内容。街景地图服务为用户提供城市、街道或其他环境的360°全景图像，用户可以通过该服务获得如临其境的地图浏览体验。通过街景，只要坐在电脑前就可以真实的看到街道上的高清景象。

2. 辅助定位导航

传统的定位导航应用仅仅基于二维地图以及GPS等位置数据，但是由于真实场景往往是复杂的，仅仅结合这两组数据并不能保证定位导航服务的高度可靠性。由于街景影像记录了真实场景的信息，在传统的导航定位的基础上，整合街景服务，能提高定位导航结果

(a) 百度街景

(b) 腾讯街景

图 10.2　百度街景及腾讯街景

的可靠性。

3. 虚拟现实服务

虚拟现实服务包括虚拟校园、数字景区、数字博物馆等。虚拟现实在街景地图服务中是一个重点研究与应用的方向，直观、全方位地再现真实场景，人们可在网络上自由走动游玩。

4. 整合街景的商业服务

街景服务应用于商业服务中，如街景地图在电商、O2O(Online To Offline)的各项前瞻性应用。比如，拿着手机对着窗外扫一下，街景地图就出来了，附近大的电影院、餐厅、服装店等都能显示出来。

5. 专业级的行业应用

街景地图在专业级的行业领域也发挥着巨大的作用。由立得空间推出的专业版实景地图提供的可量测功能，在房产、国土、应急、规划、设计、环保等众多专业领域中都已有应用。在雅安地震中，利用实景地图快速计算出了泥石流滑坡的土石方量，使救援人员能够合理有效安排车辆抢险，从而大大加快了救援进度。

10.2 腾讯街景地图 SDK 开发

目前，常用的 Android 开发环境主要为 Android Studio 或者 eclipse + ADT。因此，本节将提供 eclipse 和 Android Studio 的腾讯地图 SDK 的工程配置方法。

10.2.1 开发环境搭建

腾讯街景地图服务属于腾讯地图服务的一部分，其开发环境基本一致，故本节内容可参考 5.2 节查看具体操作。为保证阅读的一致性，本节简要介绍环境搭建的过程。

1. 准备事项——申请密钥

第三方开发者需要在腾讯地图开放平台上申请开发者密钥，才能够正常获取腾讯地图的服务。要正常使用腾讯地图 SDK 用户需要申请开发密钥，可以到腾讯地图开放平台(http://lbs.qq.com/key.html)申请开发密钥，申请开发密钥是免费的，腾讯地图 SDK 的使用也是免费。

首先，登录腾讯账号(即自己的 QQ 号)，如图 10.3 所示，在浏览器中输入 http://lbs.qq.com/key.html，进入腾讯地图开放平台。在开发者密钥申请中输入应用的名称，如 MyStreetView，应用类型选择移动端，输入验证码并勾选“以阅读并同意以上条款”，点击“提交”按钮。

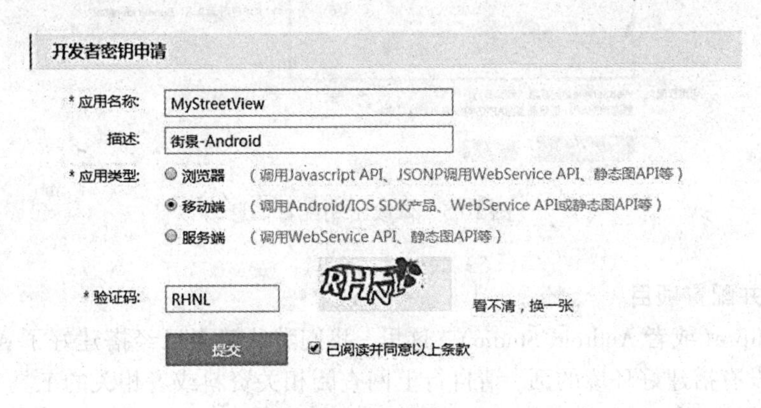

图 10.3 申请开发者密钥

申请结果如图 10.4 所示。

此外，如果用户有更改密钥的配置信息的需求时，可以在 key 配置页修改 key 的配置信息，如图 10.5 所示，点击“设置”。在 key 配置页，用户可以修改 key 的应用类型，以及授权白名单(当遇到提示授权失败的时候，你也应该检查一下你设置的白名单是否有误)。

2. 下载开发包

在浏览器中输入 http://lbs.qq.com/android_v1/log_pano.html，在资源下载页下载街景开发需要用到的街景 SDK。开发包下载完成后，解压开发包。

您的开发者key创建成功

A74BZ-[illegible]-CWBC4

Key使用方法请参见：

[JavaScript API key设置使用指南]　[WebService API key设置使用指南]

[Android SDK key设置使用指南]　[IOS SDK key设置使用指南]

完成　key设置

图 10.4　开发者密钥申请

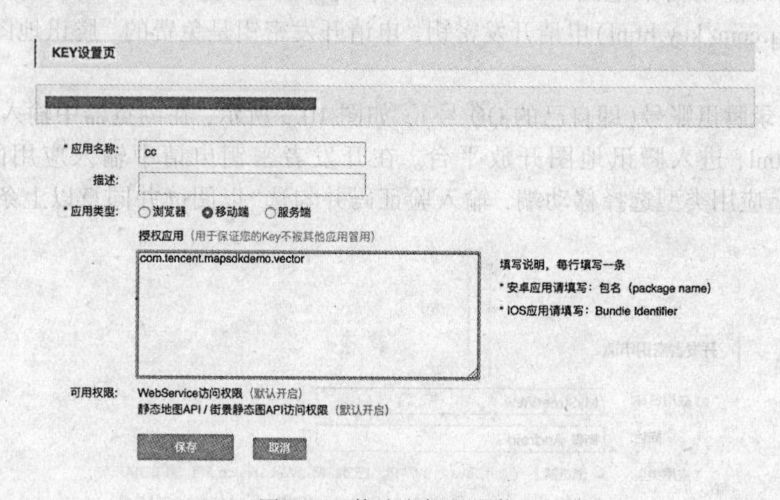

图 10.5　修改密钥配置信息

3. 新建并配置项目

打开 eclipse(或者 Android Studio)，这里，我们默认读者已经搭建好了 Android 的开发环境，如果没有搭建好环境的话，请自行上网查阅相关资料或者相关的工具书，目前为止，网络上相关的资源十分丰富。新建一个新的 Android 项目，名称为"MyStreetView"，如图 10.6 所示。

解压所下载的开发包后，将"libs"文件夹下的"TencentStreetSDK_v.x.x.x.jar"拷贝到工程目录的 libs 文件夹下，如图 10.7 所示。

鼠标右键项目根目录，选择"Build Path"→"Configure Build Path"，打开工程文件配置页，如图 10.8 所示，将页面定位到"Java Build Path"，在右侧的分页栏选择"Libraries"页，如图 10.8 所示。

在右侧，点击"Add JARs"按钮，在弹出的对话框中，将文件定位到工程项目的"Libs"文件夹，选择之前复制进去的"TencentStreetSDK_v.x.x.x.jar"文件。然后点击"OK"，完成开

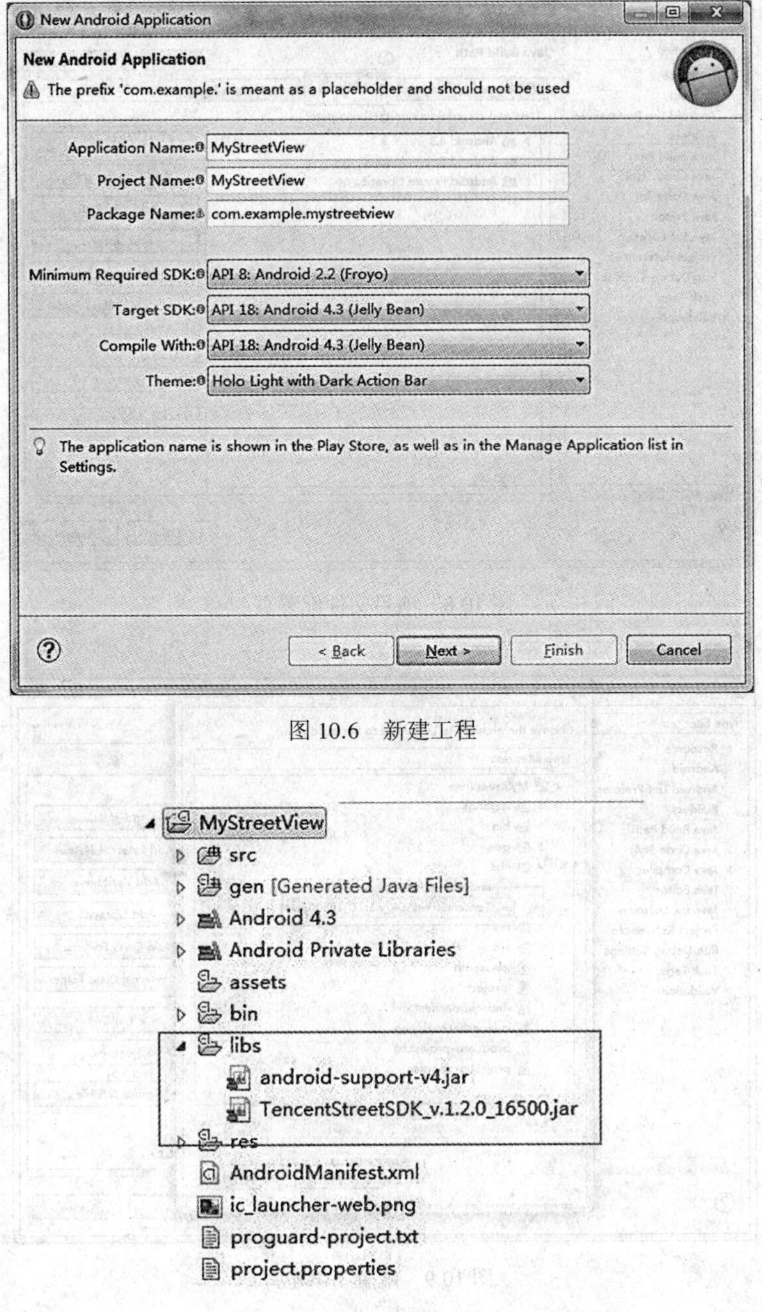

图 10.6 新建工程

图 10.7 拷贝开发包到工程文件夹下

发包的导入工作。如图 10.9 所示。

对于 Android Studio，同样需要创建一个工程，开发包的配置方式与 eclipse + ADT 的环境类似。

方法一：将下载到的压缩包解压，将“TencentStreetSDK_v.x.x.x.jar”拷贝到 app/libs/文

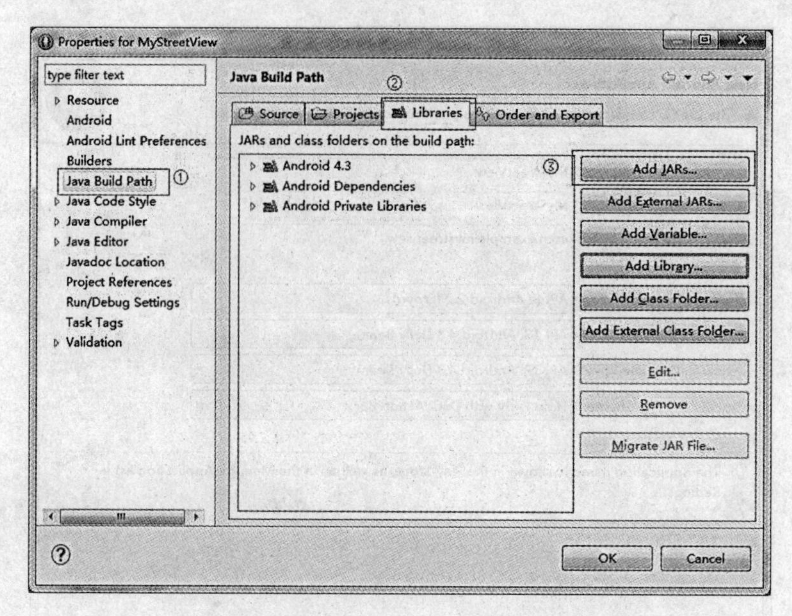

图 10.8 项目文件配置页

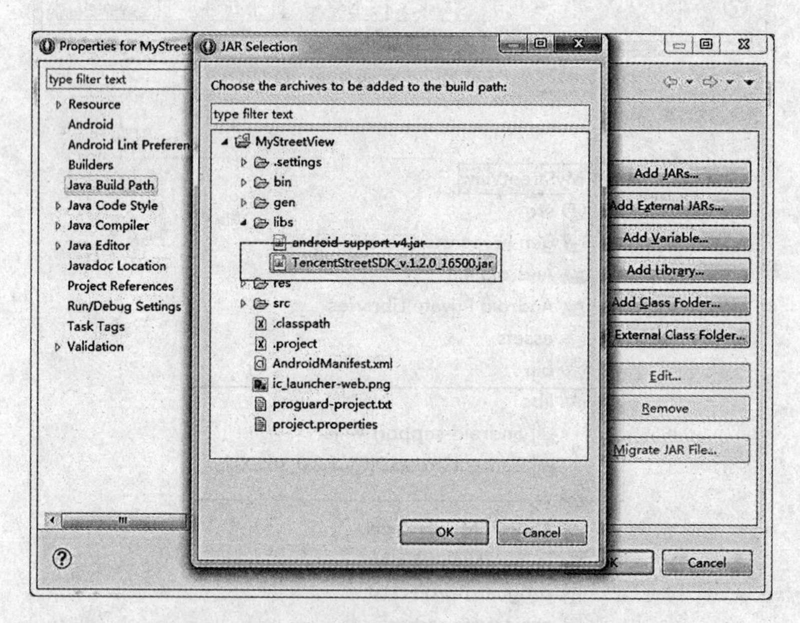

图 10.9 配置 JAR 包

件夹下，右键选择“Add As Library”，如图 10.10 所示。

方法二：在“Project Structure”中选择“Dependencies”，点击“+”选择“File dependency”，选择要添加到工程的 jar 包即完成开发包的导入，如图 10.11 所示。

4. 设置密钥

申请开发者权限后，把 key 输入工程的 AndroidManifest.xml 文件中，在 application 节点里，添加名称为 TencentMapSDK 的 meta，如下代码段所示：

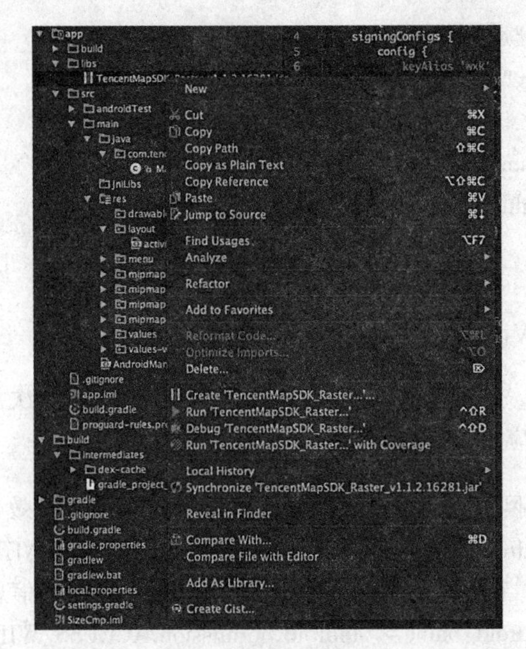

图 10.10　添加开发包

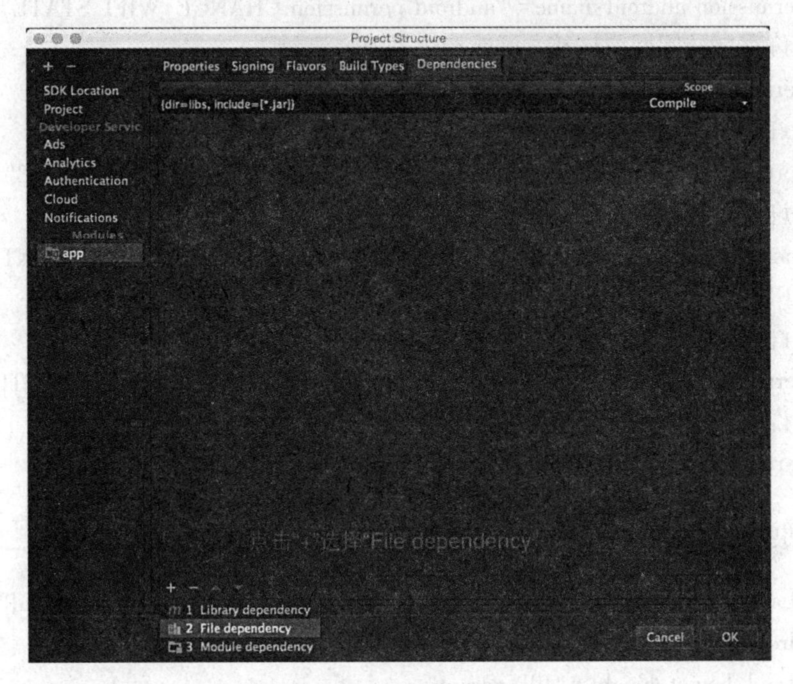

图 10.11　添加开发包

```
<application
    android:allowBackup="true"
    android:icon="@drawable/ic_Launcher"
```

```
    android:label="@string/app_name"
    android:theme="@style/AppTheme">
    <meta-data
        android:name="TencentMapSDK"
        android:value="输入申请的开发者权限"/>
</application>
```

10.2.2 Hello Street View

(1) 配置用户权限。打开 AndroidManifest.xml，在文件中，依次加入以下用户权限，这些用户权限是开发街景应用所必需的。

```
<!-- 允许程序获取网络信息状态，如当前的网络连接是否有效 -->
<uses-permission android:name="android.permission.ACCESS_NETWORK_STATE" />
<!-- 允许程序获取当前 WiFi 接入的状态以及 WLAN 热点的信息 -->
<uses-permission android:name="android.permission.ACCESS_WIFI_STATE" />
<!-- 允许程序改变 WiFi 状态 -->
<uses-permission android:name="android.permission.CHANGE_WIFI_STATE" />
<!-- 允许程序访问网络连接，可能产生 GPRS 流量 -->
<uses-permission android:name="android.permission.INTERNET" />
<!-- 允许程序访问电话状态 -->
<uses-permission android:name="android.permission.READ_PHONE_STATE" />
<!-- 允许程序挂载、反挂载外部文件系统 -->
<uses-permission android:name="android.permission.MOUNT_UNMOUNT_FILESYS
    TEMS" />
<!-- 允许程序写入外部存储,如 SD 卡上写文件 -->
<uses-permission android:name="android.permission.WRITE_EXTERNAL_STORAGE" />
<!-- 允许程序在手机屏幕关闭后后台进程仍然运行 -->
<uses-permission android:name="android.permission.WAKE_LOCK" />
```

(2) 在布局文件中添加街景控件，如下所示：

```
<LinearLayout xmlns:android="http://schemas.android.com/apk/res/android"
    android:layout_width="fill_parent"
    android:layout_height="fill_parent"
    android:orientation="vertical" >

    <com.tencent.tencentmap.streetviewsdk.StreetViewPanoramaView
        android:id="@+id/panorama_view"
        android:layout_width="fill_parent"
```

```
        android:layout_height="fill_parent" />

</LinearLayout>
```

(3) 在 MainActivity 中编写以下代码，进行街景显示：

```
// 街景视图
private StreetViewPanoramaView mStreetView = null;
// 街景操作对象
private StreetViewPanorama mPanorama = null;
@Override
protected void onCreate(Bundle savedInstanceState) {
    super.onCreate(savedInstanceState);
    setContentView(R.layout.activity_main);

    mStreetView = (StreetViewPanoramaView)findViewById(R.id.panorama_view);
    mPanorama = mStreetView.getStreetViewPanorama();
    // 设置经纬度
    mPanorama.setPosition(39.984122, 116.307894);
}
```

(4) 运行程序，结果如图 10.12 所示。

图 10.12　运行结果

10.2.3　重要的 API 介绍

经过上一节的内容，相信读者很容易就能够掌握如何在手机上开发一个最基本的街景地图应用，本节将介绍进行利用腾讯开放的街景地图 API 进行街景地图应用开发中需要用到的一些重要的 API。读者可根据这些接口，自定义自己的 APP，使 APP 具有更复杂以及更高级的操作，例如，结合 5.2 节的知识点，将街景地图和二维地图进行联动。

1. 多样的位置设置接口

上一节中，采用“mPanorama.setPosition(39.984122, 116.307894);”来设置街景的位置，实际上，StreetViewPanorama 类提供了多种方法来设置街景的位置：经纬度或者全景 ID。相关说明如表 10.1 所示。

表 10.1　**位置设置接口**

返回类型	接口名	说明
Void	setPosition(double latitude, double longitude)	设置需要加载的街景的经纬度(gcj02 经纬度坐标系)
Void	setPosition(double latitude, double longitude, int radius)	设置需要加载的街景的经纬度(gcj02 经纬度坐标系)
Void	setPosition(int latitude, int longitude)	设置需要加载的街景的经纬度(gcj02 墨卡托坐标系)
Void	setPosition(int latitude, int longitude, int radius)	设置需要加载的街景的经纬度(gcj02 墨卡托坐标系)
Void	setPosition(java.lang.String panoId)	设置需要加载的街景 ID

2. 监听街景事件

在 SDK 中提供了对街景进行操作的类 StreetViewPanorama，通过这个类，可以轻松地对街景的各个属性进行控制，并且通过丰富的回调函数实现更加精细的功能。StreetViewPanorama 类提供了三个街景事件的监听接口，如下：

- StreetViewPanorama.OnStreetViewPanoramaCameraChangeListener：街景视角发生变化的监听，即当用户上下左右浏览街景时，会调用这个接口，例如，进行二维地图和街景的联动，可以通过监听此接口实现。
- StreetViewPanorama.OnStreetViewPanoramaChangeListener：加载新的街景的监听，当用户跳转到下一个街景时，会调用这个接口。
- StreetViewPanorama.OnStreetViewPanoramaFinishListner：街景加载完成的监听。

3. 获取/设置街景控件属性

相关接口如下：

```
//获取当前街景的街景信息
```

```
mPanorama.getCurrentStreetViewInfo( )
//获取街景视角的水平偏转角(正北为0度)
mPanorama.getPanoramaBearing( )
//获取街景的俯仰角,仰视为90度
mPanorama.getPanoramaTilt( )
//获取是否显示控制街景切换室内图的路标
mPanorama.isIndoorGuidanceEnabled( )
//获取是否允许手势拖动街景
mPanorama.isPanningGesturesEnabled( )
//获取是否显示街道名字
mPanorama.isStreetNamesEnabled( )
//获取是否显示控制街景切换的路标
mPanorama.isUserNavigationEnabled( )
//获取是否允许手势放缩街景
mPanorama.isZoomGesturesEnabled( )
//设置是否显示控制街景切换室内图的路标
mPanorama. setIndoorGuidanceEnabled( boolean enableUserNavigation)
//设置是否允许手势拖动街景
mPanorama. setPanningGesturesEnabled( boolean enablePanning)
//设置街景视角的水平偏转角(正北为0度)
mPanorama. setPanoramaBearing( float yawAngle)
//设置街景的俯仰角,仰视为90度
mPanorama. setPanoramaTilt( float pitchAngle)
//设置是否显示街道名字
mPanorama. setStreetNamesEnabled( boolean enableStreetNames)
//设置是否显示控制街景切换的路标
mPanorama. setUserNavigationEnabled( boolean enableUserNavigation)
//设置是否允许手势放缩街景
mPanorama.setZoomGesturesEnabled( boolean enableZoom )
```

4. 街景覆盖物

在 SDK 中提供了添加街景覆盖物的方法，用户可以定义自己的 marker,添加到街景视图中。其使用方式如下：

```
Marker marker = new Marker(39.992932, 116.310211) {
    // 点击覆盖物将调用此方法
    @ Override
    public void onClick(float arg0, float arg1) {
        // TODO Auto-generated method stub
```

```
            // 使用街景 id 进入街景
            mPanorama.setPosition("10011009120328110539700");
            super.onClick(arg0, arg1);
        }

        // 点击覆盖物将调用此方法
        @Override
        public float onGetItemScale(double arg0, float arg1) {
            // TODO Auto-generated method stub
            return super.onGetItemScale(0.2 * arg0, arg1);
        }
    };
    mPanorama.addMarker(marker);
```

更多的功能，请自行参考腾讯街景的开发文档，详见 http://lbs.qq.com/Android Docs/doc_pano/index.html。

10.3 Unity 引擎开发街景应用

Unity3D 是由 Unity Technologies 开发的一个让玩家轻松创建诸如三维视频游戏、建筑可视化、实时三维动画等类型互动内容的多平台的综合型游戏开发工具，是一个全面整合的专业游戏引擎。其编辑器运行在 Windows 和 Mac OS X 下，可发布游戏至 Windows、Mac、Wii、iPhone、WebGL(需要 HTML5)、Windows Phone 8 和 Android 平台。也可以利用 Unity Web Player 插件发布网页游戏，支持 Mac 和 Windows 的网页浏览。

Unity 是一个 Component-Based 的游戏引擎，游戏中所有的物体都是一个 GameObject，由各种各样的 Component 组合成，每个 GameObject 都可以看成是一个空的游戏对象，只是绑定了不同的组件。组件 Component 是用来绑定到游戏对象上的一组相关属性，本质上每个组件是一个类的实例。常见的组件有 MeshFilter、MeshCollider、Renderer、Animation 等。组件的目的是为了控制游戏对象，通过改变游戏对象的属性，以便同用户或玩家进行交互。不同的游戏对象可能需要不同的组件，甚至有些需要自定义的组件才能实现。

如图 10.13 描述的设计类图展示了 Unity 中基本的 Component。

10.3.1 Unity 显示全景

与其他三维渲染引擎一样，每个 Unity 场景中都需要有相机、光源和目标物体，使用 unity 显示全景需要在场景中加入一个球体，并将全景图片作为该球体的纹理属性。如下操作可使用 unity 显示全景：

(1) 新建 unity 3D 工程，清空场景，并保存。

(2) 为场景添加相机。设置相机位置和相机拍摄参数如图 10.14 所示。

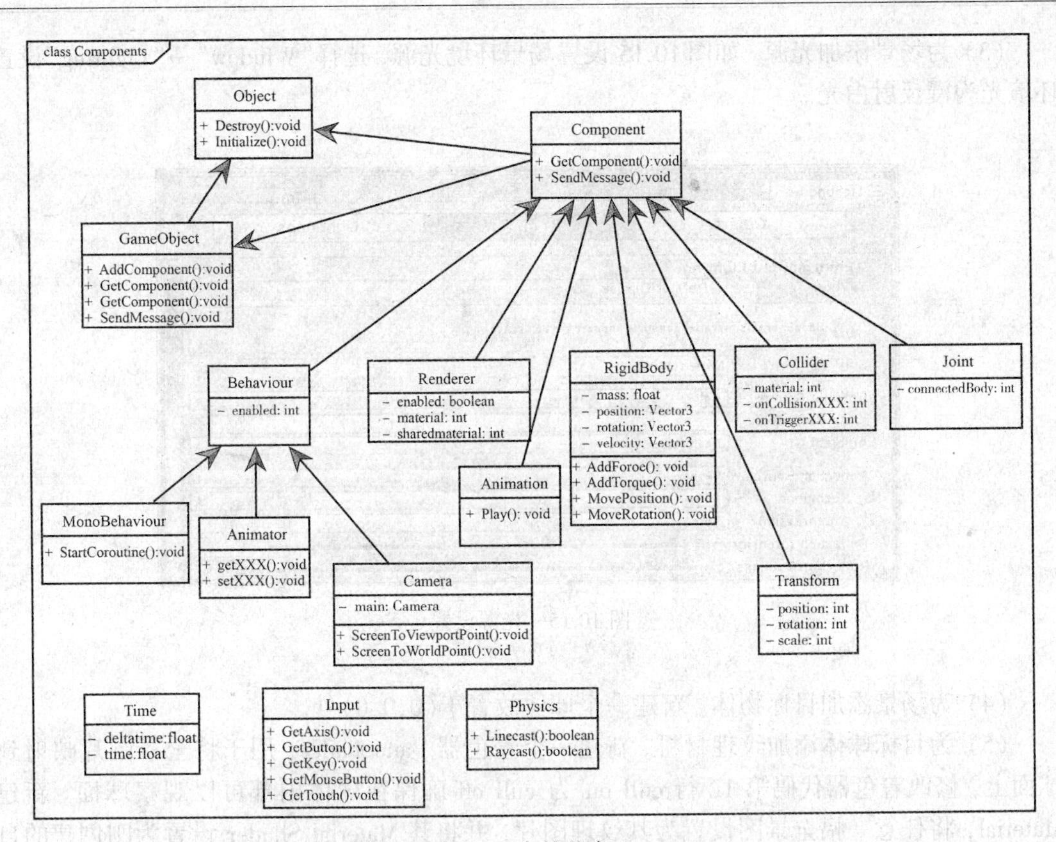

图 10.13 Unity 中的基本 Component

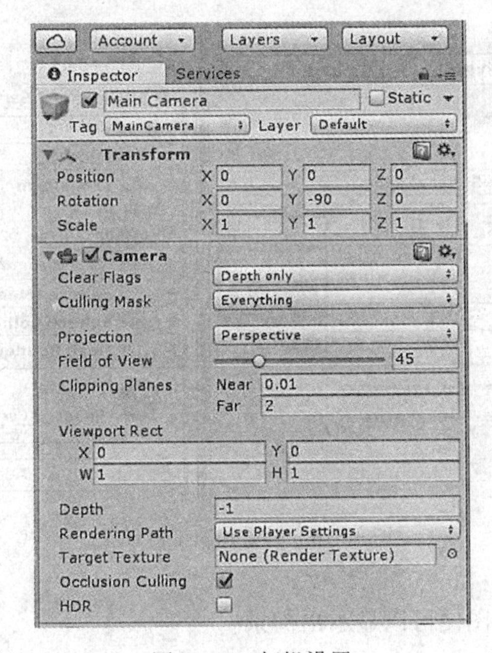

图 10.14 相机设置

（3）为场景添加光源。如图10.15设置场景环境光源，选择“Window”→“Lighting”设置环境光为漫反射白光。

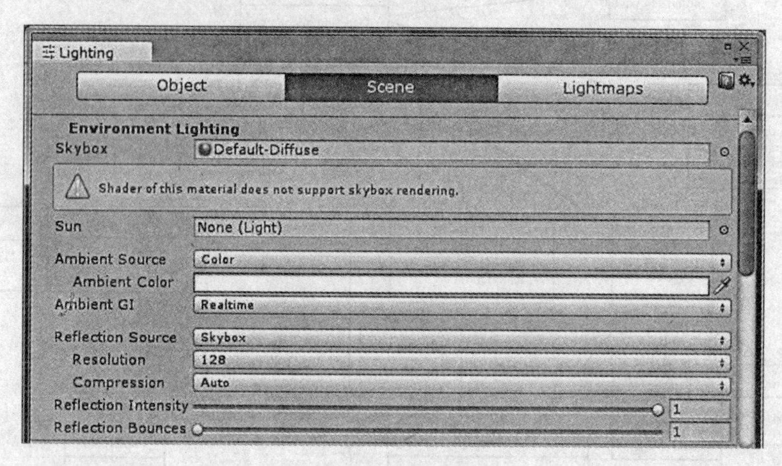

图10.15　光源设置

（4）为场景添加目标物体。新建一个球体放置于(0,0,0)处。

（5）为目标球体添加纹理材料。新建一个着色器PanoShader，用于将全景图片映射到球面上，修改着色器代码第12行cull on为cull off确保在球体内部可以观察球面。新建Material，将任意一幅全景图设置为其纹理图片，并将其Material Shader设置为刚创建的自定义着色器PanoShader。将该Material拖放至该球体上。如图10.16所示。

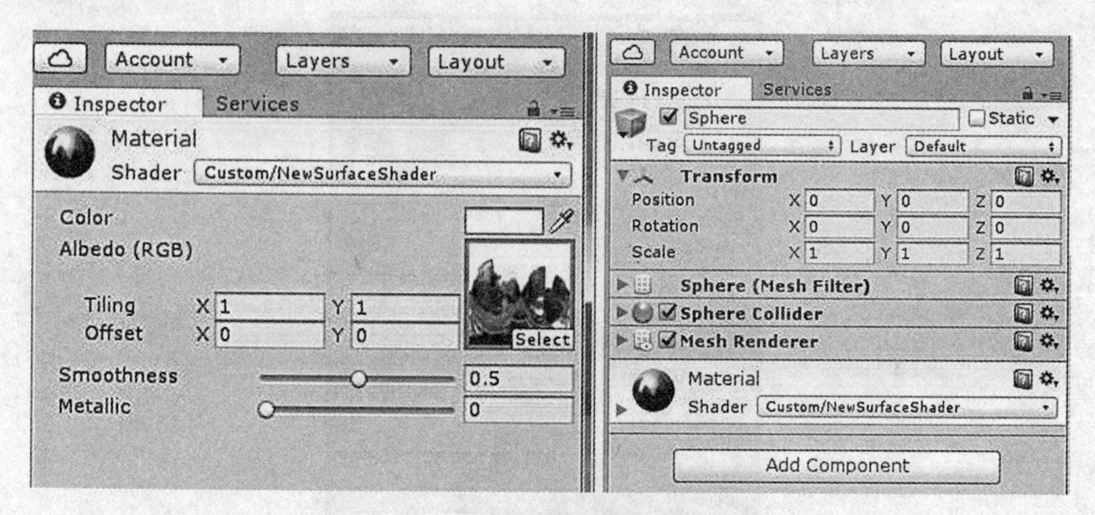

图10.16　材质和渲染器设置

至此，点击Game示图便可以显示出街景。

10.3.2　Unity 全景控制

所有全景应用都需要实现站内浏览和站间跳转的基本功能，所以需要为目标物体定义用户交互行为。Unity 可使用 C#或 JavaScript 脚本编写目标对象的行为，由于 Unity 引擎的脚本继承自 MonoBehaviour，所以每个脚本中可以使用 Awake、Start、Update、FixedUpdate 等函数，这些函数构成了 Unity 中每一个 GameObject 的生命周期。所有继承自 MonoBehaviour 的脚本都需要附着在 GameObject 上方能生效，脚本可以作为一种特殊的组件附着在 GameObject 上，这是 Unity 的组件化设计风格，所以每个 GameObject 的逻辑都能够实现独立。

FingerGestures 是 Unity 上非常热门的一款用于处理用户输入的插件。它提供了丰富的触摸、手势事件支持，统一了鼠标点击和用户触摸的输入模型(同时适用于触摸屏设备和桌面设备)。使得在 UnityEditor 中就可以方便地进行触摸测试(而不必发布到计算机上)。

下面步骤实现了如何通过绑定自定义脚本利用 FingerGestures 实现全景的站内浏览和站间跳转。

(1) 使用FingerGestures.unitypackage包。在当前项目中选择“Assert”→“Import Package”→“Costom Package”，选择下载好的 FingerGestures.unitypackage，将 FingerGestures\Prefabs 下的 Finger Gertures Initializer 预设体拖曳入左侧层次视图中，对 FingerGestures 插件进行初始化，结果如图 10.17 所示。

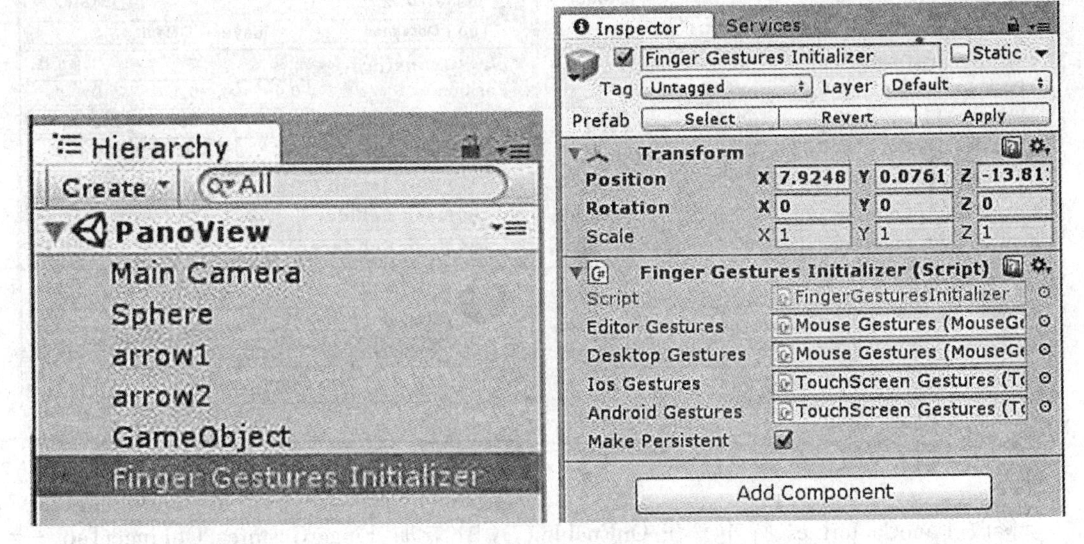

图 10.17　工程中引入 FingerGestures 库

(2) 实现旋转浏览。新建 C#脚本 PanoContorl.cs，并添加到任一 GameObject 上，内容如下：

```
// 脚本启动时找到场景中的相机，并启动手指拖动事件
```

```
void OnEnable() {
    maincamera = GameObject.Find("Main Camera");
    rotateX = maincamera.transform.rotation.x;
    rotateY = maincamera.transform.rotation.y;
    rotateZ = maincamera.transform.rotation.z;
    FingerGestures.OnFingerDragMove += FingerGestures_OnFingerDragMove;
}
// 当手指拖动时修改相机的旋转角度，达到拖动浏览效果
void FingerGestures_OnFingerDragMove(int fingerIndex, Vector2 fingerPos, Vector2 delta) {
    rotateX += 0.2f * delta.y;
    rotateY -= 0.2f * delta.x;
    maincamera.transform.eulerAngles = new Vector3(rotateX, rotateY, 0);
}
```

(3) 实现全景站点间的跳转。新建名为 Arrow 的 Material 资源，设置其纹理为 arrow.jpg。向场景加入名为 arrow1 和 arrow2 的两个平面，用于指示全景跳转的方向，并将 Arrow 材料设置为自身材料，设置其位置大小。导航箭头的属性设置，如图 10.18 所示。

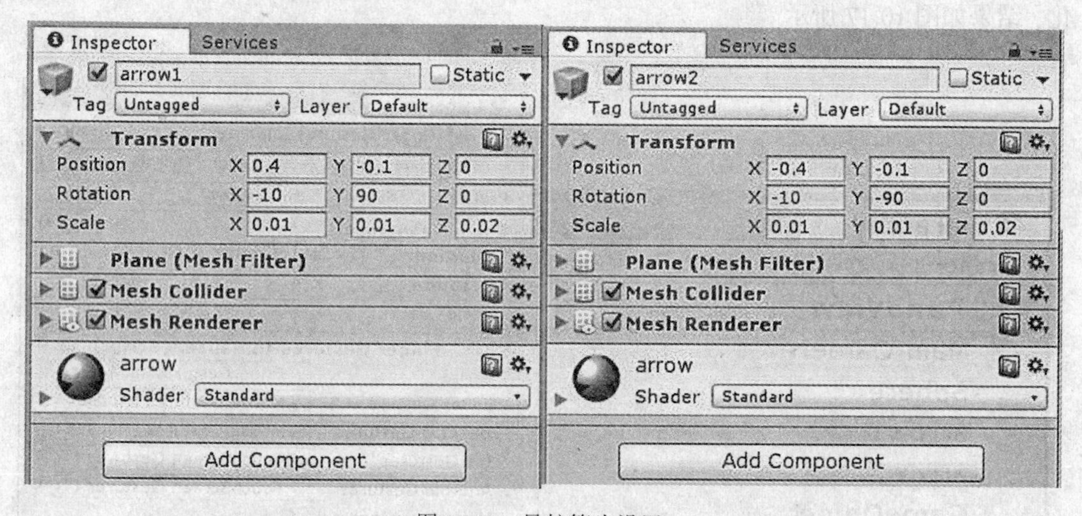

图 10.18 导航箭头设置

修改 PanoContorl.cs 脚本，在 OnEnable() 中添加 FingerGestures.OnFingerTap += FingerGestures_OnFingerTap；如下：

```
// 通过投线方式，判断是否点击跳转箭头
private void FingerGestures_OnFingerTap(int fingerIndex, Vector2 fingerPos, int tapCount) {
    // 创建相机中心到屏幕点的射线
    Ray ray = Camera.main.ScreenPointToRay(Input.mousePosition);
```

```
        RaycastHit hit;
        if (Physics.Raycast(ray,out hit)) {
            if (hit.collider.gameObject.name == "arrow1") {
                LoadTexture(1);  // 前进
            }
            else if (hit.collider.gameObject.name == "arrow2") {
                LoadTexture(-1);  // 后退
            }
            else {
                // 未击中导航箭头
            }
        }
    }

    // 更换场景纹理，实现全景站点跳转
    private void LoadTexture(int step) {
        // 设置下一站纹理图片的 URL
        currentPano += step;
        currentPano = (currentPano < 1) ?5 : currentPano;
        currentPano = (currentPano > 5) ?1 : currentPano;
        string path = "http://localhost:10001/PanoData/";
        string url = path + currentPano + ".jpg";
        // 加载图片生成新纹理，并更换材料的纹理信息
        StartCoroutine(LoadFile(url, delegate(Texture2D tex) {
            MeshRenderer therender = panosphere.GetComponent<MeshRenderer>();
            therender.material.mainTexture = tex;
        }));
    }
```

(4) 对于桌面设备，可以使用 unity 自带获取鼠标和键盘的方法 Input 类实现，此处不列出实现代码，读者可以参考随书代码或 unity 官方示例学习。

10.3.3 Unity 多平台发布

Unity 能实现跨平台发布，可发布场景至 Windows、Mac、Wii、iPhone、WebGL(需要 HTML5)、Windows phone 8 和 Android 平台。下面以 WebGL 发布和 Android 发布为例介绍其发布过程。

1. WebGL 发布

(1) 下载安装 UnitySetup-WebGL-Support-for-Editor 插件，支持 WebGL 发布，通过选择"File"→"Build Setting"设置项目构建平台和项目生成形式。如图 10.19 所示。

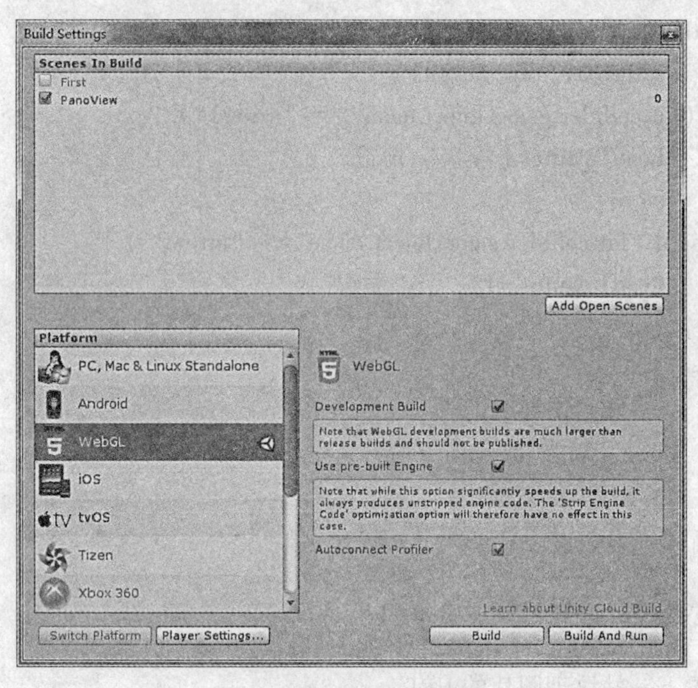

图 10.19　发布平台选择

（2）在 Player Settings 中设置应用的相关属性，如应用名称，版权，图标等。如图 10.20 所示。

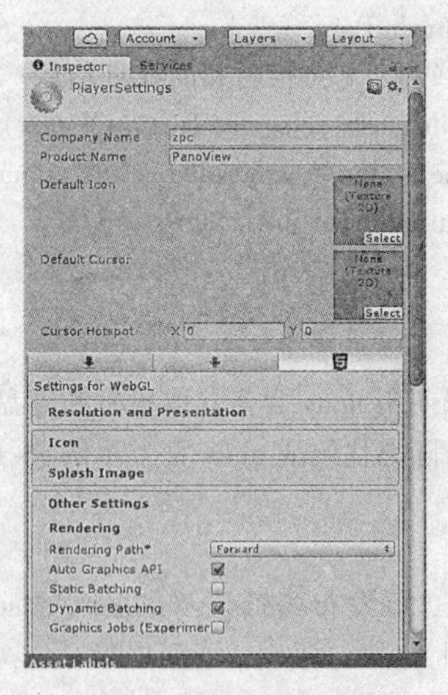

图 10.20　应用属性设置

（3）为了使网页服务器能识别 unity 生成文件的后缀，需要为网站添加配置文件 Web.config，添加配置文件后的网页根目录如图 10.21 所示。

名称	修改日期	类型	大小
Development	2016/9/18 15:24	文件夹	
Release	2016/9/18 15:24	文件夹	
TemplateData	2016/9/18 15:24	文件夹	
index.html	2016/9/18 15:54	Chrome HTML D...	1 KB
Web.config	2016/9/17 14:00	XML Configurati...	1 KB

图 10.21 发布网页根目录

其中 Web.config 的内容如下：

```
<configuration>
    <system.webServer>
        <staticContent>
            <mimeMap fileExtension=".mem" mimeType="application/octet-stream" />
            <mimeMap fileExtension=".data" mimeType="application/octet-stream" />
            <mimeMap fileExtension=".memgz" mimeType="application/octet-stream" />
            <mimeMap fileExtension=".datagz" mimeType="application/octet-stream" />
            <mimeMap fileExtension=".unity3dgz" mimeType="application/octet-stream" />
            <mimeMap fileExtension=".jsgz" mimeType="application/x-javascript; charset=
                UTF-8" />
        </staticContent>
    </system.webServer>
</configuration>
```

（4）使用 Windows 的 iis 或其他网页服务器发布该目录为可访问的网站目录，便可通过网络访问全景地图，浏览页面如图 10.22 所示。

图 10.22 网页全景显示效果

2.Android 发布

（1）下载安装 UnitySetup-Android-Support-for-Editor 插件，支持 Android 开发。

（2）选择“Edit”→“Preferences”→“External tools”设置 SDK 和 jdk，使其能找到 Android 库目录，如图 10.23 所示。

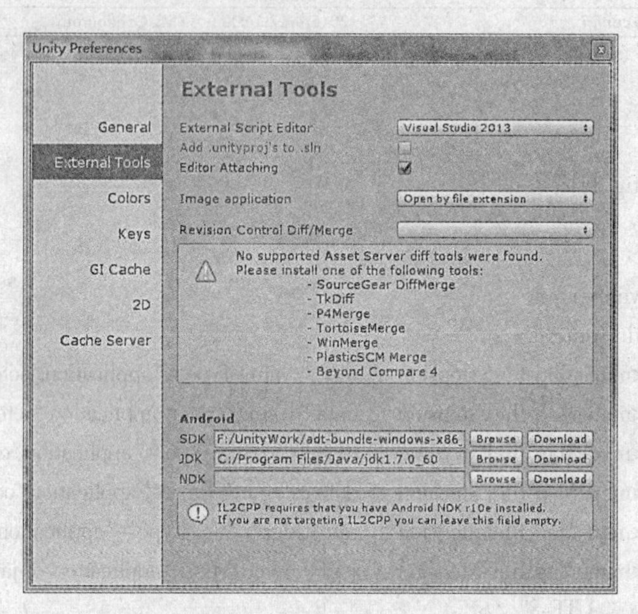

图 10.23 配置 jdk 和 android sdk 的路径

（3）选择“File”→“Build Setting”设置项目构建平台和项目生成形式，如图 10.24 所示。

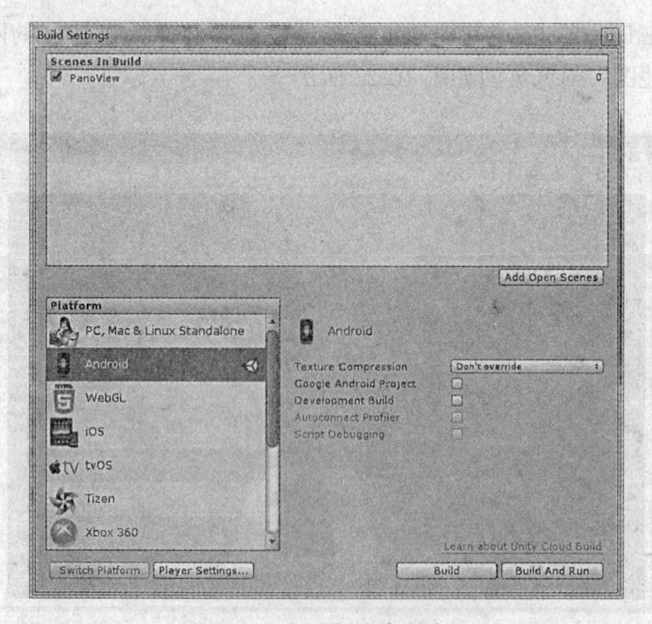

图 10.24 选择发布平台

可以选择生成 Android 项目，进一步进行 Android 开发，使其成为完善的 Android 应用软件。

（4）在 Player Settings 中设置应用的相关属性，如应用名称、版权、图标等。如图 10.25 所示。

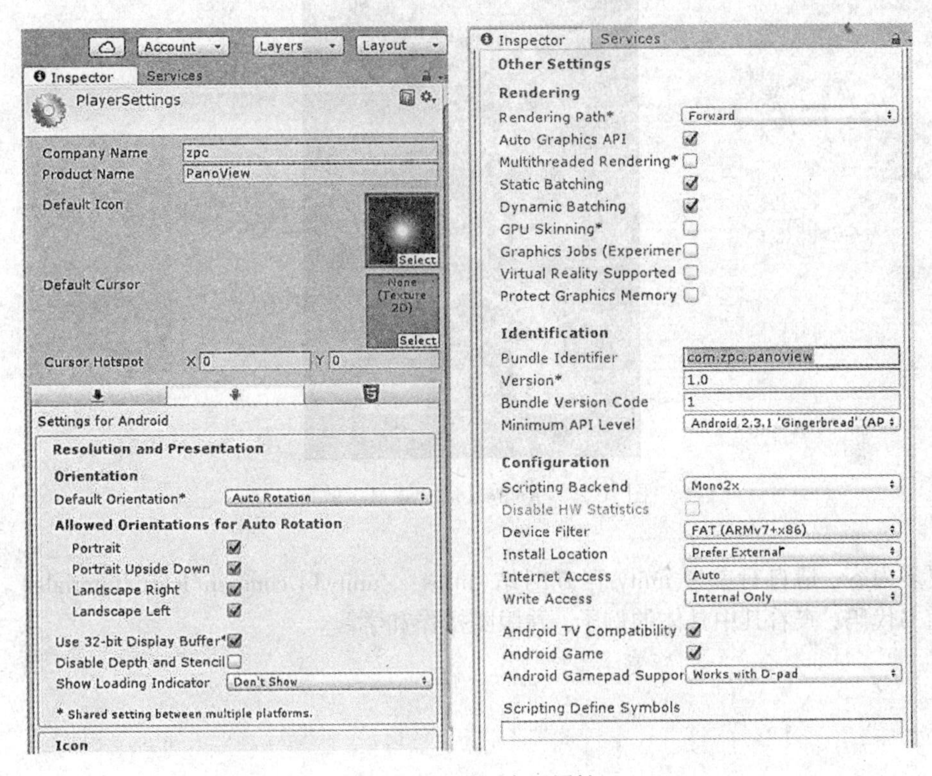

图 10.25　设置应用属性

（5）生成 Android 系统可执行文件 PanoView.apk 及对应 Android 工程，如图 10.26 所示。

名称	修改日期	类型	大小
Assets	2016/9/17 22:15	文件夹	
Library	2016/9/18 14:48	文件夹	
ProjectSettings	2016/9/18 14:47	文件夹	
Temp	2016/9/18 14:47	文件夹	
PanoView.apk	2016/9/18 14:48	APK 文件	19,753 KB
PanoView-Android.sln	2016/9/17 17:18	Microsoft Visual...	1 KB

图 10.26　项目生成结果

在 Android 手机上安装该 apk，应用界面显示如图 10.27 所示。

图 10.27　Android 端全景显示效果

更多内容，请自行参考 unity 官方网站（https://unity3d.com/cn/learn/tutorials）。抑或查看随书代码，查看其中具体的例子，并跟随操作和学习。

第十一章　GIS 云服务

云计算是近几年来在计算机领域十分热门的一个词汇。在云计算时代，GIS 也面临着新的技术革新。本章将对云计算、云 GIS 的概念及其优势进行探讨，分析 GIS 与云计算结合的必要性和可行性，重点论述云 GIS 的构建模式与关键技术。

11.1　云服务概述

近年来，随着互联网应用的普及与深化，网络信息与服务，无处不在，无时不用，广大用户对网络信息与服务的需求也在不断提升，同时“去软件化”趋势也在不断增强。作为一种无需自购软硬件和托管、无需关心服务提供者、只需关注所需资源和服务的全新技术，云计算一诞生就受到人们的热情追捧。相对于复杂的海量数据处理、分布异构、硬软件更新频繁、数据安全等问题，自从 Google 在 2006 年提出云计算的概念后，云计算犹如一夜春风，迅猛吹遍全球各个角落，云计算派生出的云存储、云安全、云引擎、云推理、云服务、云娱乐不绝于耳，各国政府也在纷纷加大对云计算的投入力度，在国际上 Google、亚马逊、IBM、微软、SAP 和雅虎等大公司是先行者，它们已经利用云计算技术建立了自己的云计算平台。在国内，云计算发展势头也很迅猛，公有云和私有云建设典型案例日益增多，涌现出了一批如北京“祥云计算”、上海“云海计划”、苏州“风云在线”、广州“天云计划”、中国移动“大云计划”、联通“沃云计划”、电信“星云计划”等云计算项目。

随着 GIS 与主流 IT 技术的日益加速融合，GIS 的大规模、大众化应用趋势已十分明显，涉及多个部门和行业的 GIS 的应用的需求也越来越大，用户对最新数据的需求也越来越快，这样一来，一方面，原有的 GIS 系统需要不断更新升级，将需要花费大量的资金在软硬件的升级上；另一方面，由于不同行业，不同部门之间缺乏沟通与合作，不同 GIS 系统之间壁垒比较分明，数据更新与共享以及服务共享都很困难，造成了 GIS 软硬件建设上的重复和浪费。因此，如何解决大众化应用对超大规模并发访问给 GIS 平台架构带来的严峻挑战，如何解决重复建设投资的问题，如何解决我们长期面临的信息孤岛的问题，云计算为上述问题的解决找到了新的方法，云计算为 GIS 提供了一种稳定、高效、低成本而又环保的支撑架构，使 GIS 彻底突破既有的“专业圈子”，将空间信息的服务和增值带给大众，GIS 的各项功能能够以弹性的、按需获取的方式提供最广泛的基于 Web 的服务，GIS 用户可以将 GIS 应用部署在云计算供应商所提供的云计算平台中，以实现能动态地调整软件和硬件的需求。因此，GIS 与云服务的结合必将成为行业应用和产业发展最重要的趋势之一。

11.1.1 GIS 与云服务结合的必要性和可行性

1. 必要性

目前，在 GIS 领域存在以下两方面的问题，一是数据方面，数据来源广泛，导致坐标和格式不能互换、数据不兼容、语义不统一、分享和共享难、互操作难等问题，如何对这些信息进行存储、管理和分析等操作也较难实现；二是应用方面，由于空间数据产生单位较少而使用者众多，任何一个单一的系统都很难拥有全部的资源和处理能力，用户无法从单一源得到所有所需的数据，同时也没有必要得到所有的数据，另外，GIS 往往需要大量的数据存储和高效的计算资源，但具有基础数据量庞大而更新频度低、并发访问数据量大等应用特点。结合 GIS 上述问题和特点，根据前文对云计算的分析，GIS 有必要也适合应用云计算技术，云计算将使 GIS 在海量数据存储、大规模计算、深度数据挖掘方面获得更加强大的优势。

2. 可行性

由于 GIS 应用的特点，非常适合采用云计算模式。好处主要有如下几点：

(1) 空间数据的产生单位相对较少，而数据使用者众多且多样化。

(2) 基础数据多，数据量庞大，更新频度低，适合采用云存储服务方式共享。

(3) 并发用户数很大，但每次使用量较小，适合云计算的大规模分布式计算。

(4) 需要海量数据存储，进行数据处理和数据挖掘，适合云计算的并行化分布式处理。

当前，国内外已经进行了基于云计算的 GIS 的初步尝试，国外的有谷歌公司的 GoogleEarth、GoogleMoon 和 GoogleMars，ESRI 公司的 ArcGISOnline、ArcGIS10.1，国内有超图的 SuperMapGIS6R、中地数码的 MapGISK9SP3、武大吉奥的 GeoCloud 等。

将所有的数据存储在网上，由云计算平台提供强大的计算资源，由全球最顶尖的专家提供数据维护和保密服务，困扰 GIS 开发者的数据存储、管理、计算、传输问题在云计算面前已不足为道，云计算与 GIS 的结合也成为 GIS 领域里令人关注的技术方向之一。这就催生了云 GIS。

11.1.2 云 GIS 的定义

所谓云 GIS，就是将云计算的各种特征用于支撑地理空间信息的各要素，包括建模、存储、处理等，从而改变用户传统的 GIS 应用方法和建设模式，以一种更加友好的方式，高效率、低成本地使用地理信息资源。云 GIS 是一个集中的空间信息存储环境、一个以服务为基础的空间信息应用平台、一个以租赁为主要形式的商业运营模式。云 GIS 是 WebGIS、网格 GIS、分布式 GIS 的一种集合和扩展，它支持 WebGIS、网格 GIS、分布式 GIS 等技术标准，是在这些技术基础上融合商业云计算平台发展起来的技术。通过云 GIS，用户无需了解、也不用担心系统应用运行的具体位置，用户随时随地只需要一台笔记本或者一部手机，能在 CDMA、GPRS 等无线互联网上，连接 PDA、手机等智能移动信息终端等，通过 Web 服务的方式提供空间数据存取与交换服务、空间信息查询服务、空间信息分析服务以及空间信息应用接口服务，能实现分布式跨平台的空间数据集成，为用户提供分布式协同信息处理和按需服务。

11.1.3 云 GIS 的优势

云计算与 GIS 的结合，可充分发挥云 GIS 的各种优势，迅速扩大服务器能力，提供安全的数据中心，降低企业投资成本，从而给用户带来绿色、高效的科技体验。主要优势有如下几点：

1. 降低了对 GIS 用户的要求

一方面，基于云计算的 GIS 用户不需像 WebGIS 和网格 GIS 一样在自己的计算机上安装软件，也不需要购买数据，甚至不需要有硬件基础。用户只需要有一个网络浏览器就能以自己所需的方式文本、图像等获取现有 GIS 软件的所有功能。另一方面，云计算的一个组成部分是效用计算，用户可以按需支付自己需要的服务，可以用最低的代价实现真正意义上的移动 GIS。

2. 降低投资和运营成本

我们知道，GIS 系统建设与维护的最大的成本也在于数据。采用云计算模式，可以集中统一的维护数据，通过共享的方式为所有的客户端提供数据服务和软件服务，降低软硬件的投资和运行过程中的维护与升级成本。

采用云计算技术，可以集中统一的管理 GIS 云数据，可以通过共享的方式为所有的客户端提供数据服务，使用者无需关注数据如何采集、更新或维护，也无需购买数据，需要时间采用公共 GIS 云服务，只需按流量的方式付费，大大节省成本。

通过现有的云计算平台，GIS 企业可以租用它们的硬件服务，利用其基础设施，将数据或服务部署在它们提供的云平台上，面对用户需求的不断变化时，只需动态、弹性地增加或移除硬件设备就可以应对，而无需增加重新部署或编码的工作量，提高应用程序和基础设施的灵活性。

对于企业级网络 GIS 用户来说，他们采用云计算技术，可以大大简化 GIS 服务器的部署流程，减少复杂的服务器管理，他们可以通过增加或减少 GISServer 进程的数量来快速满足不同的负载需求，不需要投资新硬件，节约资本。

3. 降低了 GIS 系统的开发时间和工作量

一方面，使用基于云计算的 GIS，用户只需对云计算平台提出资源申请就可以获得超级计算机般的数据处理能力，能够快速完成空间数据的分析处理，而无需开发人员进行算法的优化和构建复杂的并行计算、调度模型。另一方面，对于一个传统的 GIS 系统中的软硬件的安装与维护过程都将运行在云端，即无需再重复考虑做这些工作，系统建设周期将大大缩短。

4. 提高了资源利用效率

云计算平台的一个主要特点是超大规模，如现阶段的 Google 云计算平台已拥有超过 100 万的服务器，在可预见的将来其规模还会不断扩大。这些服务器处于 Google 的完全支配之下，此时如果用户提出计算申请，云计算平台就能从整体上进行全局的统筹分配而不需要利用他人的空闲计算能力，合理利用资源，有效杜绝资源浪费。由于用户对 GIS 计算能力的要求极其不平均，如简单的导航、最优路线计算和深入的数据挖掘相比，它们之间计算量的差别千倍不止，此时，基于云计算的 GIS 用户就可以根据自身需要向云计算平台申请合理的资源，按需使用。

5. 降低了网络的负担

网格 GIS 利用网络节点上的空闲计算机来提供所需的计算能力，在计算过程中势必涉及空间数据的传出和传回，增大了网络的负担。基于云计算的 GIS 只需用户向云计算平台提出申请，数据存储和处理都在云内部完成。在网络传输的只是最后的处理结果——一个简单的数据集，因此大大减少了网络传输的数据量。

当前，云 GIS 还处于发展阶段，云计算的 4 种服务模式在云 GIS 都有体现。"云"的规模按行业、规模、流程、业务和不同层次的用户可以动态伸缩；"云"之间也可根据不同需要、根据不同业务属性进行聚合；服务提供商可重新定制其应用，为各种用户提供无限多的千变万化的应用。根据云计算的 4 种服务模式，云 GIS 也提出了 4 种 GIS 应用模式，即地理信息软件即服务（SaaS）、地理信息平台即服务（PaaS）、地理信息基础设施即服务（IaaS）、地理信息内容即服务（DaaS）。

11.1.4 小结

随着云计算技术的发展和 GIS 应用的不断深入，云计算与 GIS 将会进一步进行融合，从而使得 GIS 以云计算的形式向用户提供服务，并逐渐发展成熟。不过真正意义上的基于云计算的 GIS 还有待深入研究，适合云计算平台 GIS 还有一段漫长的路要走，GIS 冲上云端还要面临很大的挑战。但云时代的到来已是一股不可阻挡的发展潮流，基于云计算的 GIS 必将是未来 GIS 发展的主要方向。

11.2 云服务配置与开发

下面以一个简单的 GIS 服务(全景图像客户端和移动端的漫游)的云端化来介绍云 GIS 应用的部署。

11.2.1 全景浏览功能开发

全景漫游技术是一种基于图像渲染(Image-Based Rendering)的虚拟现实技术，是一个充满十足活力、具有很大发展潜力的实用技术。将某视点全方位的多幅真实图像映射到立方体、圆柱体和球体等几何体表面，从而创建逼真虚拟场景。相比传统的基于三维几何建模的虚拟场景，它的数据采集、处理、传输成本低，渲染效果好，沉浸感强；又因其场景的绘制独立于场景的复杂性，在生成复杂场景时，全景技术在真实感方面和制作成本及周期方面都有着无可比拟的优势。相比互联网上单调的、交互性差的二维图片，它能提供更好沉浸感和交互性。简而言之，全景漫游系统是一个性价比极高的漫游系统解决方案。

本 GIS 应用实现的功能便是全景图的漫游浏览。

1. 加入 JavaScript 依赖

主要有 jQuery，使用它可以方便地操作 DOM 元素并进行消息绑定；DeviceOrientationControls.js 主要用于移动设备，由于触屏操作需要进行差异化地处理，我们使用陀螺仪来进行全景交互；最后，最重要的是 WebGL 库 Three.js 它使用 scene 管理场景中的 3D 图形、使用 camera 描述描述视角、使用 WebGL Renderer 进行场景的渲染。通过 Three.js 可以创建场景中的丰富多彩的视觉效果。它是我们全景浏览最重要的一个依赖。在 HTML 中加入如下内容：

```
<script src="jquery.min.js"></script>
<script src="jquery.mobile-events.min.js"></script>
<script src="DeviceOrientationControls.js"></script>
<script src="three.min.js"></script>
```

2. 场景、相机、全景球

全景漫游主体代码主要包括场景（Scene）、相机（Camera）和渲染器（Renderer）的定义。除此之外，在交互上，需要一些变量来记录鼠标点击位置以及交互状态；针对移动端代码不方便的问题，还需要将调试信息输出到页面上。定义了基本变量后，便可以通过 init() 进行初始化工作。具体代码如下：

```
// camera 是相机，好比人眼，scene 是场景，包含了用于漫游的全景球
var camera, scene, renderer;
var panoramamaterial;

var isUserInteracting = false,
    onMouseDownMouseX = 0, onMouseDownMouseY = 0,
    lon = 0, onMouseDownLon = 0,
    lat = 0, onMouseDownLat = 0,
    phi = 0, theta = 0;
var needUpdateLonLat = false;

// 由于移动端无法方便地打开 console 看打印信息，我们只能输出到屏幕上
var log = document.getElementById('loginfo');
var touchmoveX = 0, touchmoveY = 0, touchmoveId = 0;

init();
animate();
```

init() 函数负责各个变量的初始化工作。首先初始化相机为视场角（fov）为 75°的透视投影相机，用来模拟人眼观察全景场景。然后设定全景球；全景球是一个内侧纹理贴图了全景图片的球体，通过相机从球心向球内壁观察即可实现全景浏览功能。全景球的初始化工作主要设定了全景球的精细程度，全景球越精细，全景浏览效果越好，一般设定为水平分割为 32 份，垂直分割为 16 份。最后，初始化渲染器；渲染器的工作是以相机为视口将三维空间投影为二维图像并显示。Three.js 提供多种渲染器，若浏览器不支持 WebGL，

还可以使用 CanvasRenderer 或者 CSSRenderer 实现三维向二维的转化。但利用了 WebGL 的 WebGLRenderer 显示效果最好，应优先采用。具体代码如下：

```
function init() {

    var container, mesh;

    // 用于显示全景的 DOM 元素
    container = document.getElementById('container');

    // 透视投影相机
    camera = new THREE.PerspectiveCamera(
        75,                                          // fov
        window.innerWidth / window.innerHeight, // aspect ratio
        1,                                           // near
        1100                                         // far
    );
    camera.target = new THREE.Vector3( 0, 0, 0 );

    scene = new THREE.Scene();

    // 全景球
    var geometry = new THREE.SphereGeometry( 500, 32, 16 );
    geometry.scale( -1, 1, 1 );
    // 全景纹理
    var material = new THREE.MeshBasicMaterial( {
        map: new THREE.TextureLoader().load( textureURL )
    } );
    panoramamaterial = material;

    // 把全景纹理贴到全景球上，作为我们的观察球
    mesh = new THREE.Mesh( geometry, material );

    // 添加到场景中
    scene.add( mesh );

    // 渲染器渲染场景，并通过相机观察这个场景，呈现在 DOM 元素上
    renderer = new THREE.WebGLRenderer();
    renderer.setPixelRatio( window.devicePixelRatio );
    renderer.setSize( window.innerWidth, window.innerHeight );
    container.appendChild( renderer.domElement );
```

```
    // 事件绑定
    ...
}
```

初始化后的渲染器已经可以渲染出可供页面显示的二维图像，但场景需要不断重绘，这通过渲染循环函数 requestAnimationFrame(callback_function) 实现。animate() 函数会被不断调用，根据相机当前位置，渲染全景球的一部分以呈现全景漫游感。具体代码如下：

```
function animate() {
    // 规范化 lon、lat
    if (lon > 180) {
        lon -= 360;
    } else if (lon < -180) {
        lon += 360;
    }
    lat = Math.max( -85, Math.min( 85, lat ) );
    // 更新页面上的 debug 信息
    if (needUpdateLonLat) {
        log.innerHTML = JSON.stringify( {
            "lon": lon,
            "lat": lat
        }, null, 4);
        needUpdateLonLat = false;
    }

    // 计算 camera 朝向
    phi = THREE.Math.degToRad( 90 -lat );
    theta = THREE.Math.degToRad( lon );

    camera.target.x = 500 * Math.sin( phi ) * Math.cos( theta );
    camera.target.y = 500 * Math.cos( phi );
    camera.target.z = 500 * Math.sin( phi ) * Math.sin( theta );

    camera.lookAt( camera.target );

    // renderer 拿到 scene 这个场景和 camera 这个相机,
    // 从 camera 的视角渲染更新 DOM 元素
    renderer.render( scene, camera );

    // 请求下一次渲染
```

```
        requestAnimationFrame( animate );
    }
```

3. 交互：鼠标、触屏、重力感应

所有的交互都通过事件监听完成。在 PC 端，需要在页面上对鼠标的点击事件进行监听使得用户单击拖动鼠标时可以移动视线方向。首先注册三个函数 onDocumentMouseDown、onDocumentMouseMove、onDocumentMouseUp 分别处理鼠标点击、移动和释放三个页面消息事件。在鼠标点击后记录鼠标初始位置，并设置激活视线移动功能；在鼠标移动时，若视线移动功能为激活态，则根据鼠标初始位置和当前位置更新视线方向，渲染器会根据这个视线方向设定相机并重绘三维场景的观察视图。当鼠标释放时，冻结视线移动功能，此时鼠标移动不再影响视图效果。具体代码如下：

```
// 单击鼠标开始拖曳页面
container.addEventListener( 'mousedown',onDocumentMouseDown, false );
// 按住鼠标可以拖曳
container.addEventListener( 'mousemove',onDocumentMouseMove, false );
// 释放鼠标结束拖曳页面
container.addEventListener( 'mouseup', onDocumentMouseUp, false );

function onDocumentMouseDown( event ) {
    // 只有 canvas 才接受响应
    if (!$(event.target).is('canvas')) { return; }
    event.preventDefault();
    // 设置标志 isUserInteracting 为真
    isUserInteracting = true;
    // 记录下 DOM 元素的坐标，以及当前视场中心的经纬度
    onPointerDownPointerX = event.clientX;
    onPointerDownPointerY = event.clientY;

    onPointerDownLon = lon;
    onPointerDownLat = lat;
}
function onDocumentMouseMove( event ) {
    // 只有标志 isUserInteracting 为 true，才更新 lon 和 lat
    // lon、lat 会影响 camera 的朝向，这样就更新了视线方向
    if ( isUserInteracting === true ) {
        lon=(onPointerDownPointerX-event.clientX) * 0.1+onPointerDownLon;
        lat=(event.clientY-onPointerDownPointerY) * 0.1+onPointerDownLat;
```

```
            needUpdateLonLat = true;
        }
    }
    function onDocumentMouseUp( event ) {
        // 鼠标释放，标志位设为 false
        isUserInteracting = false;
    }
```

全景漫游系统里除了要改变视线方向以观察全景球不同部位，还应能通过改变视场范围来模拟不同距离的观察效果。可通过鼠标滚轮改变相机 fov 的方式实现这一功能。在鼠标滚轮发生改变时改变相机的 fov 值，并更新相机的投影矩阵以生效，具体代码如下：

```
    container.addEventListener( 'wheel', function( event ) {
        camera.fov += event.deltaY * 0.05;  // 更新 fov 的值
        camera.updateProjectionMatrix();     // 使生效
    }, false );
```

在移动端上，没有 mousedown、mousemove 和 mouseup 等消息事件，需要通过陀螺仪来交互。我们使用 Three.js 提供的 DeviceOrientationControls.js 实现移动端视线的切换来实现全景漫游浏览。可通过 controls 改变相机的 up 方向、fov 以及旋转姿态，实现观察视线方向和视角的改变，具体代码如下：

```
    var isDesktop = ! navigator.userAgent.match(
        /(iPhone|iPod|iPad|Android|BlackBerry|BB10|mobi|tablet|opera mini|nexus 7)/i
    );

    controls = new THREE.DeviceOrientationControls( camera );
    // 在 anitame 中通过 controls 改变相机观察视线
    if ( ! isDesktop) {
        controls.update();
    }
```

这样便实现了一个可在 PC 端和移动端正常使用的全景漫游系统。现在可通过 IBM 的 Bluemix 将它发布提供公开访问的功能。

11.2.2 部署到 IBM 的 Bluemix

Bluemix 是 IBM 出品的一个供软件开发人员在云中快速创建、部署和管理应用程序的平台。首先到官网注册一个免费账户，如图 11.1 所示。

如图 11.2、图 11.3，先点击“创建应用程序”，再从提供的样本中选择“MobileFirst Services Starter”。选择“应用程序名称”和“主机名”一样即可，其他都选择缺省值。IBM

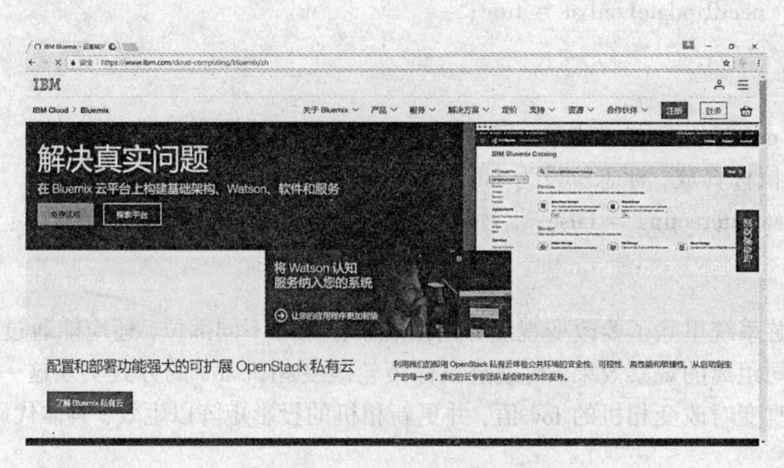

图 11.1 Bluemix 页面

Bluemix 提供的这样一个云服务的费用是每小时￥0.6427 CNY/GB，相比 AWS 和 Heroku 还是蛮有优势的，而且暂时无需绑定银行卡便可以免费试用一个月。

图 11.2 创建应用程序

根据页面上的提示现在安装 Cloud Foundry 命令行工具（到 GitHub CF 命令行程序，选择合适的平台下载安装）。然后使用它下载、修改和重新部署 Cloud Foundry 应用程序与服务实例。

再根据页面提示，如下操作：

（1）将应用程序的编码下载到新目录，以设置开发环境。

（2）切换到代码所在的目录。（Windows 上可以在资源浏览器切换到代码目录，然后按住 Shift 键，右键打开快捷菜单，点击"在此处打开命令窗口"。）

（3）根据需要对应用程序代码进行更改。将自己的网页应用程序代码拷贝到 client 文

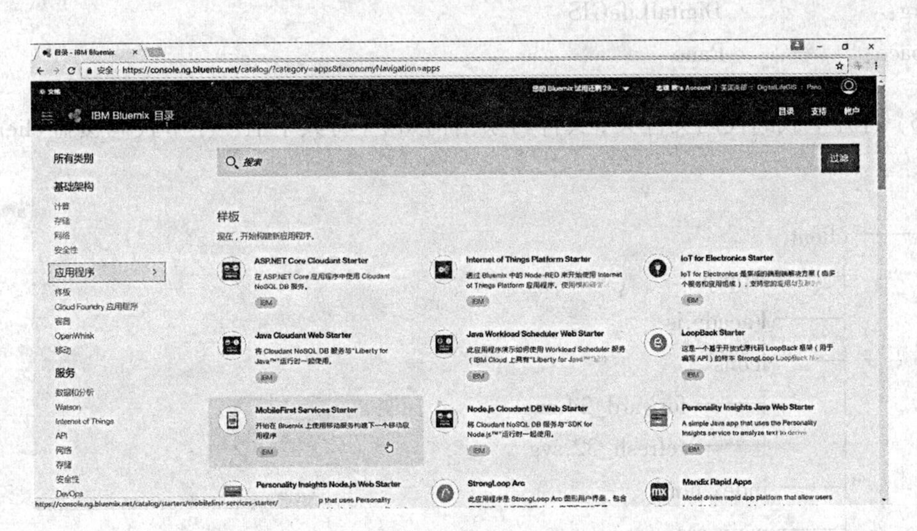

图 11.3 选择一个样板：MobileFirst Services Starter

件夹即可(覆盖原来的 index.html)。

(4) 连接并登录到 Bluemix。

第一步，让 cf 使用 bluemix 的 API 来作登录：

```
$cf api https://api.ng.bluemix.net
```

第二步，使用自己的账户密码登录 Bluemix，语法如

```
cf login -u <注册邮箱> -o <组织> -s <应用名称>
```

注意：Windows 上使用 CMD 或者 Powershell 命令行，不要使用 cygwin 或者基于此的 git bash 命令行。操作如下：

```
D:\panotour>cf login -u XXXXXX@XX.com -o DigitalLifeGIS -s Pano
API endpoint: https://api.ng.bluemix.net

Password>
Authenticating...
OK

Targeted org DigitalLifeGIS

Targeted space Pano

API endpoint:      https://api.ng.bluemix.net (API version: 2.54.0)
User:              XXXXXXXXX@qq.com
```

Org:　　　　　　DigitalLifeGIS
Space:　　　　　Pano

（5）打开下载的代码文件夹，文件目录结构如下（将其中上一小节代码覆盖 client 文件夹）：

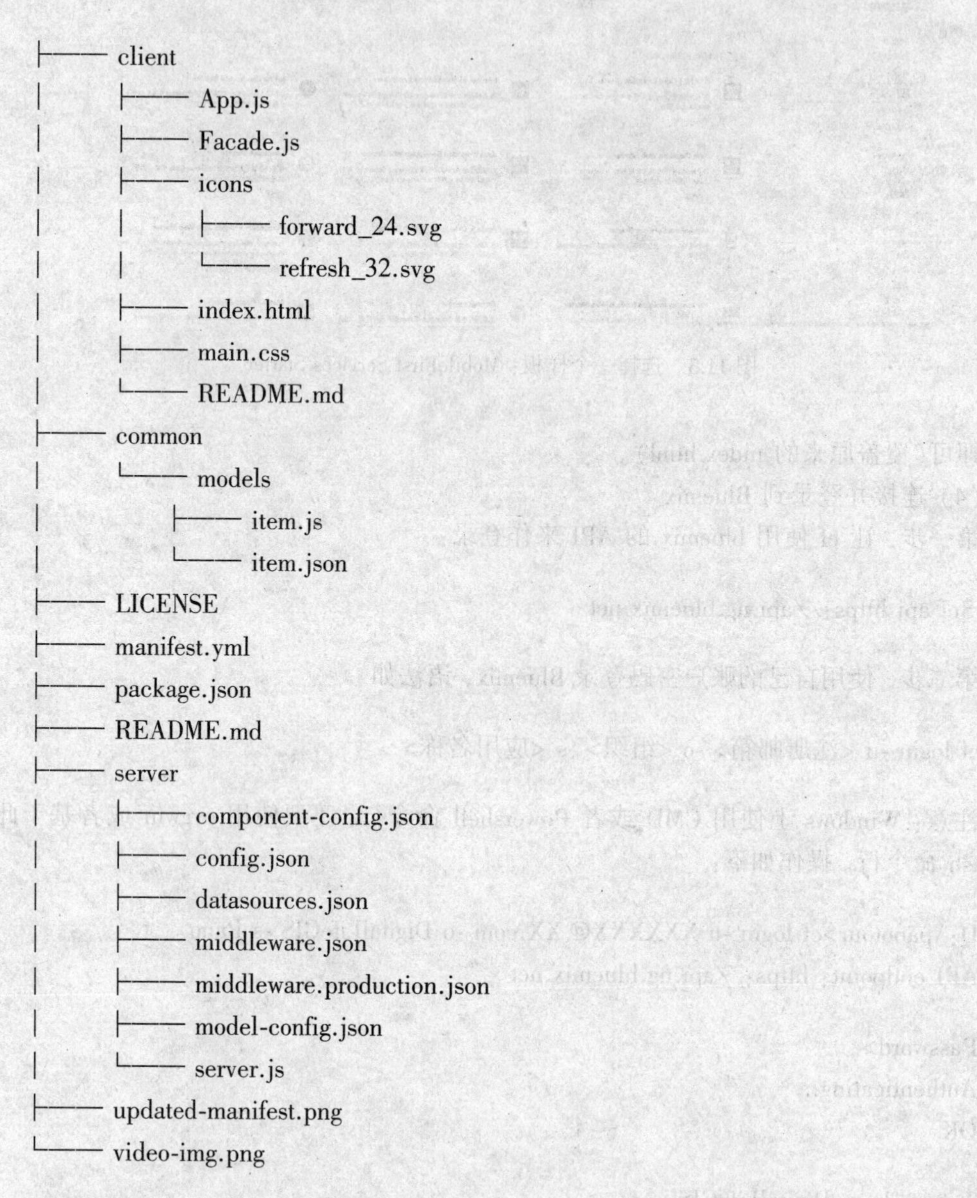

```
├── client
│   ├── App.js
│   ├── Facade.js
│   ├── icons
│   │   ├── forward_24.svg
│   │   └── refresh_32.svg
│   ├── index.html
│   ├── main.css
│   └── README.md
├── common
│   └── models
│       ├── item.js
│       └── item.json
├── LICENSE
├── manifest.yml
├── package.json
├── README.md
├── server
│   ├── component-config.json
│   ├── config.json
│   ├── datasources.json
│   ├── middleware.json
│   ├── middleware.production.json
│   ├── model-config.json
│   └── server.js
├── updated-manifest.png
└── video-img.png
```

代码文件夹下一共有 5 个文件夹、23 个文件。

（6）最后，通过 cf 将工程部署到 bluemix："cf push <应用名称>"，命令行下打印出如图 11.4 所示的应用部署的状态，表示应用上线了。在 Bluemix 网站点击页面上的"查看应用程序"来查看效果，如图 11.5 所示。也可以自定义域名，比如 http://tangzhixiong.com/

panorama-viewer。或者通过 Bluemix 随时监控云应用的运行状况，如图 11.6 所示。

```
C:\WINDOWS\system32\cmd.exe
       Clearing previous node cache
       - node_modules
       Saving 2 cacheDirectories (default):
       - bower_components (nothing to cache)
-----> Build succeeded!
       ├── bms-mca-token-validation-strategy@2.0.9
       ├── compression@1.6.2
       ├── cors@2.8.1
       ├── loopback@2.38.0
       ├── loopback-boot@2.23.0
       ├── loopback-connector-mysql@2.4.1
       ├── loopback-datasource-juggler@2.54.0
       ├── passport@0.3.2
       └── serve-favicon@2.4.0

Exit status 0
Staging complete
Uploading droplet, build artifacts cache...
Uploading build artifacts cache...
Uploading droplet...
Uploaded build artifacts cache (21.4M)
Uploaded droplet (37.9M)
Uploading complete
Destroying container
Successfully destroyed container

1 of 1 instances running

App started


OK

App panotour was started using this command `./vendor/initial_startup.rb`

Showing health and status for app panotour in org DigitalLifeGIS / space Pano as         @qq.com...
OK

requested state: started
instances: 1/1
usage: 512M x 1 instances
urls: panotour.mybluemix.net
last uploaded: Mon Feb 27 03:41:43 UTC 2017
stack: cflinuxfs2
buildpack: SDK for Node.js(TM) (ibm-node.js-0.12.18, buildpack-v3.10-20170119-1146)

     state     since                    cpu    memory          disk           details
#0   running   2017-02-27 11:43:37 AM   0.2%   261.8M of 512M  209.5M of 1G

C:\Users\tzx\Downloads\pano\panotour>
```

图 11.4　cf 部署

图 11.5　云 GIS：panotour

IBM Bluemix
目录
支持
帐户
仪表板
panotour 状态：您的应用程序正在运行
Rollback to DEA
查看应用程序
入门
概述
运行时
连接
日志
监视
可用性监视
通过监视快速检测、隔离和诊断
符合您的团队的 DevOps 流程的应用程序问题
100%
可用性
2
测试
29%
使用情况
添加新测试
查看所有测试

图 11.6　应用状态监控

参考文献

[1] Gabor Farkas. Mastering OpenLayers 3[M]. Brimingham: Packt Publishing Ltd, 2016: 132-147.

[2] http://cesiumjs.org/refdoc.html [2016-10-19].

[3] http://ionicframework.com/docs/ [2016-10-17].

[4] http://openlayers.org/en/latest/apidoc/ [2016-09-18].

[5] http://osmdroid.github.io/osmdroid/ [2016-09-16].

[6] Leaflet 官网[EB/OL].http://leafletjs.com/.

[7] L.Map 中文 API [EB/OL].http://www.cnblogs.com/shitao/p/3566598.html .

[8] Leaflet Control Search [EB/OL].https://github.com/stefanocudini/leaflet-search.

[9] Leaflet 笔记一：简单入门[EB/OL].http://www.jianshu.com/p/57464d925e45.

[10] Nazarov, Rovshen, John Galletly. Native browser support for 3D rendering and physics using WebGL, HTML5 and Javascript. CEUR Workshop Proceedings, 2013, 1036: 21-24.

[11] Nicholas C.Zakas. JavaScript 高级程序设计[M].北京：人民邮电出版社，2012.

[12] Server, Enterprise, and Cloud Computing. n. d. "SAP * in the Cloud : Sweet Spot for Domino."

[13] Yuanzheng Shao, Liping Di, Yuqi Bai, Bingxuan Guo, Jianya Gong. Geoprocessing on the Amazon cloud computing platform AWS. 2012 1st International Conference on Agro-Geoinformatics, Agro-Geoinformatics, 2012: 286-91. doi: 10.1109/Agro-Geoinformatics. 2012.6311655.

[14] Tencent. 腾讯位置服务. http://lbs.qq.com/index.html.

[15] Thomas Gratier, Paul Spencer, Erik Hazzard. OpenLayers 3 Beginner's Guide[M]. Brimingham: Packt Publishing Ltd, 2011: 52-78.

[16] Unity Technologies. unity3d 官方教程[EB/OL]. https://unity3d.com/cn/learn/tutorials.

[17] Ray M Valadez, Bruce Buskirk. From Microcredit to Microfinance: a business perspective. Journal of Finance and Accountancy, 2011, 6: 1-18. http://ww. w. aabri. com/manuscripts/10693.pdf.

[18] 陈占龙，吴亮，吴信才. 基于插件的 GIS 软件动态配置关键技术研究[J]. 计算机应用研究，2008，25(8):2371-2373.

[19] 池建. 精通 ArcGIS 地理信息系统[M]. 北京：清华大学出版社，2011.

[20] 崔修涛，吴健平，张伟锋. 插件式 GIS 的开发[J]. 华东师范大学学报(自然科学版)，2005(4)：51-58.
[21] 邓淑明. 地理信息网络服务与应用[M]. 北京：科学出版社，2004.
[22] 丁晶，秦亮军. 移动环境下三维场景的实时渲染技术研究[J]. 城市勘测，2011(6)：18-22.
[23] 韩鹏，王泉，王鹏. 地理信息系统开发[M]. 武汉：武汉大学出版社，2008.
[24] 何正国. 精通 ArcGIS Server 应用与开发[M]. 北京：人民邮电出版社，2013.
[25] 贺昶玮. 室内导航系统的设计与实现[D]. 北京：北京交通大学，2013.
[26] 胡达天，胡庆武. 基于开源系统的跨平台地图客户端开发[J]. 测绘科学，2015，40(7)：142-145.
[27] 贾庆雷. ArcGIS Server 开发指南：基于 Flex 和. NET[M]. 北京：科学出版社，2011.
[28] 国家测绘地理信息局. 测绘地理信息科技发展"十三五"规划[EB/OL]，http://www.sbsm.gov.cn/zwgk/zcfgjjd/gfxwj/201610/t20161025_347926.shtml，2016-10-25.
[29] 国家测绘局. 国家地理信息公共服务平台技术设计指南. 2009-3-20.
[30] 李德仁，郭晟，胡庆武. 基于 3S 集成技术的 LD2000 系列移动道路测量系统及其应用[J]. 测绘学报，2008，37(3)：272-276.
[31] 李梁. Unity3D 手机游戏开发实战教程[M]. 北京：人民邮电出版社，2016.
[32] 李宁. Android 开发完全讲义(第三版)[M]. 北京：水利水电出版社，2015.
[33] 李勇，岳建伟. 基于. NET 的插件式 GIS 应用框架设计与实现[J]. 地理信息世界，2010(4)：82-86.
[34] 李治洪. WebGIS 原理与实践[M]. 北京：高等教育出版社，2011.
[35] 刘光，唐大仕. ArcGIS Server JavaScript API 开发 GeoWeb 2.0 应用[M]. 北京：清华大学出版社，2010.
[36] 刘光. ArcGIS Server JavaScript API 开发 GeoWeb 2.0 应用[M]. 北京：清华大学出版社，2010.
[37] 刘利，孙威. 大数据时代的地理信息产业发展趋势. 2016-1-12，http://fazhan.sbsm.gov.cn/yjcg/201601/t20160112_94042.shtml.
[38] 刘兆宏，王科，丰江帆，夏英. 矢量室内地图建模与制作方法[J]. 数字通信，2012(4)：77-80.
[39] 路朝龙. Unity 权威指南[M]. 北京：中国青年出版社，2014.
[40] 罗宾逊，内格尔. C# 高级编程[M]. 第 3 版. 北京：清华大学出版社，2005.
[41] 马谦. 智慧地图：Google Earth、Maps、KML 核心开发技术揭秘[M]. 北京：电子工业出版社，2010.
[42] 马瑞新. C#. NET 企业级项目开发教程[M]. 北京：清华大学出版社，2012.
[43] 宁永强，段敏燕，余重玲. 车载街景采集系统的设计与实现[J]. 遥感信息，2016，31(2)：49-53.

[44] 欧少佳, 许惠平. 基于组件体系结构的地质 GIS 应用系统开发研究[J]. 吉林大学学报(地), 2002, 32(4):408-412.

[45] 欧少佳, 许惠平. 基于组件体系结构的地质 GIS 应用系统开发研究[J]. 吉林大学学报(地), 2002, 32(4):408-412.

[46] 《全国基础测绘中长期规划纲要(2015—2030 年)》[EB/OL]. http://chzt15.sbsm.gov.cn/zxgz/jcchzzqghgy/zjjd/.

[47] 史俊明. 地理信息系统的发展, 2009-12-11, http://www.sbsm.gov.cn/article/zszygx/zjlt/200912/20091200059168. shtml.

[48] 苏姝, 李霖, 刘庆华. 设计模式在 GIS 系统开发中的运用[J]. 测绘科学, 2006, 31(3):99-100.

[49] 腾讯地图开放平台. http://lbs.qq.com/android_v1/guide-pano.html.

[50] 巫细波, 胡伟平. 基于. NET 反射技术的插件式 GIS 软件设计原理与实现[J]. 地理与地理信息科学, 2009, 25(6):41-44.

[51] 吴信才. 网络地理信息系统[M]. 北京: 测绘出版社, 2015.

[52] 原诗萌. 地理信息产业"变身". 中国科学报, 2014-2-18.

[53] 张贵军. WebGIS 工程项目开发实践[M]. 北京: 清华大学出版社, 2016.

[54] 赵鹏程, 胡庆武, 刘仙雄,等. 面向 iOS 的移动端全景地图构建方法[J]. 地理与地理信息科学, 2016, 32(1):95-99.

[55] 钟广锐, 林章养. . NET 反射技术的插件式 GIS 应用框架设计[J]. 地理空间信息, 2011(4):4-7.

[56] 周成虎, 杨崇俊, 景宁, 刘耀林. 中国地理信息系统的发展与展望[J]. 中国科学院院刊, 2013(z1):84-92.

[57] 周璞. 大有可为! 街景地图引领位置服务新方向[J]. 中国测绘, 2013(5):22-27.